现代电子信息科学技术基础

Optimal Control

Theory , Method and Applications

最优控制

——理论、方法与应用

ZUIYOU KONGZHI——LILUN、FANGFA YU YINGYONG

王青　陈宇　张颖昕　侯砚泽　编著

高等教育出版社·北京

图书在版编目(CIP)数据

最优控制:理论、方法与应用/王青等编著.—北京:高等教育出版社,2011.5(2020.6 重印)

ISBN 978-7-04-031720-6

Ⅰ.①最… Ⅱ.①王… Ⅲ.①最佳控制-数学理论-高等学校-教材 Ⅳ.①O232

中国版本图书馆 CIP 数据核字(2011)第 042702 号

策划编辑 刘 英　　责任编辑 刘 英　　封面设计 赵 阳　　责任绘图 尹 莉

版式设计 范晓红　　责任校对 姜国萍　　责任印制 赵义民

出版发行	高等教育出版社	咨询电话	400-810-0598
社　　址	北京市西城区德外大街 4 号	网　　址	http://www.hep.edu.cn
邮政编码	100120		http://www.hep.com.cn
印　　刷	北京虎彩文化传播有限公司	网上订购	http://www.landraco.com
开　　本	787×1092　1/16		http://www.landraco.com.cn
印　　张	16.75	版　　次	2011 年 5 月第 1 版
字　　数	320 000	印　　次	2020 年 6 月第 3 次印刷
购书热线	010-58581118	定　　价	45.00 元

物 料 号　31720-00

前　言

最优控制的提出可追溯至20世纪50年代，经历了60余年的发展，现已形成了独立的研究分支，具有完善的理论体系。最优控制在工业生产、经济管理及国防军事等领域发挥着重要的作用，并在应用中得到不断的发展。

本书系统全面地介绍了最优控制理论及其工程应用。本书第2章~第10章为基础理论篇，详细阐述最优控制的基本理论。本书第11章~第16章为工程应用篇，提供了丰富的最优控制应用实例及其MATLAB仿真代码，便于读者巩固理论知识，扎实地掌握最优控制的应用方法。

本书在选材范围和数学工具的使用上充分考虑了学生的知识结构和教学需求。面向工科学生，深入浅出，简洁易读，注重基本理论学习和主要方法的掌握，尽量避免大篇幅的数学论证。书中融入了很多最优控制理论与应用的新成果，而且给出了许多工程应用实例，在为教学人员提供了更多讲授素材的同时，方便读者对最优控制理论内容的理解。

本书第1章为绪论，介绍最优控制的发展历程和基本思想。第2章阐述利用变分法求解最优控制的方法，介绍无约束和等式约束条件下的泛函极值问题。第3章为极小值原理，给出最短时间控制、最小能量控制和时间能量综合控制的解法。第4章为线性二次型最优控制，介绍具有二次型性能指标的状态调节器设计和伺服跟踪问题。第5章为动态规划，讲述最优性原理和离散/连续系统的动态规划问题。第2章~第5章是最优控制的主体内容，构成了最优控制理论的基本框架。第6章~第10章分别陈述最优控制的计算方法、随机线性系统的最优控制、奇异最优控制、鲁棒最优控制以及遗传算法在最优控制中的应用。第11章~第16章为变分法、极小值原理、线性二次型设计等最优控制主要方法在工程实际中的应用及其MATLAB仿真代码。

本书的编写工作得到了北京航空航天大学研究生精品课程建设基金的资助。

本书的工程实例多取材于最优控制课程的学生课程设计，编者在此对同学们的无私帮助表示衷心的感谢。

虽然编者在撰写过程中参阅了国内外大量优秀的最优控制资料,力求内容充实准确,但是由于时间仓促、水平有限,不妥和疏漏之处在所难免,恳请广大读者予以批评指正。

编　者

2010 年 12 月于北航

目　　录

第1章 绪　论

控制工程领域早期的经典控制方法和技术已为广大读者所熟知。一般而言，经典控制用于解决单输入单输出线性定常系统的控制器设计问题。采用经典控制的首要目标是稳定被控对象，在此前提下，保证瞬态性能、带宽和稳态误差等控制性能，常用的设计方法有解析法（如劳斯判据）和作图法（如波特图）。经典控制在一般工业和国防军事领域取得了显著的成就，部分方法依然沿用至今。

然而，对于高阶系统或多输入多输出系统，采用经典控制方法很难获得令人满意的控制性能。在这种情况下，控制学者于20世纪60年代初开始研究状态空间方法，并依此发展出最优控制、最优滤波和系统辨识等理论，形成了称之为现代控制的理论框架。与经典控制相比，现代控制可有效完成高阶系统或多输入多输出系统的控制器设计，并且大幅减少设计工作对人员经验的依赖。

最优控制是现代控制理论的主要分支，研究的主要问题是根据被控对象的数学模型，在容许范围内设计控制律，使得被控对象的性能指标达到最优。

1.1　最优控制的发展历程

最优控制理论具有悠久的发展历史。早在20世纪50年代初期，布绍（Bushaw）利用几何方法研究了伺服系统的最短时间控制问题。钱学森在1954年出版的《工程控制论》一书中简单介绍了布绍的工作，并指出变分方法是最优控制器设计的数学方法。然而，由于变分方法只能解决容许控制属于开集的最优控制问题，无法解决工程实际中经常遇到的容许控制属于闭集的最优控制，因此，促使控制学者开辟求解最优控制的新途径。1956年至1960年间，前苏联学者庞特里亚金等发展了极大值原理（目前较多的称为极小值原理），将最优控制问题转化为具有约束的非经典变分问题，并完成了极大值原理的严格数学证明。与此同时，1953年至1957年间，美国数学家贝尔曼（Bellman）等发展了变分方法中的哈密顿—雅可比（Hamilton - Jacobi）理论，逐步形成了动态规划方法，同样可以解决容许控制属于闭集的最优控制问题。上述两种方法是最优控制理论的两大基石。

时至今日,最优控制理论研究无论在深度上和广度上都有了进一步的发展,形成了诸如分布参数系统最优控制、随机系统最优控制和切换系统最优控制等一系列研究领域。与此同时,计算机的快速发展为最优控制在工程领域的推广与应用奠定了坚实的基础。目前,最优控制仍是极其活跃的研究领域,并在国民经济和国防建设中继续发挥重要的作用。

以下首先介绍几个典型的最优控制问题,以便使读者对最优控制问题形成初步的感性认识,而后再具体给出最优控制问题的数学描述。

1.2 最优控制问题的实例

1.2.1 登月舱的月球软着陆问题

为了使宇宙飞船在月球表面上实现软着陆(即着陆时速度为0),必须寻求着陆过程中发动机推力的最优控制规律,使得燃料的消耗量最少。设飞船的质量为$m(t)$,离月球表面的高度为$h(t)$,飞船的垂直速度为$v(t)$,发动机推力为$u(t)$,月球表面的重力加速度为g,如图1-1所示,不携带燃料的飞船质量为M,初始燃料的质量为F,则飞船的运动方程可表示为

$$\begin{aligned} \dot{h}(t) &= v(t) \\ \dot{v}(t) &= -g + \frac{u(t)}{m(t)} \\ \dot{m}(t) &= -ku(t) \end{aligned} \tag{1-1}$$

式中,k为比例系数,表示推力与燃料消耗率的关系。

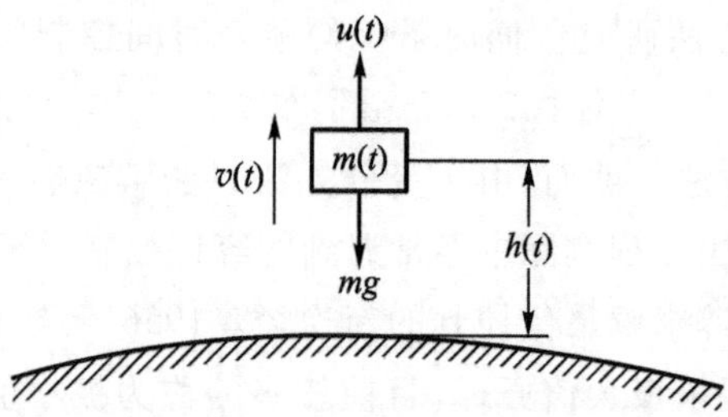

图1-1 月球软着陆示意图

初始条件

$$h(t_0) = h_0, v(t_0) = v_0, m(t_0) = M + F \tag{1-2}$$

终端条件

$$h(t_f)=0, v(t_f)=0 \tag{1-3}$$

容许控制

$$0 \leqslant u(t) \leqslant a \tag{1-4}$$

控制目标是使燃料消耗量最小，飞船在着陆时的质量保持最大，即

$$J(u)=m(t_f) \tag{1-5}$$

达到最大。

1.2.2 空间拦截问题

所谓空间拦截是指发射空间武器拦击敌方空间武器。空间拦截设计的首要任务是为空间拦截器设计可实现拦截的导引律。为便于分析，在解释该问题时将空间拦截器和目标都看成质量集中于质心的质点。

在惯性坐标系内，设 $\boldsymbol{x}_L$ 和 $\dot{\boldsymbol{x}}_L$ 为拦截器质心的位置矢量和速度矢量，而 $\boldsymbol{x}_M$ 和 $\dot{\boldsymbol{x}}_M$ 为目标质心的位置矢量和速度矢量，如图 1-2 所示，取

$$\begin{aligned} \boldsymbol{x} &= \boldsymbol{x}_L - \boldsymbol{x}_M \\ v &= \dot{\boldsymbol{x}}_L - \dot{\boldsymbol{x}}_M \end{aligned} \tag{1-6}$$

式中，$\boldsymbol{x}$，v 称为相对位置和速度矢量。

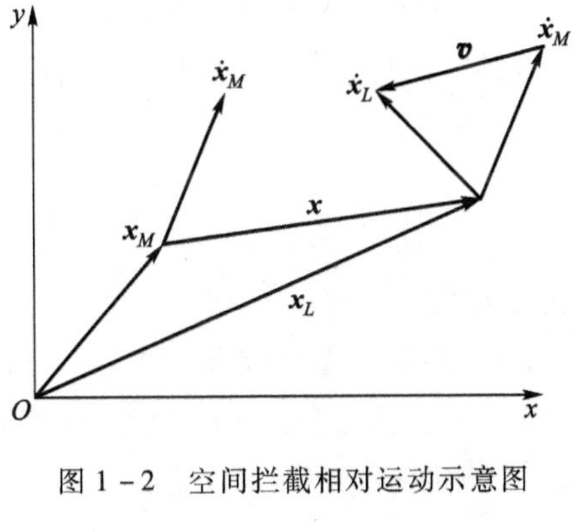

图 1-2 空间拦截相对运动示意图

假设目标无机动飞行且空间拦截器和目标均在已知空域内，$m(t)$ 为空间拦截器 t 时刻的质量，$F(t)$ 为空间拦截器 t 时刻的推力，$\boldsymbol{u}(t)$ 为拦截器 t 时刻推力方向矢量，c 为发动机有效喷气速度常数，则空间拦截器与目标的相对运动方程为

$$\dot{\boldsymbol{x}}(t)=v(t)$$

$$\dot{v}(t)=\boldsymbol{\alpha}(t)+\frac{F(t)}{m(t)}\boldsymbol{u}(t)$$

$$\dot{m}(t)=-\frac{F(t)}{c} \tag{1-7}$$

式中,$\boldsymbol{\alpha}(t)$是固有相对加速度矢量。系统状态为$\boldsymbol{x}$,v,m,其初始条件为

$$\boldsymbol{x}(t_0)=\boldsymbol{x}_0,v(t_0)=v_0,m(t_0)=m_0 \tag{1-8}$$

系统控制变量为$F(t)$,$\boldsymbol{u}(t)$。从工程实际考虑,它们应满足

$$0\leqslant F(t)\leqslant \max F(t)\triangleq F_{\max}$$

$$\|\boldsymbol{u}\|^2=\boldsymbol{u}^{\mathrm{T}}\boldsymbol{u}=1 \tag{1-9}$$

第一个关系式表示推力大小受限制,第二个关系式表示$\boldsymbol{u}$为单位矢量,其方向不受任何限制。记$\boldsymbol{u}^{\mathrm{T}}=(u_1,u_2,u_3)$,则$\boldsymbol{u}$的欧氏范数$\|\boldsymbol{u}\|$为

$$\|\boldsymbol{u}\|=\sqrt{u_1^2+u_2^2+u_3^2} \tag{1-10}$$

由于空间拦截器的质量不能小于所有燃料消耗后剩余质量m_e,因此终端时刻t_f的质量$m(t_f)$应满足

$$m(t_f)\geqslant m_e \tag{1-11}$$

所谓空间拦截就是要求在终端时刻t_f时,空间拦截器和目标的相对距离矢量为0,而相对速度矢量可任意,即

$$\boldsymbol{x}(t_f)=0,v(t_f)\text{任意} \tag{1-12}$$

如果既要求拦截过程的时间尽量短,又要求燃料消耗尽量省,那么可取如下的性能指标:

$$J[F(\cdot),\boldsymbol{u}(\cdot)]=\int_{t_0}^{t_f}[c_1+F(t)]\mathrm{d}t \tag{1-13}$$

并使其最小。式中,c_1为正常数。

综上所述,空间拦截问题即为选择满足式(1-9)的控制$F(t)$,$\boldsymbol{u}(t)$,$t\in[t_0,t_f]$,使得状态方程(1-7)从初态(1-8)出发,在某终端时刻$t_f>t_0$时满足式(1-11)和式(1-12),且性能指标(1-13)最小。

1.2.3 生产计划问题

设$x(t)$表示商品存货量,$r(t)\geqslant 0$表示对商品的需求率,是已知函数。$u(t)$表示生产率,由计划人员选取,因此是控制变量。$x(t)$满足如下的状态方程:

$$\dot{x}(t)=-r(t)+u(t)\qquad t\in[0,t_f]$$

$$x(0)=x_0\geqslant 0 \tag{1-14}$$

x_0是初始时刻的商品存货量。

从 $x(t)$的实际意义来看,首先必须选取生产率 $u(t)$,使得

$$x(t) \geqslant 0 \qquad t \in [0, t_f] \tag{1-15}$$

其次,生产能力应该有限制,即容许控制为

$$0 \leqslant u(t) \leqslant A \qquad t \in [0, t_f] \tag{1-16}$$

式中,$A > 0$ 表示最大生产率,另外,为了保证满足商品需求,必须有

$$A > r(t) \qquad t \in [0, t_f] \tag{1-17}$$

假定每单位时间的生产成本是生产率 $u(t)$的函数,即 $h[u(t)]$。设 $b > 0$ 是单位时间储存单位商品的费用,于是单位时间的总成本为

$$f[x(t), u(t), t] = h[u(t)] + bx(t) \tag{1-18}$$

由 $t = t_0$ 到 $t = t_f$的总成本为

$$J(u) = \int_{t_0}^{t_f} f[x(t), u(t), t] \mathrm{d}t \tag{1-19}$$

最优生产计划即为寻找最优控制 $u^*(t)$,使总成本 J 最小。

1.3 最优控制问题的描述

由上节的例子可见,求解最优控制问题时需给定系统的状态方程、状态变量所满足的边界条件(初始条件和终端条件)、性能指标的形式(时间最短、消耗燃料最小、误差平方积分最小等)以及控制作用的容许范围。

本节将采用数学语言来详细描述最优控制问题。

(1) 建立被控系统的状态方程

$$\dot{\boldsymbol{X}} = \boldsymbol{f}[\boldsymbol{X}(t), \boldsymbol{U}(t), t] \tag{1-20}$$

式中,$\boldsymbol{X}(t)$为 n 维状态向量,$\boldsymbol{U}(t)$为 m 维控制向量,$\boldsymbol{f}[\boldsymbol{X}(t), \boldsymbol{U}(t), t]$为 n 维向量函数,它可以是非线性时变向量函数,也可以是线性定常的向量函数。状态方程在最优控制问题中必须准确给定。

(2) 确定状态方程的边界条件。一个动态过程对应于 n 维状态空间中从一个状态到另一个状态的转移,也就是状态空间中的一条轨迹。在最优控制中初始状态通常是已知的,即

$$\boldsymbol{X}(t_0) = \boldsymbol{X}_0 \tag{1-21}$$

而到达终端的时刻 t_f和终端状态 $\boldsymbol{X}(t_f)$则因问题而异。例如,在流水线生产过程中,t_f是固定的;在飞机快速爬升时,仅规定爬升的终端高度 $\boldsymbol{X}(t_f) = X_f$,而 t_f是自

由的，要求 t_f-t_0 越小越好。终端状态 $\boldsymbol{X}(t_f)$ 一般属于一个目标集 S，即

$$\boldsymbol{X}(t_f)\in S \tag{1-22}$$

当终端状态是固定的，即 $\boldsymbol{X}(t_f)=X_f$ 时，则目标集退化为 n 维状态空间中一个点。而当终端状态满足某些约束条件，即

$$\boldsymbol{G}[\boldsymbol{X}(t_f),t_f]=0 \tag{1-23}$$

这时，$\boldsymbol{X}(t_f)$ 处在 n 维状态空间中某个超曲面上。若终端状态不受约束，则目标集扩展到整个 n 维空间，或称终端状态自由。

(3) 选定性能指标 J。性能指标一般有如下的形式：

$$J=\phi[\boldsymbol{X}(t_f),t_f]+\int_{t_0}^{t_f}L[\boldsymbol{X}(t),\boldsymbol{U}(t),t]\,\mathrm{d}t \tag{1-24}$$

式(1-24)所述的性能指标共包括两个部分，即积分指标 $\int_{t_0}^{t_f}L[\boldsymbol{X}(t),\boldsymbol{U}(t),t]\,\mathrm{d}t$ 和终端指标 $\phi[\boldsymbol{X}(t_f),t_f]$，这种综合性指标对应的最优控制问题称为波尔扎(Bolza)问题。当只有终端指标时，称为迈耶尔(Mayer)问题；当只有积分指标时，称为拉格朗日(Lagrange)问题。性能指标的确定因问题性质而异。在导弹截击目标的问题中，要求弹着点的散布度最小，这时可用终端指标来表示。在快速控制问题中，要求系统从一个状态过渡到另一个状态的时间最短，即 $\int_{t_0}^{t_f}\mathrm{d}t\rightarrow\min$，这就是积分指标。性能指标 J 是控制作用 $\boldsymbol{U}(t)$ 的函数，也就是函数 $\boldsymbol{U}(t)$ 的函数，这种以函数为自变量的函数称为泛函，所以 J 又称为性能泛函。有些文献中也把性能指标称为代价函数、目标函数等。

(4) 确定控制作用的容许范围 Ω，即

$$\boldsymbol{U}(t)\in\Omega \tag{1-25}$$

式中，Ω 是 m 维控制空间 R^m 中的一个集合。例如控制飞机的舵偏角是受限制的，控制电机的电流是受限制的，即 $|\boldsymbol{U}(t)|\leqslant M$，这时控制作用属于一个闭集。当 $\boldsymbol{U}(t)$ 不受任何限制时，称它属于一个开集。以后将看到处理这两类问题的方法不相同。Ω 称为容许集合，属于 Ω 的控制则称为容许控制。

(5) 按一定的方法计算出容许控制 $\boldsymbol{U}(t)$ ($\boldsymbol{U}(t)\in\Omega$)，将它施加于用状态方程所描述的系统，使状态从初态 $\boldsymbol{X}(t_0)$ 转移到目标集 S 中某一个终态 $\boldsymbol{X}(t_f)$，同时性能指标达到某种意义上的最优。

1.4 本书内容安排

本节阐述全书的章节安排，一方面可以使读者快速清晰地捕捉到最优控制

的理论框架,另一方面也为教学人员讲授该课程提供必要的方便。此外,本节概略介绍了本书编写宗旨,为读者使用本书提供若干建议。

1.4.1 章节结构

本书第 2 章 ~ 第 10 章阐述最优控制的理论基础,首先介绍容许控制属于开集情况下的最优控制求解方法,即利用变分法求解最优控制。而后,展开论述极小值原理,并利用其解决容许控制属于闭集情况下的最短时间问题、最少燃料问题和时间燃料综合最优问题。在变分法和极小值原理的基础上,本书阐述最优控制中应用最广泛的线性二次型问题,给出其状态调节器和伺服跟踪器的设计方案。在第 5 章,本书介绍最优控制理论中除极小值原理外的另一理论基石——动态规划,并着重分析其与极小值原理、线性二次型设计的密切关系。上述内容是控制工程界普遍认可的最适于教学的基本内容。为了确保最优控制课程的理论完整性,本书又介绍了部分与其相关的理论内容,如最优控制的计算方法、随机最优控制和面向不确定系统的最优控制——鲁棒控制等。

本书第 11 章 ~ 第 16 章介绍最优控制方法在工程设计中的应用。随着计算机技术的快速发展,高性能科学计算软件为最优控制的求解提供了极大方便。本书采用最有代表性的科学计算软件——MATLAB 作为求解最优控制问题的专门工具,涉及的每一个工程实例都有详细的 MATLAB 代码供读者学习和使用。

图 1 - 3 所示为本书章节安排及作用。

1.4.2 使用建议

1. 关于理论学习

最优控制理论是控制理论课程,掌握书中的理论性内容是十分重要的。但是,对于工学本科生或研究生而言,关键是能够应用所学理论解决实际问题。因此,本书在编写过程中,尽量避免大篇幅的数学推导,重点介绍最优控制理论的实际应用。建议读者在理论学习过程中,主动利用感性的物理思维去理解数学问题,反过来,在阅读工程应用实例时,积极尝试以抽象的数学思维去提炼物理问题。采用这种互补方式进行学习,对读者领悟最优控制方法和技术大有裨益。

2. 关于内容取舍

本书的第 2 章 ~ 第 5 章是控制工程界公认的适于教学的最优控制理论内容,读者应该系统地了解其提出背景、主要结论和工程应用方法。其他理论内容是上述基本内容的有益补充,如果时间充裕,建议读者深入学习。

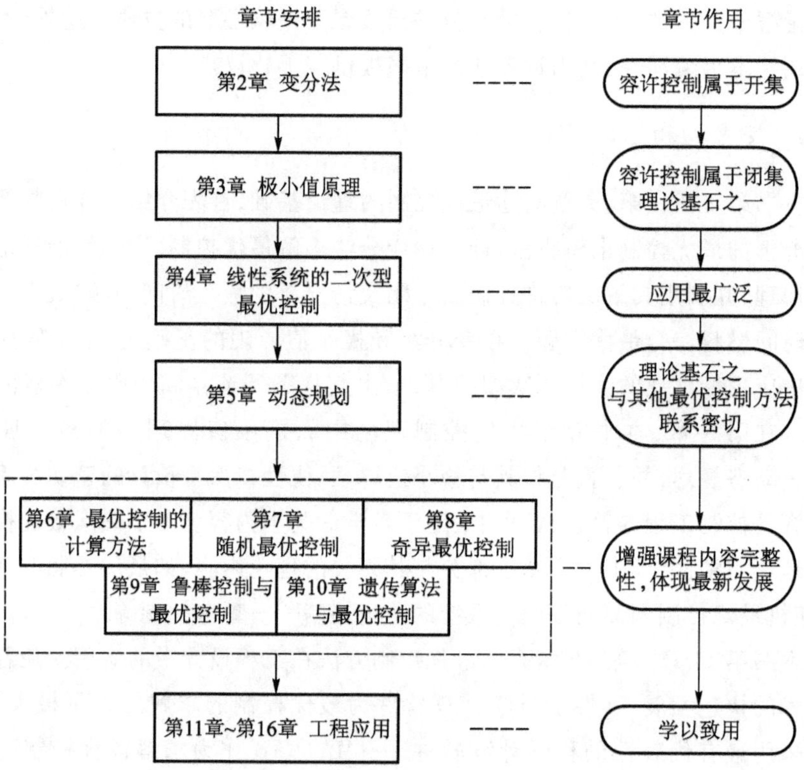

图 1-3 章节安排及作用

3. 关于实例学习

为了帮助读者深入理解最优控制理论，本书在第 11 章 ~ 第 16 章提供了诸多工程实例。读者可以通过这部分的学习，掌握最优控制理论在工程实际中的基本应用方法。绝大多数实例提供了完整的 MATLAB 仿真代码，读者可在本书的配套光盘中按照相应的章节号索引获得。建议读者自行编写或改写仿真代码，以便掌握利用 MATLAB 设计最优控制器的一般方法。

第2章　变　分　法

最优控制问题可以看做函数极值问题的拓展,其本质上为动态系统性能指标的泛函极值问题。考虑如下性能指标 J 的泛函极值问题:

$$\min_{u} J = \phi[\boldsymbol{X}(t_f), t_f] + \int_{t_0}^{t_f} F[\boldsymbol{X}(t), \boldsymbol{U}(t), t]\mathrm{d}t$$

式中,$\boldsymbol{X}(t)$是系统状态,$\boldsymbol{U}(t)$是控制输入,t_0和 t_f分别是初始时刻和终端时刻。最优控制的根本目的即为确定最优控制输入 $\boldsymbol{U}(t)$使得性能指标 J 最小,该问题称之为 Bolza 问题,当性能指标中没有 $\phi[\boldsymbol{X}(t_f), t_f]$时,称之为 Lagrange 问题。

变分法是解决上述泛函极值问题的有力工具。变分法的发展可追溯至 17 世纪末,后来在 20 世纪 60 年代被引入解决最优控制问题,其基本思想是将变分问题转换为微分方程的边值问题进行求解。本章在简要陈述变分法的基础上,将详细阐述无条件泛函极值、等式约束泛函极值等对应的最优控制问题。

2.1　泛函与变分的数学基础

2.1.1　泛函与变分的定义

以下给出泛函与变分的相关定义。

1. 泛函的定义

如果对某一类函数$\{\boldsymbol{X}(t)\}$中的每一个函数 $\boldsymbol{X}(t)$,有一个实数值 J 与之相对应,则 J 称为依赖于函数 $\boldsymbol{X}(t)$的泛函,记为

$$J = J[\boldsymbol{X}(t)]$$

可以认为,泛函是以函数为自变量的函数。

2. 泛函的连续性

若 $\forall \varepsilon > 0, \exists \delta > 0$,当$\|\boldsymbol{X}(t) - \hat{\boldsymbol{X}}(t)\| < \delta$ 时,$|J(\boldsymbol{X}) - J(\hat{\boldsymbol{X}})| < \varepsilon$ 成立,则称 $J(\boldsymbol{X})$在 $\hat{\boldsymbol{X}}$ 处是连续的。

3. 线性泛函

满足如下条件的泛函称为线性泛函:

$$J[\alpha X]=\alpha J[X]$$

$$J(X+Y)=J(X)+J(Y)$$

式中,α 是实数,X 和 Y 是函数空间中的函数。

4. 自变量函数的变分

自变量函数 $X(t)$ 的变分 δX 是指同属于函数类 $\{X(t)\}$ 中两个函数 $X_1(t)$ 与 $X_2(t)$ 之差,即

$$\delta X=X_1(t)-X_2(t)$$

当 $X(t)$ 为一维函数时,δX 如图 2-1 所示。

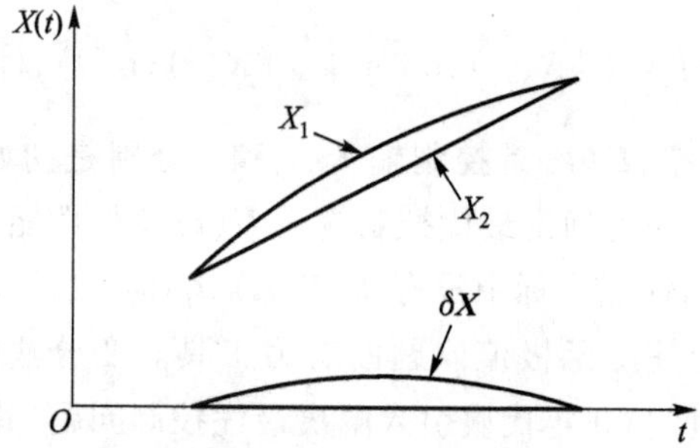

图 2-1 自变量函数的变分

5. 泛函的变分

当自变量函数 $X(t)$ 有变分 δX 时,泛函的增量为

$$\begin{aligned}\Delta J&=J[X+\delta X]-J[X]\\&=\delta J[X,\delta X]+\varepsilon\|\delta X\|\end{aligned}$$

式中,$\delta J[X,\delta X]$ 是 δX 的线性泛函,若 $\|\delta X\|\to 0$ 时,有 $\varepsilon\to 0$,则称 $\delta J[X,\delta X]$ 是泛函 $J[X]$ 的变分。δJ 是 ΔJ 的线性主部。

2.1.2 泛函极值的必要条件

首先给出泛函极值的定义,而后不加证明地给出泛函极值存在的必要条件。

若存在 $\varepsilon>0$,对满足 $\|X-X^*\|<\varepsilon$ 的所有 X,$J(X)-J(X^*)$ 具有同一符号,则称 $J(X)$ 在 $X=X^*$ 处取极值。

定理 泛函 $J(X)$ 在 $X=X^*$ 处取**极值的必要条件**是对于所有容许的增量函数 δX(自变量的变分),泛函 $J(X)$ 在 X^* 处的变分为零,即

$$\delta J(X^*,\delta X)=0$$

为了判别是极大还是极小,要计算二阶变分 $\delta^2 J$。但在实际中根据问题的性质很容易判别是极大还是极小,故一般不计算 $\delta^2 J$。

2.2 无条件泛函极值的变分原理

不失一般性,首先讨论自变量函数为标量函数的情况,目标是确定极值曲线 $x(t)=x^*(t)$,使得如下性能泛函取得极值:

$$J=\int_{t_0}^{t_f} F[x(t),\dot{x}(t),t]\mathrm{d}t \tag{2-1}$$

由此,考虑 $x(t)$、$\dot{x}(t)$ 在极值曲线 $x^*(t)$、$\dot{x}^*(t)$ 附近发生微小变分 δx、$\delta\dot{x}$,即

$$x(t)=x^*(t)+\delta x(t)$$

$$\dot{x}(t)=\dot{x}^*(t)+\delta\dot{x}(t)$$

这种情况下,泛函 J 的增量 ΔJ 可计算如下(以下将 * 号省去):

$$\begin{aligned}\Delta J&=\int_{t_0}^{t_f}\{F[x+\delta x,\dot{x}+\delta\dot{x},t]-F[x,\dot{x},t]\}\mathrm{d}t\\&=\int_{t_0}^{t_f}\left\{\frac{\partial F}{\partial x}\delta x+\frac{\partial F}{\partial\dot{x}}\delta\dot{x}+o[(\delta x)^2,(\delta\dot{x})^2]\right\}\mathrm{d}t\end{aligned}$$

式中,$o[(\delta x)^2,(\delta\dot{x})^2]$是高阶项。

考虑到泛函的变分 δJ 是 ΔJ 的线性主部,即

$$\delta J=\int_{t_0}^{t_f}\left[\frac{\partial F}{\partial x}\delta x+\frac{\partial F}{\partial\dot{x}}\delta\dot{x}\right]\mathrm{d}t$$

从而,对上式第二项作分部积分,有

$$\int_{t_0}^{t_f}u\mathrm{d}v=uv\Big|_{t_0}^{t_f}-\int_{t_0}^{t_f}v\mathrm{d}u$$

进一步得

$$\delta J=\int_{t_0}^{t_f}\left[\frac{\partial F}{\partial x}-\frac{\mathrm{d}}{\mathrm{d}t}\left(\frac{\partial F}{\partial\dot{x}}\right)\right]\delta x\mathrm{d}t+\frac{\partial F}{\partial\dot{x}}\delta x\Big|_{t_0}^{t_f} \tag{2-2}$$

J 取极值的必要条件是 δJ 等于 0,又因为 δx 任意,所以要使式(2-2)中第一项(积分项)为零,必然有

$$\frac{\partial F}{\partial x}-\frac{\mathrm{d}}{\mathrm{d}t}\left(\frac{\partial F}{\partial\dot{x}}\right)=0 \tag{2-3}$$

式(2-3)即为**欧拉—拉格朗日方程**。

下面讨论式(2-2)中第二项为0的条件，共有如下两种情况：

1. 固定端点的情况

此时有 $x(t_0)=x_0, x(t_f)=x_f$，故 $\delta x(t_0)=\delta x(t_f)=0$。而式(2-2)中第二项可写成

$$\frac{\partial F}{\partial \dot{x}}\delta x\Big|_{t_0}^{t_f}=\left(\frac{\partial F}{\partial \dot{x}}\right)_{t=t_f}\cdot\delta x(t_f)-\left(\frac{\partial F}{\partial \dot{x}}\right)_{t=t_0}\cdot\delta x(t_0) \tag{2-4}$$

当 $\delta x(t_0)=\delta x(t_f)=0$ 时，式(2-4)为0。

2. 自由端点的情况

此时 $x(t_0)$ 和 $x(t_f)$ 可发生变化，$\delta x(t_0)\neq 0, \delta x(t_f)\neq 0$，且可独立变化。于是，要使式(2-2)中第二项为0，由式(2-4)可得

$$\left(\frac{\partial F}{\partial \dot{x}}\right)_{t=t_f}\cdot\delta x(t_f)=0 \tag{2-5}$$

$$\left(\frac{\partial F}{\partial \dot{x}}\right)_{t=t_0}\cdot\delta x(t_0)=0 \tag{2-6}$$

考虑到 $x(t)$ 为标量函数，$\delta x(t_0)$ 和 $\delta x(t_f)$ 也是标量，且是任意的，故式(2-5)、式(2-6)可化为

$$\left(\frac{\partial F}{\partial \dot{x}}\right)_{t=t_f}=0 \tag{2-7}$$

$$\left(\frac{\partial F}{\partial \dot{x}}\right)_{t=t_0}=0 \tag{2-8}$$

式(2-7)、式(2-8)称为**横截条件**。需要指出，当边界条件全部给定(即固定端点)时，不需要横截条件。当 $x(t_0)$ 给定时，不需要式(2-8)。当 $x(t_f)$ 给定时，不需要式(2-7)。

下面将 $x(t)$ 为标量函数时得到的结果推广到 $\boldsymbol{X}(t)$ 为 n 维向量函数的情况。此时，性能泛函为

$$J=\int_{t_0}^{t_f}F(\boldsymbol{X},\dot{\boldsymbol{X}},t)\,\mathrm{d}t \tag{2-9}$$

式中，

$$\boldsymbol{X}=\begin{bmatrix}x_1(t)\\x_2(t)\\\vdots\\x_n(t)\end{bmatrix}\qquad \dot{\boldsymbol{X}}=\begin{bmatrix}\dot{x}_1(t)\\\dot{x}_2(t)\\\vdots\\\dot{x}_n(t)\end{bmatrix} \tag{2-10}$$

泛函变分由式(2-2)改为

$$\delta J=\int_{t_0}^{t_f}\delta \boldsymbol{X}^{\mathrm{T}}\left[\frac{\partial F}{\partial \boldsymbol{X}}-\frac{\mathrm{d}}{\mathrm{d}t}\left(\frac{\partial F}{\partial \dot{\boldsymbol{X}}}\right)\right]\mathrm{d}t+\delta \boldsymbol{X}^{\mathrm{T}}\frac{\partial F}{\partial \dot{\boldsymbol{X}}}\bigg|_{t_0}^{t_f}$$

向量欧拉—拉格朗日方程为

$$\frac{\partial F}{\partial \boldsymbol{X}}-\frac{\mathrm{d}}{\mathrm{d}t}\left(\frac{\partial F}{\partial \dot{\boldsymbol{X}}}\right)=0 \tag{2-11}$$

式中,

$$\frac{\partial F}{\partial \boldsymbol{X}}=\begin{bmatrix}\dfrac{\partial F}{\partial x_1}\\ \dfrac{\partial F}{\partial x_2}\\ \vdots\\ \dfrac{\partial F}{\partial x_n}\end{bmatrix}\qquad \frac{\partial F}{\partial \dot{\boldsymbol{X}}}=\begin{bmatrix}\dfrac{\partial F}{\partial \dot{x}_1}\\ \dfrac{\partial F}{\partial \dot{x}_2}\\ \vdots\\ \dfrac{\partial F}{\partial \dot{x}_n}\end{bmatrix} \tag{2-12}$$

横截条件为(自由端点情况)

$$\frac{\partial F}{\partial \dot{\boldsymbol{X}}}=0,\text{当 } t=t_0 \text{ 和 } t=t_f \text{ 时}$$

例 2-1 求通过点(0,0)及(1,1)且使性能指标 $J=\int_0^1(x^2+\dot{x}^2)\mathrm{d}t$ 取极值的最优轨迹 $x^*(t)$。

解 这是固定端点问题,相应的欧拉—拉格朗日方程为

$$2x-\frac{\mathrm{d}}{\mathrm{d}t}(2\dot{x})=0$$

即

$$\ddot{x}-x=0$$

它的通解形式为

$$x(t)=A\mathrm{ch}\ t+B\mathrm{sh}\ t$$

式中,

$$\mathrm{ch}\ t=\frac{\mathrm{e}^{t}+\mathrm{e}^{-t}}{2}\qquad \mathrm{sh}\ t=\frac{\mathrm{e}^{t}-\mathrm{e}^{-t}}{2}$$

由初始条件 $x(0)=0$,可得 $A=0$。再由终端条件 $x(1)=1$,可得 $B=1/\mathrm{sh}\ 1$,因此极值轨迹为

$$x^*(t) = \text{sh } t/\text{sh } 1$$

图 2－2 所示为极值轨迹 x^*。

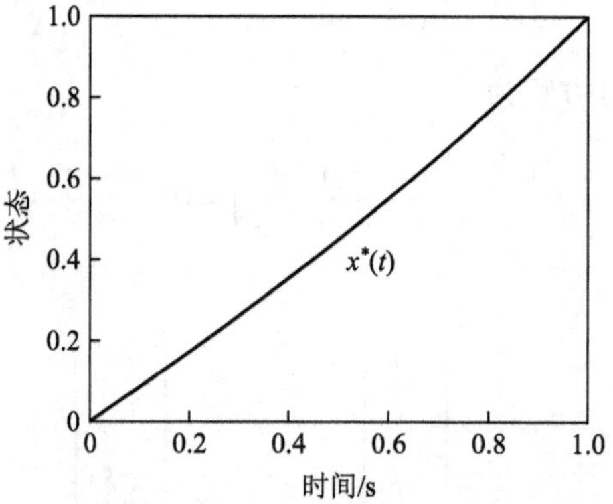

图 2－2 极值轨迹 x^*

2.3 等式约束泛函极值的变分原理

前面讨论泛函极值问题时，并未对极值轨迹 $\boldsymbol{X}^*(t)$ 附加任何约束条件。然而，在动态系统最优控制问题中，极值轨迹必须满足系统的状态方程，换句话说，其受到系统状态方程的约束。考虑如下系统：

$$\dot{\boldsymbol{X}} = \boldsymbol{f}[\boldsymbol{X}(t), \boldsymbol{U}(t), t] \tag{2-13}$$

式中，$\boldsymbol{X}(t)$ 为 n 维状态向量，$\boldsymbol{U}(t)$ 为 m 维控制向量，$\boldsymbol{f}[\boldsymbol{X}(t), \boldsymbol{U}(t), t]$ 是 n 维连续可微向量函数。需要指出，此处 $\boldsymbol{U}(t)$ 不受限制，以便采用变分法求解，若 $\boldsymbol{U}(t)$ 受限，应采用极小值原理或动态规划求解，详细内容将在后续章节陈述。

设定的性能指标如下：

$$J = \phi[\boldsymbol{X}(t_f), t_f] + \int_{t_0}^{t_f} F[\boldsymbol{X}(t), \boldsymbol{U}(t), t]\,\mathrm{d}t \tag{2-14}$$

最优控制的目标是求出最优控制 $\boldsymbol{U}^*(t)$ 和满足系统状态方程的极值轨迹 $\boldsymbol{X}^*(t)$，使得性能指标取得极值。

在以下各节中，将先后讨论如下三种情况下的最优控制求解问题：

(1) 终端时刻固定，终端状态自由；

(2) 终端时刻自由，终端状态受约束；

(3) 终端时刻固定，终端状态受约束。

2.3.1 终端时刻固定，终端状态自由

将状态方程(2－13)写成等式约束方程形式

$$f(\boldsymbol{X},\boldsymbol{U},t)-\dot{\boldsymbol{X}}(t)=0 \tag{2-15}$$

与有约束条件的函数极值情况类似,引入 n 维拉格朗日乘子向量函数

$$\boldsymbol{\lambda}^{\mathrm{T}}(t)=[\lambda_1(t),\lambda_2(t),\cdots,\lambda_n(t)] \tag{2-16}$$

需要指出,在动态问题中拉格朗日乘子向量 $\boldsymbol{\lambda}(t)$ 为时间函数。最优控制中经常将 $\boldsymbol{\lambda}(t)$ 称为伴随变量,协态(协状态向量)或共轭状态。引入 $\boldsymbol{\lambda}(t)$ 后可得到如下的增广泛函

$$J_{\mathrm{a}}=\phi[\boldsymbol{X}(t_{\mathrm{f}}),t_{\mathrm{f}}]+\int_{t_0}^{t_{\mathrm{f}}}\{F[\boldsymbol{X},\boldsymbol{U},t]+\boldsymbol{\lambda}^{\mathrm{T}}(t)[\boldsymbol{f}(\boldsymbol{X},\boldsymbol{U},t)-\dot{\boldsymbol{X}}]\}\mathrm{d}t \tag{2-17}$$

进而,有约束条件泛函 J 的极值问题转化为无约束条件增广泛函 J_{a} 的极值问题。

考虑引入一个标量函数

$$H(\boldsymbol{X},\boldsymbol{U},\boldsymbol{\lambda},t)=F(\boldsymbol{X},\boldsymbol{U},t)+\boldsymbol{\lambda}^{\mathrm{T}}\boldsymbol{f}(\boldsymbol{X},\boldsymbol{U},t) \tag{2-18}$$

称为哈密顿(Hamilton)函数,其在最优控制中起着重要的作用。J_{a} 可写成

$$J_{\mathrm{a}}=\phi[\boldsymbol{X}(t_{\mathrm{f}}),t_{\mathrm{f}}]+\int_{t_0}^{t_{\mathrm{f}}}[H(\boldsymbol{X},\boldsymbol{U},\boldsymbol{\lambda},t)-\boldsymbol{\lambda}^{\mathrm{T}}\dot{\boldsymbol{X}}]\mathrm{d}t$$

对上式积分号内第二项作分部积分后可得

$$J_{\mathrm{a}}=\phi[\boldsymbol{X}(t_{\mathrm{f}}),t_{\mathrm{f}}]-\boldsymbol{\lambda}^{\mathrm{T}}(t_{\mathrm{f}})\boldsymbol{X}(t_{\mathrm{f}})+\boldsymbol{\lambda}^{\mathrm{T}}(t_0)\boldsymbol{X}(t_0)+\int_{t_0}^{t_{\mathrm{f}}}[H(\boldsymbol{X},\boldsymbol{U},\boldsymbol{\lambda},t)+\dot{\boldsymbol{\lambda}}^{\mathrm{T}}\boldsymbol{X}]\mathrm{d}t \tag{2-19}$$

设 $\boldsymbol{X}(t)$、$\boldsymbol{U}(t)$ 相对于最优值 $\boldsymbol{X}^*(t)$、$\boldsymbol{U}^*(t)$ 的变分分别为 $\delta\boldsymbol{X}(t)$ 和 $\delta\boldsymbol{U}(t)$,由于 $\boldsymbol{X}(t_{\mathrm{f}})$ 自由,故需考虑变分 $\delta\boldsymbol{X}(t_{\mathrm{f}})$。

计算变分引起的泛函 J_{a} 的变分 δJ_{a} 如下:

$$\delta J_{\mathrm{a}}=\delta\boldsymbol{X}^{\mathrm{T}}(t_{\mathrm{f}})\frac{\partial\phi}{\partial\boldsymbol{X}(t_{\mathrm{f}})}-\delta\boldsymbol{X}^{\mathrm{T}}(t_{\mathrm{f}})\boldsymbol{\lambda}(t_{\mathrm{f}})+\int_{t_0}^{t_{\mathrm{f}}}\left[\delta\boldsymbol{X}^{\mathrm{T}}\left(\frac{\partial H}{\partial\boldsymbol{X}}+\dot{\boldsymbol{\lambda}}\right)+\delta\boldsymbol{U}^{\mathrm{T}}\frac{\partial H}{\partial\boldsymbol{U}}\right]\mathrm{d}t \tag{2-20}$$

J_{a} 取得极小值的必要条件是:对任意的 $\delta\boldsymbol{X}$、$\delta\boldsymbol{U}$ 和 $\delta\boldsymbol{X}(t_{\mathrm{f}})$,$\delta J_{\mathrm{a}}$ 等于 0。由式(2-18)及式(2-20)可得如下的一组关系式:

协态方程 $$\dot{\boldsymbol{\lambda}}=-\frac{\partial H}{\partial\boldsymbol{X}} \tag{2-21}$$

状态方程 $$\dot{\boldsymbol{X}}=\frac{\partial H}{\partial\boldsymbol{\lambda}} \tag{2-22}$$

控制方程 $$\frac{\partial H}{\partial\boldsymbol{U}}=0 \tag{2-23}$$

横截条件 $$\boldsymbol{\lambda}(t_f)=\frac{\partial\phi}{\partial\boldsymbol{X}(t_f)} \tag{2-24}$$

式(2-21)~式(2-24)即为 J_a 取极值的必要条件，由此可求得 $\boldsymbol{U}^*(t)$，$\boldsymbol{X}^*(t)$ 和 $\boldsymbol{\lambda}^*(t)$。

式(2-22)为状态方程，这可由 H 的定义式(2-18)看出，实际解题时无需求 $\frac{\partial H}{\partial\boldsymbol{\lambda}}$，只需直接采用状态方程即可。式(2-21)与式(2-22)一起称为**哈密顿正则方程**。

式(2-23)为控制方程，表示 H 在最优控制处取极值。注意，这是在 $\delta\boldsymbol{U}$ 任意时得出的方程，当 $\boldsymbol{U}(t)$ 有界且在边界上取得最优值时，不能用此方程，而应采用极小值原理求解。

式(2-24)为在 t_f 固定、$\boldsymbol{X}(t_f)$ 自由时得出的横截条件。当 $\boldsymbol{X}(t_f)$ 固定时，$\delta\boldsymbol{X}(t_f)=0$，就不需要这个横截条件了。横截条件表示协态终端所满足的条件。

在求解式(2-21)~式(2-24)时，只知道初值 $\boldsymbol{X}(t_0)$ 和由横截条件(2-24)求得的协态终端值 $\boldsymbol{\lambda}(t_f)$，这类问题称为两点边值问题，一般情况下很难求解。由于 $\boldsymbol{\lambda}(t_0)$ 未知，若假定某个 $\boldsymbol{\lambda}(t_0)$，然后正向积分式(2-21)~式(2-24)，则在 $t=t_f$ 时的 $\boldsymbol{\lambda}$ 值一般与给定的 $\boldsymbol{\lambda}(t_f)$ 不同，于是要反复修正 $\boldsymbol{\lambda}(t_0)$ 的值，直至 $\boldsymbol{\lambda}(t_f)$ 与给定值的区别可忽略不计为止。

非线性系统最优控制两点边值问题的数值求解是一个重要的研究领域。对于线性系统两点边值问题求解，可寻找缺少的边界条件并仅进行一次积分，下面的例 2-3 给出了求解过程。

例 2-2 设系统状态方程为 $\dot{x}=-x(t)+u(t)$，$x(t)$ 的边界条件为 $x(0)=1$，$x(t_f)=0$。求最优控制 $u(t)$，使性能指标 $J=\frac{1}{2}\int_0^{t_f}(x^2+u^2)\mathrm{d}t$ 最小。

解 式中，$x(0)$、$x(t_f)$ 均给定，故不需要横截条件(2-24)。作哈密顿函数

$$H=\frac{1}{2}(x^2+u^2)+\lambda(-x+u)$$

则协态方程和控制方程为

$$\dot{\lambda}=-\frac{\partial H}{\partial x}=-x+\lambda$$

$$\frac{\partial H}{\partial u}=u+\lambda=0$$

即

$$u=-\lambda$$

故可得正则方程

$$\dot{x}(t) = -x(t) - \lambda(t)$$

$$\dot{\lambda}(t) = -x(t) + \lambda(t)$$

对正则方程进行拉普拉斯变换，可得

$$sX(s) - x(0) = -X(s) - \lambda(s) \tag{2-25}$$

$$s\lambda(s) - \lambda(0) = -X(s) + \lambda(s) \tag{2-26}$$

由式(2-25)可求得

$$X(s) = \frac{x(0) - \lambda(s)}{s+1} \tag{2-27}$$

代入式(2-26)，即得

$$(s^2 - 2)\lambda(s) = (s+1)\lambda(0) - x(0)$$

于是，解出 $\lambda(s)$ 为

$$\lambda(s) = \frac{(s+1)\lambda(0) - x(0)}{s^2 - 2} = \frac{s+1}{(s+\sqrt{2})(s-\sqrt{2})}\lambda(0) - \frac{1}{(s+\sqrt{2})(s-\sqrt{2})}x(0) \tag{2-28}$$

反变换可求得

$$\lambda(t) = \frac{1}{2\sqrt{2}}(\mathrm{e}^{-\sqrt{2}t} - \mathrm{e}^{\sqrt{2}t})x(0) + \frac{1}{2\sqrt{2}}[(\sqrt{2}-1)\mathrm{e}^{-\sqrt{2}t} + (\sqrt{2}+1)\mathrm{e}^{\sqrt{2}t}]\lambda(0) \tag{2-29}$$

将式(2-28)代入式(2-26)可得

$$X(s) = \frac{s-1}{(s+\sqrt{2})(s-\sqrt{2})}x(0) - \frac{1}{(s+\sqrt{2})(s-\sqrt{2})}\lambda(0)$$

故

$$x(t) = \frac{1}{2\sqrt{2}}[(\sqrt{2}+1)\mathrm{e}^{-\sqrt{2}t} + (\sqrt{2}-1)\mathrm{e}^{\sqrt{2}t}]x(0) + \frac{1}{2\sqrt{2}}[\mathrm{e}^{-\sqrt{2}t} - \mathrm{e}^{\sqrt{2}t}]\lambda(0)$$

由 $x(0)=1, x(t_f)=0$，从上式可得

$$\lambda(0) = \frac{(\sqrt{2}+1)\mathrm{e}^{-\sqrt{2}t_f} + (\sqrt{2}-1)\mathrm{e}^{\sqrt{2}t_f}}{\mathrm{e}^{\sqrt{2}t_f} - \mathrm{e}^{-\sqrt{2}t_f}}$$

将 $\lambda(0)$ 代入式(2-29)，可得 $\lambda(t)$，而最优控制为

$$u^*(t) = -\lambda(t) = -\frac{1}{2\sqrt{2}}\left\{\mathrm{e}^{-\sqrt{2}t} - \mathrm{e}^{\sqrt{2}t} + \frac{(\sqrt{2}+1)\mathrm{e}^{-\sqrt{2}t_f} + (\sqrt{2}-1)\mathrm{e}^{\sqrt{2}t_f}}{\mathrm{e}^{\sqrt{2}t_f} - \mathrm{e}^{-\sqrt{2}t_f}}\right.\cdot$$

$$\left[(\sqrt{2}-1)e^{-\sqrt{2}t}+(\sqrt{2}+1)e^{\sqrt{2}t}\right]\Big\}$$

例 2-3 设系统的状态方程为：$\dot{x}_1(t)=x_2(t)$，$\dot{x}_2(t)=u(t)$；初始条件为：$x_1(0)=1$，$x_2(0)=1$；终端条件为：$x_1(1)=0$，$x_2(1)$自由。确定最优控制$u^*(t)$，使指标泛函 $J(u)=\dfrac{1}{2}\int_0^1 u^2(t)\mathrm{d}t$ 取极小值。

解 这里，$x_2(1)$自由，需要用到横截条件(2-24)，因终端指标$\phi[\boldsymbol{X}(t_f),t_f]=0$，所以

$$\lambda_2(1)=\frac{\partial\phi}{\partial x_2(1)}=0 \tag{2-30}$$

作哈密顿函数

$$H=\frac{1}{2}u^2+\lambda_1x_2+\lambda_2u \tag{2-31}$$

由式(2-21)~式(2-23)可求得

$$\dot{\lambda}_1=-\frac{\partial H}{\partial x_1}=0$$

$$\dot{\lambda}_2=-\frac{\partial H}{\partial x_2}=-\lambda_1$$

$$\frac{\partial H}{\partial u}=0$$

得

$$u+\lambda_2=0$$

即

$$u^*(t)=-\lambda_2(t) \tag{2-32}$$

将$u^*(t)$代入状态方程，可得

$$\dot{x}_1=x_2(t) \tag{2-33}$$

$$\dot{x}_2=-\lambda_2(t) \tag{2-34}$$

$$\dot{\lambda}_1=0 \tag{2-35}$$

$$\dot{\lambda}_2=-\lambda_1(t) \tag{2-36}$$

边界条件为

$$x_1(0)=1 \qquad x_2(0)=1$$

$$x_1(1)=0 \qquad \lambda_2(1)=0 \tag{2-37}$$

可见这是两点边值问题。对正则方程式(2-33)~式(2-36)进行拉普拉斯变

换,可得

$$sX_1(s)-x_1(0)=X_2(s) \tag{2-38}$$

$$sX_2(s)-x_2(0)=-\lambda_2(s) \tag{2-39}$$

$$s\lambda_1(s)-\lambda_1(0)=0 \tag{2-40}$$

$$s\lambda_2(s)-\lambda_2(0)=-\lambda_1(s) \tag{2-41}$$

由式(2-38)~式(2-41)可解出

$$s^4X_1(s)=s^3x_1(0)+s^2x_2(0)-s\lambda_2(0)+\lambda_1(0)$$

代入初始条件 $x_1(0)=1,x_2(0)=1$,可得

$$X_1(s)=\frac{1}{s}+\frac{1}{s^2}-\frac{1}{s^3}\lambda_2(0)+\frac{1}{s^4}\lambda_1(0)$$

故

$$x_1(t)=1+t-\frac{1}{2}\lambda_2(0)t^2+\frac{1}{6}\lambda_1(0)t^3 \tag{2-42}$$

同样可解得

$$\lambda_2(s)=\frac{1}{s}\lambda_2(0)-\frac{1}{s^2}\lambda_1(0)$$

$$\lambda_2(t)=\lambda_2(0)-\lambda_1(0)t \tag{2-43}$$

利用终端条件 $x_1(1)=0,\lambda_2(1)=0$,由式(2-42)、式(2-43)可得

$$2-\frac{1}{2}\lambda_2(0)+\frac{1}{6}\lambda_1(0)=0$$

$$\lambda_2(0)-\lambda_1(0)=0$$

由上两式可解出

$$\lambda_1(0)=6 \quad \lambda_2(0)=6$$

由式(2-42)可得最优状态轨迹

$$x_1^*(t)=1+t-3t^2+t^3$$

由式(2-43)可得最优协态

$$\lambda_2^*(t)=6(1-t)$$

由式(2-32)可得最优控制

$$u^*(t)=6(t-1)$$

同理,还可求出

$$x_2^*(t)=1-6t+3t^2$$

图 2－3 所示为最优控制和最优状态轨迹解。

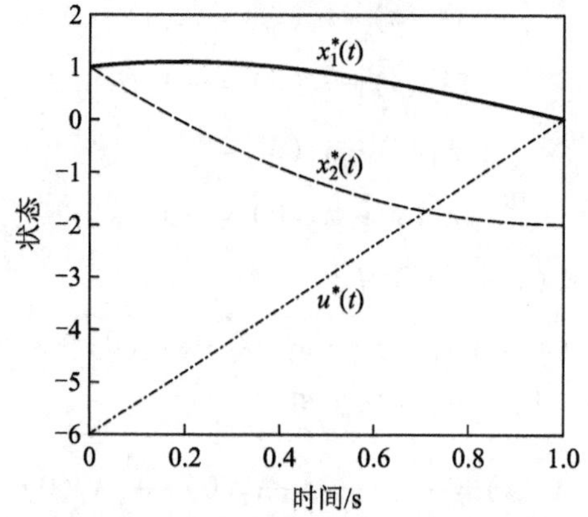

图 2－3 最优控制和最优状态轨迹解

2.3.2 终端时刻自由，终端状态受约束

设终端状态 $\boldsymbol{X}(t_f)$ 满足如下约束方程：

$$\boldsymbol{G}[\boldsymbol{X}(t_f),t_f]=0 \tag{2-44}$$

式中，

$$\boldsymbol{G}=\begin{bmatrix} G_1[\boldsymbol{X}(t_f),t_f] \\ G_2[\boldsymbol{X}(t_f),t_f] \\ \vdots \\ G_q[\boldsymbol{X}(t_f),t_f] \end{bmatrix} \tag{2-45}$$

取性能指标为

$$J=\phi[\boldsymbol{X}(t_f),t_f]+\int_{t_0}^{t_f} F[\boldsymbol{X}(t),\boldsymbol{U}(t),t]\,\mathrm{d}t \tag{2-46}$$

引入拉格朗日乘子向量函数 $\boldsymbol{\lambda}(t)$ 和 q 维拉格朗日乘子向量v，及增广性能泛函

$$J_a=\phi[\boldsymbol{X}(t_f),t_f]+v^{\mathrm{T}}\boldsymbol{G}[\boldsymbol{X}(t_f),t_f] \\ +\int_{t_0}^{t_f}\{F(\boldsymbol{X},\boldsymbol{U},t)+\boldsymbol{\lambda}^{\mathrm{T}}(t)[\boldsymbol{f}(\boldsymbol{X},\boldsymbol{U},t)-\dot{\boldsymbol{X}}]\}\,\mathrm{d}t \tag{2-47}$$

引入哈密顿函数

$$H(\boldsymbol{X},\boldsymbol{U},\boldsymbol{\lambda},t)=F[\boldsymbol{X},\boldsymbol{U},t]+\boldsymbol{\lambda}^{\mathrm{T}}\boldsymbol{f}(\boldsymbol{X},\boldsymbol{U},t) \tag{2-48}$$

将 H 代入式(2－47)，可得

$$J_a = \phi[X(t_f),t_f] + v^T G[X(t_f),t_f] + \int_{t_0}^{t_f}[H(X,U,\lambda,t) - \lambda^T \dot{X}]dt \tag{2-49}$$

令

$$\theta[X(t_f),t_f] = \phi[X(t_f),t_f] + v^T G[X(t_f),t_f] \tag{2-50}$$

则有

$$J_a = \theta[X(t_f),t_f] + \int_{t_0}^{t_f}[H(X,U,\lambda,t) - \lambda^T \dot{X}]dt \tag{2-51}$$

与 t_f固定时不同，t_f自由时 δJ_a为 δU、δX、$\delta X(t_f)$和 δt_f的函数，式中 δt_f不再为 0，$\delta X(t_f)$可按如下方式计算：

令 $t_f = t_f^* + \delta t_f$，则

$$\begin{aligned}\delta X(t_f) &= X(t_f) - X^*(t_f^*) = X(t_f^* + \delta t_f) + \delta X(t_f^*) - X(t_f^*)\\ &\approx \delta X(t_f^*) + \dot{X}(t_f^*)\delta t_f\end{aligned} \tag{2-52}$$

需要指出，$\delta X(t_f)$和 $\delta X(t_f^*)$不同，故 * 号不能省去。上式表明 $\delta X(t_f)$由两部分组成，一部分是 t_f^*时函数 $X(t_f)$相对 $X^*(t_f)$的变化量 $\delta X(t_f^*)$，另一部分是 t_f变化引起的函数变化量$[X(t_f^*+\delta t_f) - X(t_f^*)]$，后者可用其线性主部 $\dot{X}(t_f^*)\delta t_f$近似。

δJ_a(只计算到一阶小量)计算如下：

$$\Delta J_a = \theta[X(t_f) + \delta X(t_f), t_f + \delta t_f]_* + \int_{t_0}^{t_f^*+\delta t_f}[H(X+\delta X, U+\delta U, \lambda, t) - \lambda^T(\dot{X}+\delta\dot{X})]_* dt - \theta[X(t_f),t_f] - \int_{t_0}^{t_f^*}[H(X,U,\lambda,t) - \lambda^T\dot{X}]dt$$

上式中方括号外的下标 * 表示 X、U 和 t_f是最优值。δJ_a是上式的线性主部，故

$$\delta J_a = \left[\frac{\partial\theta}{\partial X(t_f)}\right]_*^T \delta X(t_f) + \left[\frac{\partial\theta}{\partial t_f}\right]_* \delta t_f + \int_{t_0}^{t_f^*}\left[\left(\frac{\partial H}{\partial X}\right)^T\delta X + \left(\frac{\partial H}{\partial U}\right)^T\delta U - \lambda^T\delta\dot{X}\right]_* dt + \int_{t_f^*}^{t_f^*+\delta t_f}[H(X+\delta X, U+\delta U,\lambda,t) - \lambda^T(\dot{X}+\delta\dot{X})]_* dt$$

对第三项作分部积分，可得

$$\int_{t_0}^{t_f^*}\left[\left(\frac{\partial H}{\partial X}+\dot{\lambda}\right)^T\delta X + \left(\frac{\partial H}{\partial U}\right)^T\delta U\right]_* dt - \lambda^T(t_f^*)\delta X(t_f^*)$$

第四项可表示为(忽略二阶小量)

$$\int_{t_f^*}^{t_f^*+\delta t_f}\left[H(X,U,\lambda,t) + \left(\frac{\partial H}{\partial X}\right)^T\delta X + \left(\frac{\partial H}{\partial U}\right)^T\delta U - \lambda^T\dot{X} - \lambda^T\delta\dot{X}\right]_* dt$$

$$\approx H^*(\boldsymbol{X},\boldsymbol{U},\boldsymbol{\lambda},t)\delta t_f - \boldsymbol{\lambda}^T(t_f^*)\dot{\boldsymbol{X}}(t_f^*)\delta t_f$$

$$= H^*\delta t_f - \boldsymbol{\lambda}^T(t_f^*)[\delta\boldsymbol{X}(t_f) - \delta\boldsymbol{X}(t_f^*)]$$

上式最后一个等号用到了式(2－52)，H^* 表示 H 的自变量取最优值时 H 的值。

根据上面的结果，可得

$$\delta J_a = \left[\frac{\partial\theta}{\partial\boldsymbol{X}(t_f)}\right]_*^T \delta\boldsymbol{X}(t_f) + \left[\frac{\partial\theta}{\partial t_f}\right]_* \delta t_f$$

$$+ \int_{t_0}^{t_f^*}\left[\left(\frac{\partial H}{\partial\boldsymbol{X}} + \dot{\boldsymbol{\lambda}}\right)^T\delta\boldsymbol{X} + \left(\frac{\partial H}{\partial\boldsymbol{U}}\right)^T\delta\boldsymbol{U}\right]_* \mathrm{d}t + H^*\delta t_f - \boldsymbol{\lambda}^T(t_f^*)\delta\boldsymbol{X}(t_f)$$

考虑到 J_a 取极值的必要条件为 $\delta J_a = 0$，因为 $\delta\boldsymbol{X}(t_f)$、$\delta t_f$、$\delta\boldsymbol{X}$ 和 $\delta\boldsymbol{U}$ 任意，故得（为表达简洁，省去 * 号）

协态方程 $$\dot{\boldsymbol{\lambda}} = -\frac{\partial H}{\partial\boldsymbol{X}} \tag{2-53}$$

状态方程 $$\dot{\boldsymbol{X}} = \frac{\partial H}{\partial\boldsymbol{\lambda}} \tag{2-54}$$

控制方程 $$\frac{\partial H}{\partial\boldsymbol{U}} = 0 \tag{2-55}$$

横截条件 $$\boldsymbol{\lambda}(t_f) = \frac{\partial\theta}{\partial\boldsymbol{X}(t_f)} = \frac{\partial\phi}{\partial\boldsymbol{X}(t_f)} + \frac{\partial\boldsymbol{G}^T}{\partial\boldsymbol{X}(t_f)}v \tag{2-56}$$

$$H(t_f) = -\frac{\partial\theta}{\partial t_f} = -\frac{\partial\phi}{\partial t_f} - \frac{\partial\boldsymbol{G}^T}{\partial t_f}v \tag{2-57}$$

与 t_f 固定情况相比，此处多了一个方程，$H(t_f) = -\frac{\partial\theta}{\partial t_f}$，用该方程可求出最优终端时间 $t_f = t_f^*$。

例 2－4 设系统状态方程为 $\dot{x} = u$，边界条件为：$x(0) = 1, x(t_f) = 0$；t_f 自由性能指标为：$J = t_f + \frac{1}{2}\int_0^{t_f}u^2\mathrm{d}t$。要求确定最优控制 u^*，使 J 最小。

解 这是 t_f 自由问题，终端状态固定，$x(t_f) = 0$ 是满足约束集的特殊情况，即

$$\boldsymbol{G}[\boldsymbol{X}(t_f), t_f] = x(t_f) = 0$$

作哈密顿函数

$$H = \frac{1}{2}u^2 + \lambda u$$

正则方程是

$$\dot{x}=\frac{\partial H}{\partial \lambda}=u \qquad \dot{\lambda}=-\frac{\partial H}{\partial x}=0$$

控制方程是

$$\frac{\partial H}{\partial u}=u+\lambda=0 \qquad u=-\lambda$$

因边界条件全部给定，故不用横截条件。确定最优终端时刻的条件式(2-57)为

$$H(t_f)=-\frac{\partial \theta}{\partial t_f}=-\frac{\partial \phi}{\partial t_f}=-\frac{\partial t_f}{\partial t_f}=-1$$

$$\frac{1}{2}u^2(t_f)+\lambda(t_f)u(t_f)=-1$$

将 $u(t)=-\lambda(t)$ 代入，可得

$$\frac{1}{2}\lambda^2(t_f)-\lambda^2(t_f)+1=0$$

由上式求得 $\lambda(t_f)=\sqrt{2}$。

因为由正则方程 $\dot{\lambda}=0$，所以 $\lambda(t)=\lambda(t_f)=\sqrt{2}$，于是最优控制

$$u^*(t)=-\sqrt{2}$$

再由正则方程 $\dot{x}=u=-\lambda$，可得

$$x(t)=-\sqrt{2}\,t+c$$

由初始条件 $x(0)=1$，求得 $c=1$，故最优轨迹为

$$x^*(t)=-\sqrt{2}\,t+1$$

以终端条件 $x^*(t_f^*)=0$ 代入上式，即求得最优终端时刻 $t_f^*=\frac{\sqrt{2}}{2}$。

例 2-5 火箭发射最优程序问题。设火箭在垂直平面内运动，加速度 $a(t)$ 与水平面夹角为 $\theta(t)$，$\theta(t)$ 是控制作用，如图 2-4 所示。令水平速度 $x_1=V_L(t)$，垂直速度 $x_2=V_h(t)$，水平距离 $x_3=L(t)$，垂直高度 $x_4=h(t)$。忽略重力和空气阻力时，系统的状态方程和初始条件为

$$\begin{aligned}
&\dot{x}_1=a\cos\theta && x_1(0)=0\\
&\dot{x}_2=a\sin\theta && x_2(0)=0\\
&\dot{x}_3=x_1 && x_3(0)=0\\
&\dot{x}_4=x_2 && x_4(0)=0
\end{aligned} \tag{2-58}$$

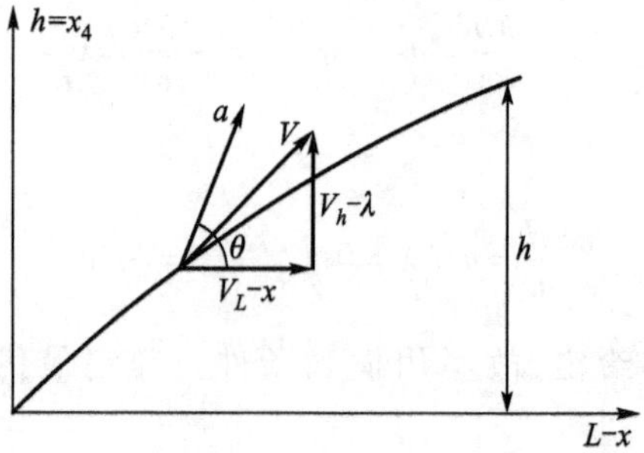

图 2-4 火箭发射示意图

终端状态为

$$x_1(t_f)=U \quad x_2(t_f)=0 \quad x_3(t_f)\text{自由} \quad x_4(t_f)=h_f$$

要求选择最优控制 $u(t)=\theta(t)$,使性能指标 $J=\int_0^{t_f}\mathrm{d}t=t_f$ 最小。

解 因为要求 t_f 最小,故是 t_f 自由问题。由给定的终端状态,可得 3 个约束方程为

$$G_1=x_1(t_f)-U=0$$
$$G_2=x_2(t_f)=0$$
$$G_3=x_4(t_f)-h_f=0 \tag{2-59}$$

作哈密顿函数

$$H=F+\boldsymbol{\lambda}^{\mathrm{T}}f=1+\lambda_1 a\cos\theta+\lambda_2 a\sin\theta+\lambda_3 x_1+\lambda_4 x_2$$

协态方程为

$$\dot\lambda_1=-\frac{\partial H}{\partial x_1}=-\lambda_3$$
$$\dot\lambda_2=-\frac{\partial H}{\partial x_2}=-\lambda_4$$
$$\dot\lambda_3=-\frac{\partial H}{\partial x_3}=0$$
$$\dot\lambda_4=-\frac{\partial H}{\partial x_4}=0 \tag{2-60}$$

横截条件为

$$\boldsymbol{\lambda}(t_f)=\frac{\partial\phi}{\partial\boldsymbol{X}(t_f)}+\frac{\partial\boldsymbol{G}^{\mathrm{T}}}{\partial\boldsymbol{X}(t_f)}v=\frac{\partial\boldsymbol{G}^{\mathrm{T}}}{\partial\boldsymbol{X}(t_f)}v$$

即

$$\begin{bmatrix} \lambda_1(t_f) \\ \lambda_2(t_f) \\ \lambda_3(t_f) \\ \lambda_4(t_f) \end{bmatrix} = \frac{\partial[G_1, G_2, G_3]}{\partial \boldsymbol{X}(t_f)} \begin{bmatrix} v_1 \\ v_2 \\ v_3 \end{bmatrix} = \begin{bmatrix} \frac{\partial G_1}{\partial x_1}v_1 + \frac{\partial G_2}{\partial x_1}v_2 + \frac{\partial G_3}{\partial x_1}v_3 \\ \frac{\partial G_1}{\partial x_2}v_1 + \frac{\partial G_2}{\partial x_2}v_2 + \frac{\partial G_3}{\partial x_2}v_3 \\ \frac{\partial G_1}{\partial x_3}v_1 + \frac{\partial G_2}{\partial x_3}v_2 + \frac{\partial G_3}{\partial x_3}v_3 \\ \frac{\partial G_1}{\partial x_4}v_1 + \frac{\partial G_2}{\partial x_4}v_2 + \frac{\partial G_3}{\partial x_4}v_3 \end{bmatrix}$$

上式右端矩阵中 $x_i, i=1,2,3,4$ 的自变量 t_f 已省略。

由式(2-59)求出上式中的偏导数,可得协态的终值为

$$\begin{aligned} \lambda_1(t_f) &= v_1 \\ \lambda_2(t_f) &= v_2 \\ \lambda_3(t_f) &= 0 \\ \lambda_4(t_f) &= v_3 \end{aligned} \tag{2-61}$$

积分协态方程,可得

$$\begin{aligned} \lambda_1 &= -\lambda_3 t + c_1 \\ \lambda_2 &= -\lambda_4 t + c_2 \\ \lambda_3 &= 常数 = \lambda_3(t_f) = 0 \\ \lambda_4 &= 常数 = \lambda_4(t_f) = v_3 \end{aligned}$$

代入协态终值条件后,得 $c_1 = v_1, c_2 = v_2 - v_3 t_f$,故

$$\begin{aligned} \lambda_1 &= v_1 \\ \lambda_2 &= v_2 + v_3(t_f - t) \\ \lambda_3 &= 0 \\ \lambda_4 &= v_3 \end{aligned} \tag{2-62}$$

由控制方程 $\frac{\partial H}{\partial U} = \frac{\partial H}{\partial \theta} = 0$,得

$$\lambda_1 a \sin\theta - \lambda_2 a \cos\theta = 0$$

即

$$\tan\theta = \frac{\lambda_2}{\lambda_1} = -v_1 - v_2(t_f - t) \tag{2-63}$$

为了确定最优控制 $\theta(t)$,还需确定拉格朗日常数 v_1 和 v_2。下面积分状态方

程(2－58),为此将自变量 t 变成 θ。由式(2－63)得

$$\frac{\mathrm{d}\tan\theta}{\mathrm{d}\theta}\cdot\frac{\mathrm{d}\theta}{\mathrm{d}t}=\sec^2\theta\frac{\mathrm{d}\theta}{\mathrm{d}t}=v_2\qquad\frac{\mathrm{d}\theta}{\mathrm{d}t}=\frac{v_2}{\sec^2\theta}$$

将上面关系代入状态方程,即得

$$\frac{\mathrm{d}x_1}{\mathrm{d}\theta}=a\cos\theta\frac{\mathrm{d}t}{\mathrm{d}\theta}=\frac{a}{v_2\cos\theta}$$

$$\frac{\mathrm{d}x_2}{\mathrm{d}\theta}=a\sin\theta\frac{\mathrm{d}t}{\mathrm{d}\theta}=\frac{a}{v_2}\cdot\frac{\sin\theta}{\cos^2\theta}$$

积分上面两式,得

$$x_1=\frac{a}{v_2}\ln(\sec\theta+\tan\theta)+c_3$$

$$x_2=\frac{a}{v_2}\sec\theta+c_3$$

由初始条件 $x_1(0)=0, x_2(0)=0, \theta(0)=\theta_0$ 可求得

$$x_1=\frac{a}{v_2}\ln\frac{\tan\theta+\sec\theta}{\tan\theta_0+\sec\theta_0}\tag{2－64}$$

$$x_2=\frac{a}{v_2}(\sec\theta-\sec\theta_0)\tag{2－65}$$

将 x_1 和 x_2 代入状态方程(2－58)的后两式,积分并经运算可得

$$x_3=\frac{a}{v_2^2}\left(\sec\theta_0-\sec\theta+\tan\theta\ln\frac{\tan\theta+\sec\theta}{\tan\theta_0+\sec\theta_0}\right)\tag{2－66}$$

$$x_4=\frac{a}{2v_2^2}\left[(\tan\theta_0-\tan\theta)\sec\theta_0-(\sec\theta_0-\sec\theta)\tan\theta+\ln\frac{\tan\theta+\sec\theta}{\tan\theta_0+\sec\theta_0}\right]\tag{2－67}$$

由终端条件 $x_2(t_f)=0$ 和式(2－65)可得 $\sec\theta(t_f)=\sec\theta_0$,故

$$\theta_f\triangleq\theta(t_f)=2\pi-\theta_0\tag{2－68}$$

需要指出,另外一个解为 $\theta_f=\theta_0$,但此时由式(2－67)可得 $x_4(t_f)=0$,与给定终端条件 $x_4(t_f)=h_f\neq0$ 不符,故略去。

由式(2－63)得

$$\tan\theta=\tan\theta_0+v_2t$$

$$\tan\theta_f=\tan\theta_0+v_2t_f$$

$$v_2t_f=-2\tan\theta_0$$

故

$$v_2=-2\tan\theta_0/t_f\tag{2－69}$$

进而

$$\tan\theta=\left(1-\frac{2t}{t_f}\right)\tan\theta_0 \tag{2-70}$$

将终端条件 $x(t_f)=U$ 和式(2-69)代入式(2-64),可得

$$\frac{at_f}{U}=\frac{\tan\theta_0}{\dfrac{1}{2}\ln\dfrac{\sec\theta_0+\tan\theta_0}{\sec\theta_0-\tan\theta_0}}=\frac{\tan\theta_0}{\ln\tan\left(\dfrac{\pi}{4}+\dfrac{1}{2}\theta_0\right)} \tag{2-71}$$

将终端条件 $x_4(t_f)=h_f$,式(2-69)和式(2-71)代入式(2-67)可得

$$\frac{4ah_f}{U^2}=\frac{\tan\theta_0\sec\theta_0-\dfrac{1}{2}\ln\dfrac{\sec\theta_0+\tan\theta_0}{\sec\theta_0-\tan\theta_0}}{\left[\dfrac{1}{2}\ln\dfrac{\sec\theta_0+\tan\theta_0}{\sec\theta_0-\tan\theta_0}\right]^2} \tag{2-72}$$

现在归纳一下所得的结果:由式(2-72)可确定 θ_0,由式(2-71)确定最短时间 $t_f=t_f^*$,由式(2-70)即可求得最优推力方向角 $\theta(t)$。

2.3.3 终端时刻固定,终端状态受约束

设终端状态 $\boldsymbol{X}(t_f)$满足如下约束方程:

$$\boldsymbol{G}[\boldsymbol{X}(t_f),t_f]=0 \tag{2-73}$$

式中,

$$\boldsymbol{G}=\begin{bmatrix} G_1[\boldsymbol{X}(t_f),t_f] \\ G_2[\boldsymbol{X}(t_f),t_f] \\ \vdots \\ G_q[\boldsymbol{X}(t_f),t_f] \end{bmatrix} \tag{2-74}$$

本节讨论的最优控制问题是在约束 $\dot{\boldsymbol{X}}(t)=\boldsymbol{f}(\boldsymbol{X},\boldsymbol{U},t)$ 和式(2-73)条件下确定使性能指标 $J=\phi[\boldsymbol{X}(t_f),t_f]+\int_{t_0}^{t_f}F[\boldsymbol{X}(t),\boldsymbol{U}(t),t]\,\mathrm{d}t$ 最小的最优控制问题。如前所述,引入 n 维拉格朗日乘子向量函数 $\boldsymbol{\lambda}(t)$ 和 q 维拉格朗日乘子向量 v,并设定增广性能泛函

$$\begin{aligned} J_a = {} & \phi[\boldsymbol{X}(t_f),t_f]+v^{\mathrm{T}}\boldsymbol{G}[\boldsymbol{X}(t_f),t_f]+\int_{t_0}^{t_f}\{F(\boldsymbol{X},\boldsymbol{U},t) \\ & +\boldsymbol{\lambda}^{\mathrm{T}}(t)[\boldsymbol{f}(\boldsymbol{X},\boldsymbol{U},t)-\dot{\boldsymbol{X}}]\}\,\mathrm{d}t \end{aligned} \tag{2-75}$$

引入哈密顿函数

$$H(\boldsymbol{X},\boldsymbol{U},\boldsymbol{\lambda},t)=F[\boldsymbol{X},\boldsymbol{U},t]+\boldsymbol{\lambda}^{\mathrm{T}}\boldsymbol{f}(\boldsymbol{X},\boldsymbol{U},t) \tag{2-76}$$

采用类似的推导方法,依据 J_a 取极值的必要条件 $\delta J_a=0$ 可得如下关系式:

协态方程 $$\dot{\boldsymbol{\lambda}}=-\frac{\partial H}{\partial \boldsymbol{X}} \tag{2-77}$$

状态方程 $$\dot{\boldsymbol{X}}=\frac{\partial H}{\partial \boldsymbol{\lambda}} \tag{2-78}$$

控制方程 $$\frac{\partial H}{\partial \boldsymbol{U}}=0 \tag{2-79}$$

横截条件 $$\boldsymbol{\lambda}(t_f)=\frac{\partial \theta}{\partial \boldsymbol{X}(t_f)}=\frac{\partial \phi}{\partial \boldsymbol{X}(t_f)}+\frac{\partial \boldsymbol{G}^{\mathrm{T}}}{\partial \boldsymbol{X}(t_f)}v \tag{2-80}$$

下面讨论几种特殊的横截条件:

(1) 若 $\boldsymbol{X}(t_f)$为 n 维状态空间中的某一个固定点,即 $\boldsymbol{X}(t_f)=\boldsymbol{X}_f$,则由于 t_f固定,可以得到

$$\phi[\boldsymbol{X}(t_f),t_f]=\phi[\boldsymbol{X}_f,t_f]=\text{常数},\boldsymbol{G}[\boldsymbol{X}(t_f),t_f]=\boldsymbol{X}(t_f)-\boldsymbol{X}_f=0 \tag{2-81}$$

进而

$$\frac{\partial \boldsymbol{\phi}[\boldsymbol{X}(t_f),t_f]}{\partial \boldsymbol{X}}=0,\frac{\partial G[\boldsymbol{X}(t_f),t_f]}{\partial \boldsymbol{X}}=0 \tag{2-82}$$

因此 $\boldsymbol{\lambda}^{\mathrm{T}}(t_f)=v^{\mathrm{T}}$($v^{\mathrm{T}}$待定)。

(2) 设 $\phi[\boldsymbol{X}(t_f),t_f]=0$,$\boldsymbol{X}(t_f)$的某些分量取固定值而其他分量自由。不失一般性,设 $\boldsymbol{X}(t_f)$的前 m 个分量固定,即

$$X_i(t_f)=X_{if}\qquad i=1,2,\cdots,m\quad(1\leqslant m<n) \tag{2-83}$$

而其他分量自由,有

$$\boldsymbol{\lambda}^{\mathrm{T}}(t_f)=[v_1,v_2,\cdots,v_m,\overbrace{0,0,\cdots,0}^{n-m\text{个}}] \tag{2-84}$$

(3) 设 $\phi[\boldsymbol{X}(t_f),t_f]=0$,且 $\boldsymbol{x}(t_f)$的所有分量均自由,则有

$$\boldsymbol{\lambda}^{\mathrm{T}}(t_f)=0 \tag{2-85}$$

2.4 小 结

(1) 设系统状态方程为 $\dot{\boldsymbol{X}}=\boldsymbol{f}(\boldsymbol{X},\boldsymbol{U},t)$,初始状态 $\boldsymbol{X}(t_0)$ 给定,终端状态 $\boldsymbol{X}(t_f)$ 满足向量约束方程 $\boldsymbol{G}[\boldsymbol{X}(t_f),t_f]=0$(包括 $\boldsymbol{X}(t_f)$ 给定的情况)。性能指标为 $J=\phi[\boldsymbol{X}(t_f),t_f]+\int_{t_0}^{t_f}F[\boldsymbol{X},\boldsymbol{U},t]\mathrm{d}t$,则由变分法可得终端时刻 t_f 给定时,J 取

极值的必要条件

$$\left.\begin{aligned}\dot{\boldsymbol{\lambda}} &= -\frac{\partial H}{\partial \boldsymbol{X}} && \text{（协态方程）}\\ \dot{\boldsymbol{X}} &= \frac{\partial H}{\partial \boldsymbol{\lambda}} && \text{（状态方程）}\end{aligned}\right\}\text{正则方程}$$

$$\frac{\partial H}{\partial \boldsymbol{U}} = 0 \qquad \text{（控制方程）}$$

$$\boldsymbol{\lambda}(t_f) = \frac{\partial \phi}{\partial \boldsymbol{X}(t_f)} + \frac{\partial \boldsymbol{G}^{\mathrm{T}}}{\partial \boldsymbol{X}(t_f)}v \qquad \text{（横截条件）}$$

式中，$H(\boldsymbol{X},\boldsymbol{U},\boldsymbol{\lambda},t) = F(\boldsymbol{X},\boldsymbol{U},t) + \boldsymbol{\lambda}^{\mathrm{T}} \cdot \boldsymbol{f}(\boldsymbol{X},\boldsymbol{U},t)$称为哈密顿函数。

从上述结果可知，正则方程有 $2n$ 个变量，积分时要 $2n$ 个边界条件，初始条件 $\boldsymbol{X}(t_0)$给定时提供了 n 个边界条件，若 $\boldsymbol{X}(t_f)$也完全给定则又提供了 n 个边界条件，此时可不需要横截条件，而当 $\boldsymbol{X}(t_f)$自由或部分分量自由时，需要横截条件。

终端条件 t_f自由，J 取极值的必要条件与 t_f给定时的区别仅在于多一个求最优终端时刻的条件

$$H(t_f) = -\frac{\partial \phi}{\partial t_f} - \frac{\partial \boldsymbol{G}^{\mathrm{T}}}{\partial t_f}v$$

（2）用经典变分法求解最优控制时，假定控制输入 $\boldsymbol{u}(t)$不受限制，$\delta \boldsymbol{U}$ 为任意，因此可以得出控制方程$\dfrac{\partial H}{\partial \boldsymbol{U}} = 0$。当控制输入 $\boldsymbol{u}(t)$受限制而不满足上述情况时，需要采用极小值原理或动态规划求解最优控制问题。

习　题

1. 电枢控制直流电动机在忽略阻尼时的系统方程为 $\ddot{\theta} = u(t)$，其中，θ 为转轴的角位移，$u(t)$为输入。若性能指标为 $\min\limits_{u} J = \dfrac{1}{2}\int_0^2 (\ddot{\theta})^2 \mathrm{d}t$，使初态 $\theta(0) = 1$ 及 $\dot{\theta}(0) = 1$ 转移到终态 $\theta(2) = 0$ 及 $\dot{\theta}(2) = 0$，求最优控制 $u^*(t)$及最优角位移 $\theta^*(t)$，最优角速度 $\dot{\theta}^*(t)$。

2.
$$\min_{u} J = \frac{s^2}{2}x^2(2) + \frac{1}{2}\int_0^2 u^2(t)\mathrm{d}t$$

$$\text{s. t}, \dot{x} = u(t), x(0) = 1\text{（s 为常量）}$$

试求出最优控制 $u^*(t)$及相应的轨迹线 $x^*(t)$。

3. 系统由三个串联积分环节组成

$$\begin{cases} \dot{x}_1 = x_2, & x_1(0) = 0 \\ \dot{x}_2 = x_3, & x_2(0) = 0 \\ \dot{x}_3 = u, & x_3(0) = 0 \end{cases}$$

取性能指标 $J = \frac{1}{2}\int_0^t u^2(t)\,\mathrm{d}t$，求最优解使系统由初态转移至终端约束函数 $x_1^2(1) + x_2^2(1) = 1$。

4. 系统状态方程为 $\dot{x} = -x + u, x(0) = 10$，终端状态为 $x(1) = 0$。取性能指标 $J = \frac{1}{2}\int_0^1 u^2(t)\,\mathrm{d}t$，求最优控制 $u^*(t)$ 和最优轨迹 $x^*(t)$。

5. 系统状态方程为 $\dot{x} = -x^3 + u, x(0) = 1$，性能指标为 $J = \frac{1}{2}\int_0^1 (x^2 + u^2)\,\mathrm{d}t$，试列出其对应的两点边值问题。

6. 系统状态方程为 $\dot{x} = -x + u, x(0) = 1$，性能指标为 $J = \int_0^1 (x^2 + u^2)\,\mathrm{d}t$，求最优解 $u^*(t)$ 及 $x^*(t)$。

第 3 章　极小值原理

在第 2 章中，探讨了等式约束条件下的最优控制问题，其泛函极值求解建立在系统控制向量不受任何限制的基础上，即容许控制为一个开集，覆盖全向量空间。这个假设在实际工程中具有明显的局限性，例如，当前运输工具的动力系统均受最大功率的限制、飞机的操纵舵面受最大偏转角度和最大偏转速率的限制等。对于这类控制受限的最优控制问题，采用变分法求解十分困难。

变分法在工程领域中的局限性，促成了极小值原理的提出。20 世纪 50 年代末，前苏联学者庞特里亚金提出了控制向量集合为有界闭集时泛函极值的求解方法，这种方法易于确定最优控制系统的普遍结构形式，因此成为求解最优控制问题最基本且最有效的工具之一。以下章节将简要分析变分法的局限性，进而提出连续系统的极小值原理及其应用，包括最短时间控制、最少能量控制、时间和能量综合控制，最后阐述离散系统的极小值原理。

3.1　变分法的局限性

第 2 章采用变分法求解最优控制问题时，推导得到最优轨迹的必要条件为

$$\frac{\partial H}{\partial \boldsymbol{U}}=0$$

事实上，这个条件是基于如下假设得到的：

(1) $\delta \boldsymbol{U}$ 任意，即 $\boldsymbol{U}$ 不受限制，它遍及整个向量空间；

(2) $\frac{\partial H}{\partial \boldsymbol{U}}$存在。

在实际工程问题中，控制向量往往有界，如飞机舵偏有限制、火箭推力有限制以及生产过程中生产能力有限制等。一般而言，采用如下不等式表示：

$$|u_i(t)| \leqslant M_i \qquad i=1,2,\cdots,m$$

式中，$\boldsymbol{U}(t)=[u_1(t),u_2(t),\cdots,u_m(t)]^{\mathrm{T}}$属于一个有界闭集 Ω，即 $\boldsymbol{U}(t)\in\Omega$。更一般的情况，可用如下不等式约束表示：

$$g[\boldsymbol{U}(t),t]\geqslant 0$$

当 $\boldsymbol{U}(t)$ 属于有界闭集，$\boldsymbol{U}(t)$ 在边界上取值时，$\delta\boldsymbol{U}$ 就不再任意了，因为无法向边界外取值。此时，$\frac{\partial H}{\partial \boldsymbol{U}}=0$ 未必是最优解的必要条件。考察由图 3-1 所示的几种情况，图中横轴上每一点都表示一个标量控制函数 u，其容许取值范围为 Ω。

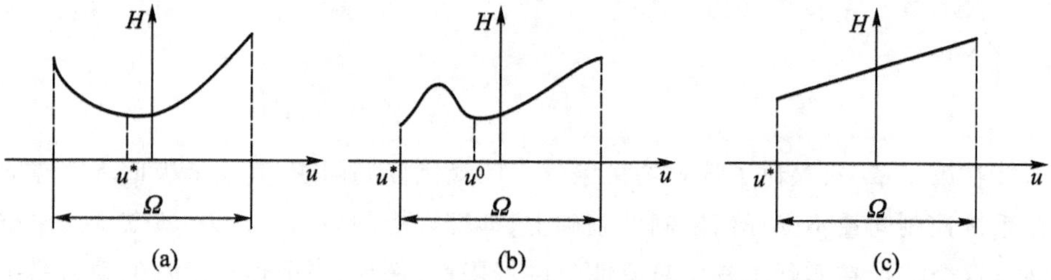

图 3-1 有界闭集中函数的几种形状

对于图 3-1(a)，$\frac{\partial H}{\partial \boldsymbol{U}}=0$ 仍对应最优解 u^*。对于图 3-1(b)，$\frac{\partial H}{\partial \boldsymbol{U}}=0$ 所对应的解 u^0 不是最优解，其最优解 u^* 在边界上。对于图 3-1(c)，$\frac{\partial H}{\partial \boldsymbol{U}}\equiv$ 常数，由这个方程无法求解最优控制 u（这种情况称为奇异情况），最优解 u^* 在边界上。另外，$\frac{\partial H}{\partial \boldsymbol{U}}$ 也不一定存在。例如，状态方程的右端 $\boldsymbol{f}(\boldsymbol{X},\boldsymbol{U},t)$ 对 $\boldsymbol{U}$ 的一阶偏导数可能不连续，或由于特定指标函数（如能量最优控制问题中）具有如下形式：

$$J=\int_{t_0}^{t_f}F(\boldsymbol{X},\boldsymbol{U},t)\,\mathrm{d}t=\int_{t_0}^{t_f}|\boldsymbol{U}|\,\mathrm{d}t$$

此时，$H(\boldsymbol{X},\boldsymbol{U},\boldsymbol{\lambda},t)=F(\boldsymbol{X},\boldsymbol{U},t)+\boldsymbol{\lambda}^{\mathrm{T}}\boldsymbol{f}(\boldsymbol{X},\boldsymbol{U},t)$ 对 $\boldsymbol{U}$ 的一阶偏导数不连续。

变分法无法处理上述情况，必须寻找新的解决方案。1956 年，庞特里亚金提出了极小值原理，以解决控制向量属于有界闭集的最优控制问题。采用极小值原理求解控制无约束的最优控制问题时，求解过程与变分法完全相同。下面给出极小值原理及其简要证明。

3.2 连续系统的极小值原理

考虑到可利用变量扩充法将各类最优控制问题化为定常系统、末值型性能指标的标准形式，以下只讨论定常系统、末值型性能指标，且终端时间 t_f 固定、末端受约束情况下的极小值原理及其证明。

设系统状态方程为

$$\dot{\boldsymbol{X}}=\boldsymbol{f}(\boldsymbol{X},\boldsymbol{U},t) \qquad \boldsymbol{X}(t)\in\mathbf{R}^n \tag{3-1}$$

初始条件为

$$X(t_0)=X_0 \tag{3-2}$$

控制向量 $U(t)\in\mathbf{R}^m$，并受如下约束：

$$U\in\Omega \tag{3-3}$$

末值状态必须满足约束条件

$$G[X(t_f),t_f]=0 \tag{3-4}$$

性能指标函数为

$$J=\phi[X(t_f),t_f]+v^{\mathrm{T}}G[X(t_f),t_f] \tag{3-5}$$

式中，$v\in\mathbf{R}^n$ 为列向量。

假设函数 $f_i(X,U,t)$，$\partial f_i/\partial X$，$\phi[X(t_f),t_f]$，$\partial\phi/\partial X(t_f)$ 存在且连续，并假定容许控制 $U(t)$ 是在控制域内取值的任意分段连续函数。若选定某一个容许控制 $U(t)$，则容易证明对任意初始条件 $X(t_0)=X_0$ 下，方程（3-1）唯一确定系统状态 $X(t)$，且 $X(t)$ 分段可微。以下针对定常系统、末值型性能指标，且 t_f 固定、末端受约束的情况下，证明极小值原理。

证明 采用扰动法。给最优控制一个变分 δU，其引起最优轨迹变分 δX，对应性能指标增量 ΔJ，当 J 极小时，必有 $\Delta J\geqslant 0$，由此即可导出最优控制所应满足的必要条件。

在变分法中，δU 是微量，只能建立哈密顿函数 H 的相对极小值。庞特里亚金极小值原理将最优控制与控制域内所有可能值进行比较，在整个控制域内最优控制使哈密顿函数 H 成为绝对极小值。正是这个性质使得庞特里亚金极小值原理成为寻找最优控制的有力工具。然而，$U(t)$ 的改变量 δU 必须看成有限量，而不再是微量。若改变的时间很短，则对应的最优轨迹改变 δX 仍是微量，性能指标增量 ΔJ 也是微量，因此对各关系式的数学处理仍是比较容易的。

设 $U^*(t)$ 为最优控制，任选时刻 $t_1\in[t_0,t_f]$ 及微量 $\varepsilon>0$，在时间间隔 $[t_1-\varepsilon,t_1]$ 中给 $U^*(t)$ 有限大小的改变量 δU，且使得 $U^*+\delta U\in\Omega$。以下研究由 δU 引起的最优轨迹 $X^*(t)$ 的变化。分如下 3 个时间段考虑：

1. $0\leqslant t\leqslant t_1-\varepsilon$

此时，$\delta U=0$，故 $\delta X(t)=0$。

2. $t_1-\varepsilon\leqslant t\leqslant t_1$

系统的状态方程（3-1）可在初始条件 $X(t_1-\varepsilon)=X^*(t_1-\varepsilon)$ 下直接积分。

当 $U=U^*$ 时，有

$$X^*(t)-X^*(t_1-\varepsilon)=\int_{t_1-\varepsilon}^{t}f(X^*,U^*,t)\,\mathrm{d}t$$

当 $\boldsymbol{U}=\boldsymbol{U}^*+\delta\boldsymbol{U}$ 时，有

$$\boldsymbol{X}(t)-\boldsymbol{X}^*(t_1-\varepsilon)=\int_{t_1-\varepsilon}^{t}\boldsymbol{f}(\boldsymbol{X},\boldsymbol{U}^*+\delta\boldsymbol{U},t)\,\mathrm{d}t$$

两式相减可得这一段的 $\delta\boldsymbol{X}(t)$，即

$$\delta\boldsymbol{X}(t)=\int_{t_1-\varepsilon}^{t}[\boldsymbol{f}(\boldsymbol{X},\boldsymbol{U}^*+\delta\boldsymbol{U},t)-\boldsymbol{f}(\boldsymbol{X}^*,\boldsymbol{U}^*,t)]\,\mathrm{d}t \tag{3-6}$$

对 $\delta\boldsymbol{X}(t)$ 的大小作估计

$$|\delta\boldsymbol{X}(t)|\leqslant\max_{t_1-\varepsilon\leqslant t\leqslant t_1}|\boldsymbol{f}(\boldsymbol{X},\boldsymbol{U}^*+\delta\boldsymbol{U},t)-\boldsymbol{f}(\boldsymbol{X}^*,\boldsymbol{U}^*,t)|(t-t_1+\varepsilon)$$

由于 ε 是微量，故 $\delta\boldsymbol{X}(t)$ 也是微量，在精确到一阶微量的情况下，下式成立

$$\boldsymbol{f}(\boldsymbol{X},\boldsymbol{U}^*+\delta\boldsymbol{U})=\boldsymbol{f}(\boldsymbol{X}^*,\boldsymbol{U}^*+\delta\boldsymbol{U})+\left.\frac{\partial\boldsymbol{f}}{\partial\boldsymbol{X}}\right|_{\boldsymbol{X}=\boldsymbol{X}^*}\delta\boldsymbol{X} \tag{3-7}$$

将式(3-7)代入式(3-6)，并注意到微量 $\delta\boldsymbol{X}$ 在微小时间内的积分是高阶微量，得

$$\delta\boldsymbol{X}(t)=\int_{t_1-\varepsilon}^{t}[\boldsymbol{f}(\boldsymbol{X}^*,\boldsymbol{U}^*+\delta\boldsymbol{U},t)-\boldsymbol{f}(\boldsymbol{X}^*,\boldsymbol{U}^*,t)]\,\mathrm{d}t$$

在第二段时间间隔的终点 $t=t_1$，有

$$\delta\boldsymbol{X}(t_1)=\int_{t_1-\varepsilon}^{t_1}[\boldsymbol{f}(\boldsymbol{X}^*,\boldsymbol{U}^*+\delta\boldsymbol{U},t)-\boldsymbol{f}(\boldsymbol{X}^*,\boldsymbol{U}^*,t)]\,\mathrm{d}t$$

或

$$\delta\boldsymbol{X}(t_1)=[\boldsymbol{f}(\boldsymbol{X}^*,\boldsymbol{U}^*+\delta\boldsymbol{U},t)-\boldsymbol{f}(\boldsymbol{X}^*,\boldsymbol{U}^*,t)]|_{t=t_1}\varepsilon+\boldsymbol{o}(\varepsilon) \tag{3-8}$$

式中，$\boldsymbol{o}(\varepsilon)$ 表示二阶以上的微量。

3. $t_1\leqslant t\leqslant t_f$

此时又有 $\boldsymbol{U}=\boldsymbol{U}^*$，系统的状态方程为

$$\dot{\boldsymbol{X}}=\boldsymbol{f}(\boldsymbol{X},\boldsymbol{U}^*,t)$$

而状态变量的变分 $\delta\boldsymbol{X}(t)$ 满足方程

$$\delta\dot{\boldsymbol{X}}=\left.\frac{\partial\boldsymbol{f}}{\partial\boldsymbol{X}}\right|_{\boldsymbol{U}=\boldsymbol{U}^*}\delta\boldsymbol{X} \tag{3-9}$$

引入变量 $\boldsymbol{\lambda}^*(t)$ 及哈密顿函数 H

$$H(\boldsymbol{X},\boldsymbol{U}^*,\boldsymbol{\lambda}^*,t)=\boldsymbol{\lambda}^{*\mathrm{T}}\boldsymbol{f}(\boldsymbol{X},\boldsymbol{U}^*,t) \tag{3-10}$$

$$\dot{\boldsymbol{\lambda}}^*=-\left.\frac{\partial H}{\partial\boldsymbol{X}}\right|_{\substack{\boldsymbol{U}=\boldsymbol{U}^*\\ \boldsymbol{\lambda}=\boldsymbol{\lambda}^*}}=-\left.\left(\frac{\partial\boldsymbol{f}^{\mathrm{T}}}{\partial\boldsymbol{X}}\right)\right|_{\boldsymbol{U}=\boldsymbol{U}^*}\lambda^* \tag{3-11}$$

$$\boldsymbol{\lambda}^*(t_f)=\frac{\partial\phi}{\partial\boldsymbol{X}(t_f)}+\frac{\partial\boldsymbol{G}^{\mathrm{T}}}{\partial\boldsymbol{X}(t_f)}v \tag{3-12}$$

显然,式(3-9)和式(3-11)为共轭方程,立即求得积分

$$\boldsymbol{\lambda}^{*\mathrm{T}}(t)\delta\boldsymbol{X}(t)=\mathrm{const}$$

或

$$\boldsymbol{\lambda}^{*\mathrm{T}}(t_{\mathrm{f}})\delta\boldsymbol{X}(t_{\mathrm{f}})=\boldsymbol{\lambda}^{*\mathrm{T}}(t_1)\delta\boldsymbol{X}(t_1) \tag{3-13}$$

最终求得 $\delta\boldsymbol{U}$ 的有限改变而引起的最优轨迹变化 $\delta\boldsymbol{X}(t)$,特别是末值状态变化 $\delta\boldsymbol{X}(t_{\mathrm{f}})$。

下面研究由 $\delta\boldsymbol{U}$ 引起的最优性能指标改变量 ΔJ。

由于

$$J=\phi[\boldsymbol{X}(t_{\mathrm{f}}),t_{\mathrm{f}}]+v^{\mathrm{T}}\boldsymbol{G}[\boldsymbol{X}(t_{\mathrm{f}}),t_{\mathrm{f}}]$$

故有

$$\Delta J=\left(\frac{\partial\phi}{\partial\boldsymbol{X}(t_{\mathrm{f}})}+\frac{\partial\boldsymbol{G}^{\mathrm{T}}}{\partial\boldsymbol{X}(t_{\mathrm{f}})}v\right)^{\mathrm{T}}\delta\boldsymbol{X}(t_{\mathrm{f}})+o(\varepsilon)\geqslant 0 \tag{3-14}$$

综合式(3-8)、式(3-12)、式(3-13)和式(3-14),可建立 ΔJ 与 $\delta\boldsymbol{U}$ 之间的关系

$$\Delta J=[\boldsymbol{\lambda}^{*\mathrm{T}}\boldsymbol{f}(\boldsymbol{X}^*,\boldsymbol{U}^*+\delta\boldsymbol{U},t)-\boldsymbol{\lambda}^{*\mathrm{T}}\boldsymbol{f}(\boldsymbol{X}^*,\boldsymbol{U}^*,t)]\big|_{t=t_1}\varepsilon+o(\varepsilon)\geqslant 0$$

已知 $t_1\in[t_0,t_{\mathrm{f}}]$ 中的任意时刻,并以 $\boldsymbol{U}$ 表示 $\boldsymbol{U}^*+\delta\boldsymbol{U}$,当 $\varepsilon\to 0$ 时,上式为

$$\boldsymbol{\lambda}^{*\mathrm{T}}\boldsymbol{f}(\boldsymbol{X}^*,\boldsymbol{U}^*,t)\leqslant\boldsymbol{\lambda}^{*\mathrm{T}}\boldsymbol{f}(\boldsymbol{X}^*,\boldsymbol{U},t),\boldsymbol{U}\in\Omega,t\in[t_0,t_{\mathrm{f}}]$$

或用哈密顿函数 H 的表达式(3-10)表示,可得

$$H(\boldsymbol{X}^*,\boldsymbol{\lambda}^*,\boldsymbol{U}^*,t)\leqslant\underset{\boldsymbol{U}\in\Omega}{H}(\boldsymbol{X}^*,\boldsymbol{\lambda}^*,\boldsymbol{U},t) \tag{3-15}$$

或

$$\min_{\boldsymbol{U}\in\Omega}H(\boldsymbol{X}^*,\boldsymbol{\lambda}^*,\boldsymbol{U},t)=H(\boldsymbol{X}^*,\boldsymbol{\lambda}^*,\boldsymbol{U}^*,t)$$

至此,定常系统、末值型性能指标,t_{f}固定、末端受约束情况下的极小值原理得以证明。

综合上述讨论,将庞特里亚金极小值原理写为如下形式:

系统状态方程

$$\dot{\boldsymbol{X}}=\boldsymbol{f}(\boldsymbol{X},\boldsymbol{U},t)\qquad \boldsymbol{X}(t)\in\mathbf{R}^n \tag{3-16}$$

初始条件

$$\boldsymbol{X}(t_0)=\boldsymbol{X}_0 \tag{3-17}$$

控制向量 $\boldsymbol{U}(t)\in\mathbf{R}^m$,并受下面的约束

$$\boldsymbol{U}\in\Omega \tag{3-18}$$

终端约束

$$\boldsymbol{G}[\boldsymbol{X}(t_{\mathrm{f}}),t_{\mathrm{f}}]=0 \tag{3-19}$$

指标函数

$$J = \phi[\boldsymbol{X}(t_f), t_f] + \int_{t_0}^{t_f} F(\boldsymbol{X}, \boldsymbol{U}, t)\,\mathrm{d}t \tag{3-20}$$

要求选择最优控制 $\boldsymbol{U}^*(t)$，使 J 取极小值。

J 取极小值的必要条件如下：

（1）正则方程

$$\dot{\boldsymbol{\lambda}} = -\frac{\partial H}{\partial \boldsymbol{X}} \quad （协态方程） \tag{3-21}$$

$$\dot{\boldsymbol{X}} = \frac{\partial H}{\partial \boldsymbol{\lambda}} \quad （状态方程） \tag{3-22}$$

（2）边界条件

$$\boldsymbol{X}(t_0) = \boldsymbol{X}_0 \qquad \boldsymbol{G}[\boldsymbol{X}(t_f), t_f] = 0 \tag{3-23}$$

（3）横截条件

$$\boldsymbol{\lambda}(t_f) = \frac{\partial \phi}{\partial \boldsymbol{X}(t_f)} + \frac{\partial \boldsymbol{G}^{\mathrm{T}}}{\partial \boldsymbol{X}(t_f)} v \tag{3-24}$$

（4）最优终端时刻条件

$$H(t_f) = -\frac{\partial \phi}{\partial t_f} - \frac{\partial \boldsymbol{G}^{\mathrm{T}}}{\partial t_f} v \tag{3-25}$$

（5）在最优轨迹 $\boldsymbol{X}^*(t)$ 和最优控制 $\boldsymbol{U}^*(t)$ 上哈密顿函数取极小值

$$\min_{\boldsymbol{U} \in \Omega} H(\boldsymbol{X}^*, \boldsymbol{\lambda}^*, \boldsymbol{U}, t) = H(\boldsymbol{X}^*, \boldsymbol{\lambda}^*, \boldsymbol{U}^*, t) \tag{3-26}$$

将上述结果与用变分法所得结果对比可见，只是将 $\frac{\partial H}{\partial \boldsymbol{U}} = 0$ 这个条件用式(3-26)代替，其他并无变化。

应该指出，当 $\frac{\partial H}{\partial \boldsymbol{U}}$ 存在且 $\frac{\partial H}{\partial \boldsymbol{U}} = 0$ 得出 H 绝对极小时，如图 3-1(a) 所示，$\frac{\partial H}{\partial \boldsymbol{U}} = 0$ 即为条件式(3-26)。所以，极小值原理可以解决变分法所能解决的问题，还能解决变分法无法解决的问题。

3.3　双积分系统的最短时间控制

控制学者很早便已开始最短时间控制的研究，这方面的研究结果很多，以下针对简单的双积分系统最短时间控制展开讨论。

考虑如下双积分系统的状态方程：

$$\dot{x}_1 = x_2$$

$$\dot{x}_2 = u \tag{3-27}$$

初始条件为

$$x_1(t_0) = x_{10} \qquad x_2(t_0) = x_{20} \tag{3-28}$$

终端条件为

$$x_1(t_f) = 0 \qquad x_2(t_f) = 0 \tag{3-29}$$

控制约束为

$$|u(t)| \leqslant 1 \qquad t_0 \leqslant t \leqslant t_f \tag{3-30}$$

求使如下性能指标取极小的最优控制：

$$J = \int_{t_0}^{t_f} \mathrm{d}t = t_f - t_0 \tag{3-31}$$

解 因为控制作用有限制（属于有界闭集），故用极小值原理求解。

取哈密顿函数

$$H = F + \boldsymbol{\lambda}^{\mathrm{T}} \boldsymbol{f} = 1 + \boldsymbol{\lambda}_1(t) x_2(t) + \boldsymbol{\lambda}_2(t) u(t) \tag{3-32}$$

协态方程为

$$\dot{\boldsymbol{\lambda}}_1 = -\frac{\partial H}{\partial x_1} = 0 \tag{3-33}$$

$$\dot{\boldsymbol{\lambda}}_2 = -\frac{\partial H}{\partial x_2} = -\boldsymbol{\lambda}_1 \tag{3-34}$$

积分上面两个方程，可得

$$\boldsymbol{\lambda}_1(t) = c_1 \tag{3-35}$$

$$\boldsymbol{\lambda}_2(t) = c_2 - c_1 t \tag{3-36}$$

式中，c_1、c_2是积分常数。

由 H 的表达式(3-32)可见，若要选择 $u(t)$ 使 H 取极小，只要 $\boldsymbol{\lambda}_2(t)u(t)$ 越负越好，而 $|u(t)| \leqslant 1$，故当 $|u(t)| = 1$，且 $u(t)$ 与 $\boldsymbol{\lambda}_2(t)$ 反号时，H 取极小，即最优控制为

$$u(t) = -\operatorname{sgn}[\boldsymbol{\lambda}_2(t)] = \begin{cases} 1 & \text{当 } \boldsymbol{\lambda}_2(t) < 0 \\ -1 & \text{当 } \boldsymbol{\lambda}_2(t) > 0 \end{cases}$$

由此可见，最优解 $u(t)$ 取边界值 $+1$ 或 -1，是开关函数的形式。何时发生开关转换，取决于 $\boldsymbol{\lambda}_2(t)$ 的符号。而由式(3-36)可见，$\boldsymbol{\lambda}_2(t)$ 是 t 的线性函数，它有四种可能形状，如图 3-2 所示，$u(t)$ 也相应有四种序列 $\{+1\}$，$\{-1\}$，$\{+1, -1\}$，$\{-1, +1\}$。由图 3-2 可见，当 $\boldsymbol{\lambda}_2(t)$ 为 t 的线性函数时，$u(t)$ 最多

改变一次符号。

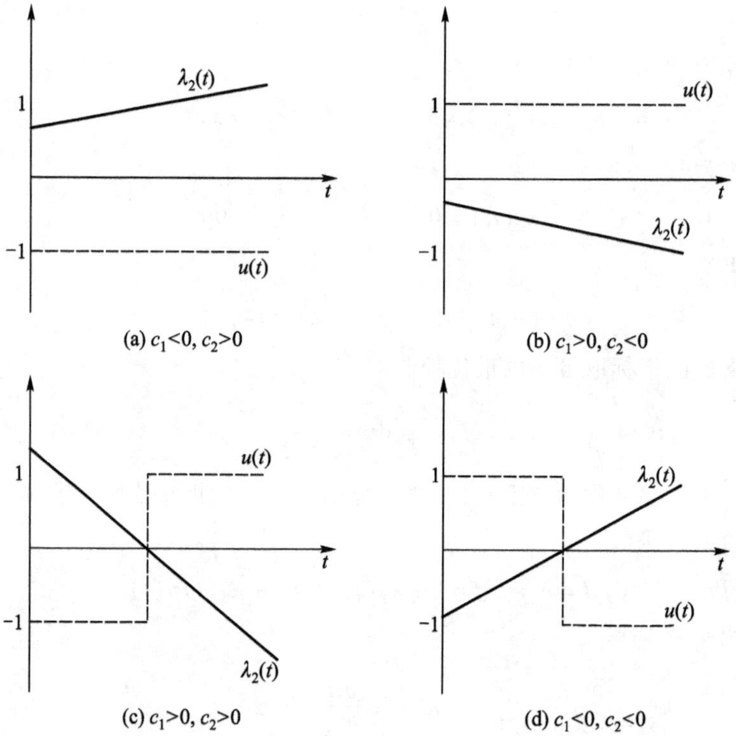

图 3-2 $u(t)$与$\boldsymbol{\lambda}_2(t)$的四种形式

下面求$u(t)$取不同值时的状态轨迹(也称为相轨迹)。

当$u(t)=+1$时,状态方程的解为

$$x_2(t)=t+x_{20}$$

$$x_1(t)=\frac{1}{2}t^2+x_{20}t+x_{10} \tag{3-37}$$

消去t,即可得相轨迹方程

$$x_1(t)=\frac{1}{2}x_2^2(t)+c \tag{3-38}$$

在图 3-3 中用实线表示,不同的c值可给出一簇曲线。由式(3-37)第一式知t增大时$x_2(t)$增大,故相轨迹方向是自下而上,如图中曲线箭头所示。

当$u=-1$时,状态方程的解为

$$x_2(t)=-t+x_{20}$$

$$x_1(t)=-\frac{1}{2}t^2+x_{20}t+x_{10} \tag{3-39}$$

消去 t,即可得相轨迹方程

$$x_1(t) = -\frac{1}{2}x_2^2(t) + c' \tag{3-40}$$

在图 3-3 中用虚线表示。因 t 增大时,$x_2(t)$ 减小,故相轨迹进行方向是自上而下。

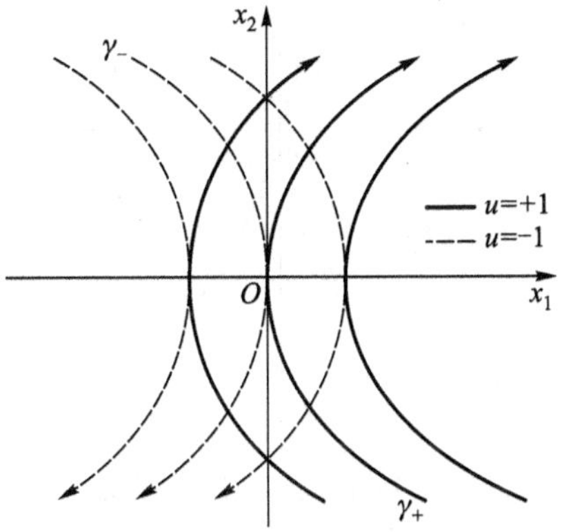

图 3-3 相轨迹图

两簇曲线中,每一簇有一条曲线半支进入原点。在 $u=+1$ 的曲线簇中,通过原点的曲线方程为

$$x_1(t) = \frac{1}{2}x_2^2(t) \quad x_2(t) \leqslant 0 \tag{3-41}$$

这半支用 γ_+ 表示。在 $u=-1$ 的曲线簇中,通过原点的曲线方程为

$$x_1(t) = -\frac{1}{2}x_2^2(t) \quad x_2(t) \geqslant 0 \tag{3-42}$$

这半支用 γ_- 表示。γ_+ 和 γ_- 这两个半支通过原点的抛物线称为开关线,其方程为

$$x_1(t) = -\frac{1}{2}x_2(t)\,|x_2(t)| \tag{3-43}$$

当初始状态(x_{10},x_{20})在开关线左侧,如图 3-4 所示的 D 点,从 D 点转移到原点,并在转移过程中只允许 u 改变一次符号的唯一途径如图所示,即从 D 点沿 $u=+1$ 的抛物线移到与 γ_- 相遇,在相遇点改变 u 的符号为 $u=-1$,再沿 γ_- 到达原点。因此,只要初始状态在开关线左侧,都沿 $u=+1$ 的抛物线转移到 γ_-,然后 u 改变符号为 $u=-1$,并沿 γ_- 到达原点。同样,当初始状态在开关线右侧,如图 3-4 所示的 M 点,则先沿 $u=-1$ 的抛物线转移到 γ_+,然后 u 改变符号为 $u=+1$,并沿 γ_+ 到达原点。图 3-4 所示的开关曲线(由 γ_- 和 γ_+ 组成)将

x_1-x_2平面划成两个区域。开关线左侧(图中划阴影线部分)区域用 R_+ 表示,R_+ 中的点满足

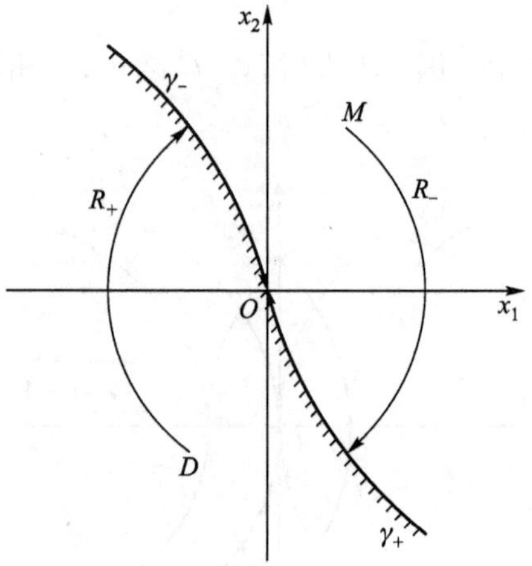

图 3-4　最优相轨迹与开关线

$$x_1 < -\frac{1}{2}x_2|x_2| \qquad 则\ u = +1 \tag{3-44}$$

开关线右侧区域用 R_- 表示,R_- 中的点满足

$$x_1 > -\frac{1}{2}x_2|x_2| \quad 则\ u = -1 \tag{3-45}$$

进而,最优控制规律可表示为状态 $\boldsymbol{x}=(x_1,x_2)^{\mathrm{T}}$的函数,即

$$u^*(x_1,x_2) = +1 \qquad 当\ \boldsymbol{x}\in\gamma_+\ 及\ \boldsymbol{x}\in R_+ \tag{3-46}$$

$$u^*(x_1,x_2) = -1 \qquad 当\ \boldsymbol{x}\in\gamma_-\ 及\ \boldsymbol{x}\in R_- \tag{3-47}$$

根据上述关系,u^*可通过非线性状态反馈来构成。

图 3-5 所示为双积分系统时间最优控制的实现方法。

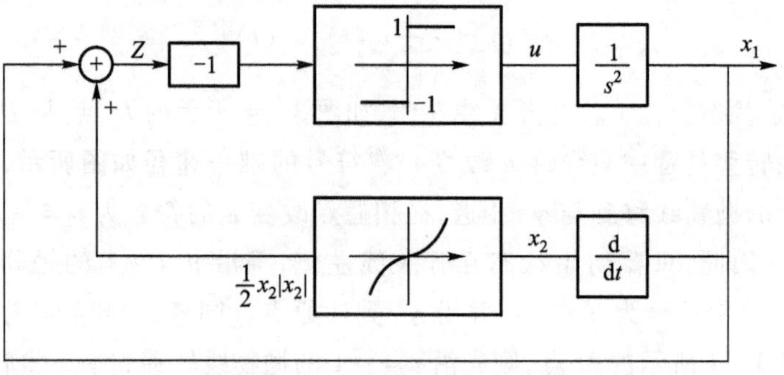

图 3-5　双积分系统时间最优控制

由图 3-5 可知，

$$Z = x_1 + \frac{1}{2}x_2 |x_2|$$

当 $Z<0$ 时，$u=1$，即满足式(3-44)。当 $Z>0$ 时，$u=-1$，即满足式(3-45)。

图 3-6 为图 3-5 所示的双积分系统在 Simulink 环境下的仿真框图，图 3-7和图 3-8 分别为系统的控制输入 u 和状态 x 的响应曲线。

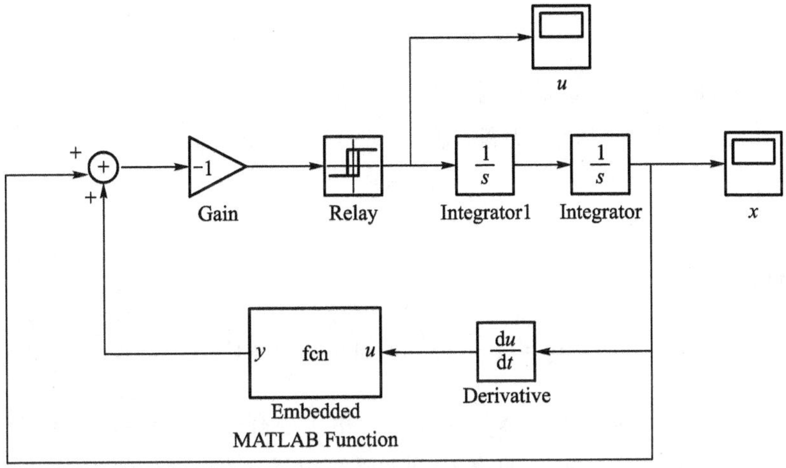

图 3-6　Simulink 仿真框图

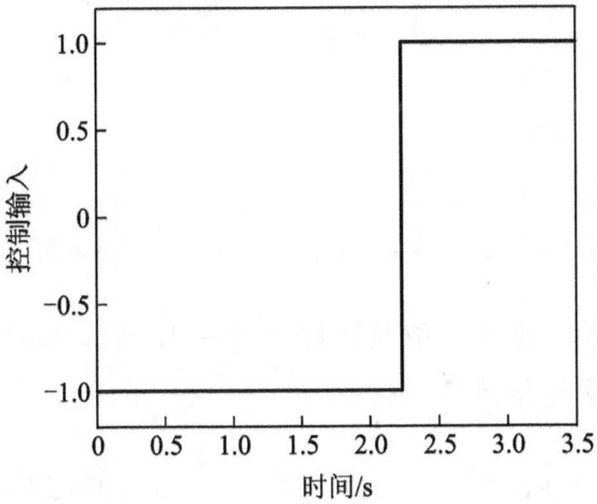

图 3-7　控制输入 u

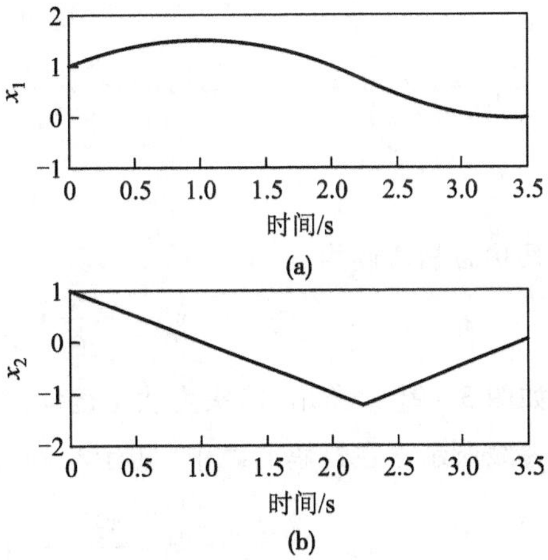

图 3-8　状态响应

例 3-1　积分环节和惯性环节串联系统的最短时间控制，其传递函数为

$$\boldsymbol{W}(s) = \frac{\boldsymbol{Y}(s)}{\boldsymbol{U}(s)} = \frac{1}{s(s+a)} \tag{3-48}$$

式中,a 为大于 0 的实数。由式(3-48)可得运动方程为

$$\ddot{y} + a\dot{y} = u \tag{3-49}$$

令 x_1 和 x_2 为状态变量,并有

$$x_1 = y, x_2 = \dot{y}$$

则可得状态方程为

$$\begin{aligned} \dot{x}_1 &= x_2 \\ \dot{x}_2 &= -ax_2 + u \end{aligned} \tag{3-50}$$

控制约束为 $|u(t)| \leqslant 1$,最优控制只能取 ± 1。

(1) 对于 $u = +1$ 情形,状态方程为

$$\begin{aligned} \dot{x}_1 &= x_2 \\ \dot{x}_2 &= -ax_2 + 1 \end{aligned}$$

其状态相轨迹为

$$x_1 = -\frac{x_2}{a} - \frac{1}{a^2}\ln|1 - ax_2| + C \tag{3-51}$$

如图 3-9(a)所示,箭头为状态运动方向。相轨迹有一条渐近线 $x_2 = 1/a$,如图中虚线所示。在这簇曲线中,只有 r_+ 到达平衡位置 0,即

$$r_+ : x_1 = -\frac{x_2}{a} - \frac{1}{a^2}\ln|1 - ax_2|, \quad x_2 \leqslant 0 \tag{3-52}$$

(2) 对于 $u = -1$ 的情形,状态方程为

$$\begin{aligned} \dot{x}_1 &= x_2 \\ \dot{x}_2 &= -ax_2 - 1 \end{aligned}$$

其状态相轨迹为

$$x_1 = -\frac{x_2}{a} + \frac{1}{a^2}\ln|1 + ax_2| + C \tag{3-53}$$

如图 3-9(b)所示,箭头为状态运动方向。它有一条渐近线 $x_2 = -1/a$,如图中虚线所示。在这簇曲线中,只有 r_- 到达平衡位置 0,即

$$r_- : x_1 = -\frac{x_2}{a} + \frac{1}{a^2}\ln|1 + ax_2|, \quad x_2 \geqslant 0 \tag{3-54}$$

将 r_+ 和 r_- 合并成一条曲线,其方程为

$$r : x_1 = -\frac{x_2}{a} + \frac{1}{a^2}\mathrm{sgn}(x_2)\ln|1 + a|x_2|| \tag{3-55}$$

令

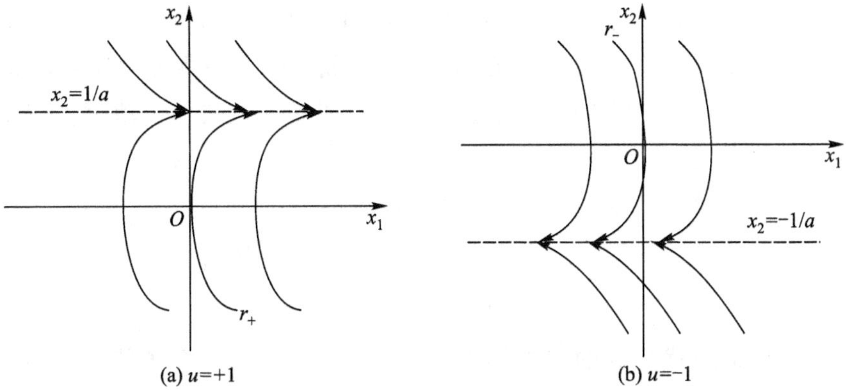

图 3-9 1/(s(s+a))系统的相轨迹

$$F(x_2) = -\frac{x_2}{a} + \frac{1}{a^2}\operatorname{sgn}(x_2)\ln\left|1 + a|x_2|\right| \tag{3-56}$$

$$\sigma(x_1, x_2) = x_1 - F(x_2) \tag{3-57}$$

进而,曲线 r 方程可写为

$$r:\sigma(x_1, x_2) = x_1 - F(x_2) = 0 \tag{3-58}$$

曲线 r 将相平面分成两部分,如图 3-10 所示。r 的上半平面包括 r_- 记为 R_-,r 的下半平面包括 r_+ 记为 R_+,那么

$$R_+ = \{(x_1, x_2) \mid \sigma(x_1, x_2) < 0\} \cup r_+$$
$$R_- = \{(x_1, x_2) \mid \sigma(x_1, x_2) > 0\} \cup r_- \tag{3-59}$$

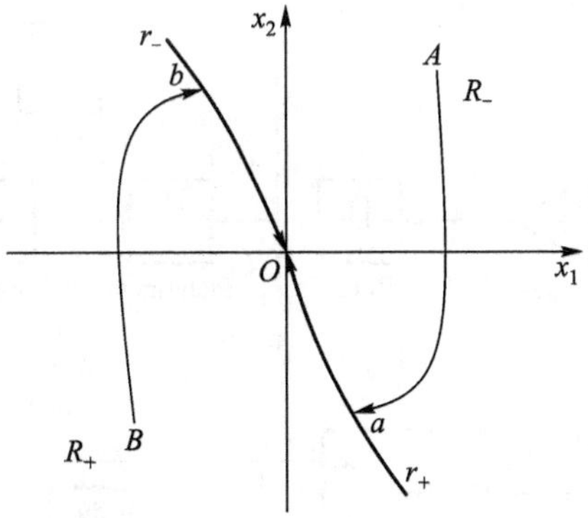

图 3-10 1/(s(s+a))系统的时间最优相轨迹和开关线

由于最优控制只取 ±1,它们的切换最多一次,根据状态初始位置不同,最优控制是不同的,如图中初始状态在 A 点时,它属于 R_-,所以开始 $u^* = -1$。当运动

到达 r_+ 时，与 r_+ 交于 a 点，马上切换为 $u^* = +1$，以后沿 r_+ 运动直到平衡位置0，再切除控制量 u^*。当初始状态在 B 点时，它属于 R_+，最优控制应先取 $u^* = +1$，到达 r_- 交于 b 点时，马上切换为 $u^* = -1$，以后沿 r_- 继续运动，直到平衡位置 O，切除控制量。

综上所述，最优控制的状态反馈规律为

$$u^*(x_1,x_2) = \begin{cases} +1 & (x_1,x_2) \in R_+ \text{及} r_+ \\ -1 & (x_1,x_2) \in R_- \text{及} r_- \end{cases} \tag{3-60}$$

最短时间最优控制的方框图如图3－11所示，图中虚线部分是最短时间控制器。图3－12为图3－11所示的双积分系统在Simulink环境下的仿真框图，图3－13和图3－14分别为系统的控制输入 u 和状态 x 的响应曲线。

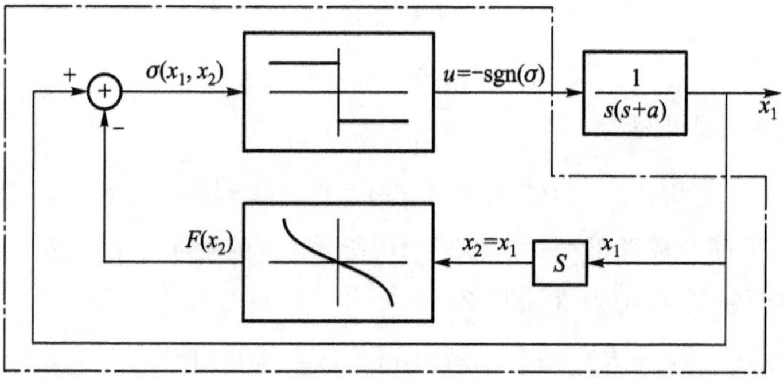

图3－11　$1/(s(s+a))$系统的时间最优控制

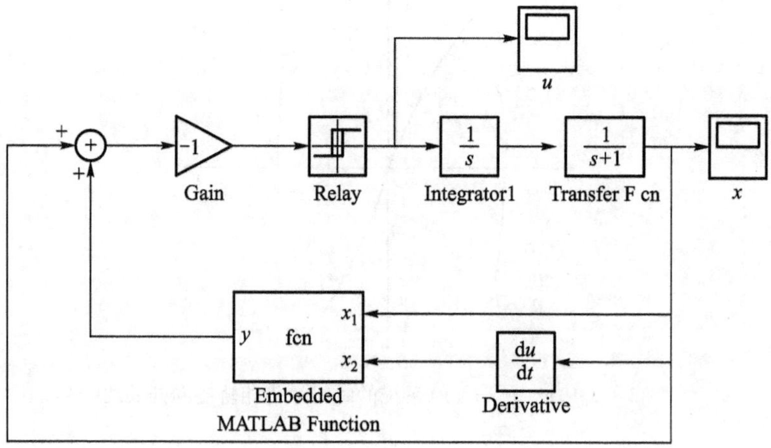

图3－12　Simulink 仿真框图

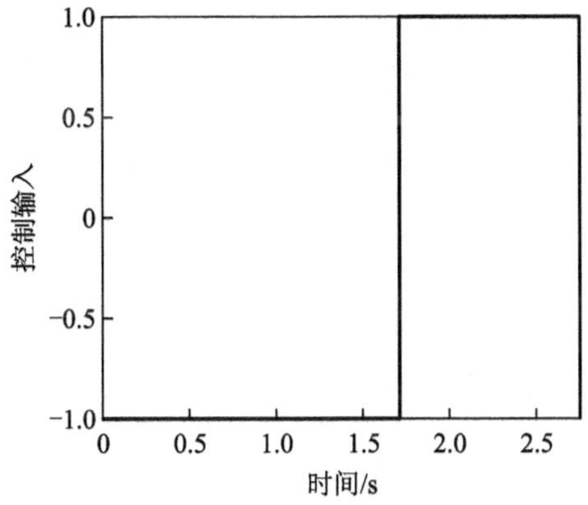

图 3-13　控制输入 u

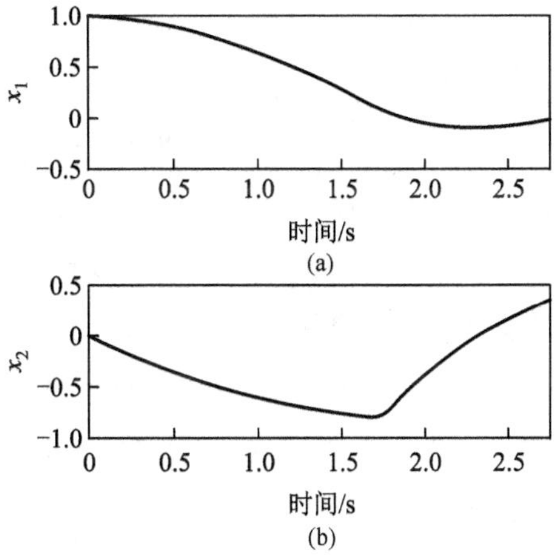

图 3-14　状态响应

3.4　双积分系统的最少能量控制

在人类的经济活动、军事行动以及其他活动中无时无刻不在消耗着能量，减少能量消耗，节省能源已成为当今世界科研的重要方向。特别是在宇宙航行中，消耗的燃料十分昂贵，而且燃料的增多会减少有效载荷的质量，因此在宇宙航行中最早提出了最少能量消耗的最优控制问题。

一般来说，控制物体运动的推力或力矩大小，是和单位时间内能量消耗量成正比的，因此在某一过程中所消耗的能量总量可用如下的积分指标来表示

$$J(u)=\int_{t_0}^{t_f}|u(t)|\mathrm{d}t$$

式中，$u(t)$是单位时间内的能量消耗量。

在最少能量控制问题中，终端时间 t_f一般应给定。这是因为若考虑纯粹的最少能量控制问题，则将导致系统的响应时间过长，理论上经过无穷长时间，系统才转移到期望状态，因为能量消耗得少，推力就小，系统运动加速度和速度就小。另一方面，终端时间 t_f必须大于同一问题的最短时间控制所解出的最短时间 t_f^*，否则最少能量控制无解。以下仍以双积分系统为例阐述最少能量控制的解法。

双积分系统的最少能量控制问题如下：

系统状态方程

$$\dot{x}_1=x_2 \qquad \dot{x}_2=u \tag{3-61}$$

初始条件

$$x_1(t_0)=x_{10} \qquad x_2(t_0)=x_{20} \tag{3-62}$$

终端条件

$$x_1(t_f)=0 \qquad x_2(t_f)=0 \tag{3-63}$$

控制约束

$$|u(t)|\leqslant 1 \qquad t_0\leqslant t\leqslant t_f \tag{3-64}$$

求出使性能指标

$$J=\int_{t_0}^{t_f}|u(t)|\mathrm{d}t \tag{3-65}$$

取极小的最优控制。

解 用极小值原理求解,哈密顿函数为

$$H=|u(t)|+\boldsymbol{\lambda}_1(t)x_2(t)+\boldsymbol{\lambda}_2(t)u(t) \tag{3-66}$$

协态方程为

$$\dot{\boldsymbol{\lambda}}_1=-\frac{\partial H}{\partial x_1}=0$$

$$\dot{\boldsymbol{\lambda}}_2=-\frac{\partial H}{\partial x_2}=-\boldsymbol{\lambda}_1 \tag{3-67}$$

积分上面两个方程,可得

$$\boldsymbol{\lambda}_1(t)=c_1$$

$$\boldsymbol{\lambda}_2(t)=c_2-c_1t \tag{3-68}$$

式中,哈密顿函数 H 与最短时间控制的 H 不同,考察其表达式可知,无论 $\boldsymbol{\lambda}_1(t)x_2(t)$ 为何值,使 H 极小等价于求下式极小

$$\min_{u(t)\in\Omega}[|u(t)|+\boldsymbol{\lambda}_2(t)u(t)]$$

考察上面的表达式,当 $|\boldsymbol{\lambda}_2(t)|<1$ 时,如果 $u(t)\neq 0$,则 $[|u(t)|+\boldsymbol{\lambda}_2(t)\cdot u(t)]>0$,故应取 $u(t)=0$;当 $|\boldsymbol{\lambda}_2(t)|>1$ 时,则取 $u(t)=-\mathrm{sgn}[\boldsymbol{\lambda}_2(t)]$,使 $[|u(t)|+\boldsymbol{\lambda}_2(t)u(t)]<0$,进而得出使 H 极小的最优控制规律为

$$u(t)=0 \qquad 当|\boldsymbol{\lambda}_2(t)|<1 \tag{3-69}$$

$$u(t)=-\mathrm{sgn}[\boldsymbol{\lambda}_2(t)] \qquad 当|\boldsymbol{\lambda}_2(t)|>1 \tag{3-70}$$

$$0\leqslant u(t)\leqslant 1 \qquad 当\boldsymbol{\lambda}_2(t)=-1 \tag{3-71}$$

$$-1\leqslant u(t)\leqslant 0 \qquad 当\boldsymbol{\lambda}_2(t)=+1 \tag{3-72}$$

注意,上述最优控制规律中,前两式确定了 $u(t)$ 可取值 0、±1,后两式只确定了 $u(t)$ 的符号,未确定 $u(t)$ 的值。但由 $\boldsymbol{\lambda}_2(t)$ 的表达式可知,只要 $c_1\neq 0$,$\boldsymbol{\lambda}_2(t)$ 就随 t 而线性变化,并有图 3-2 所示四种图形,进而 $\boldsymbol{\lambda}_2(t)$ 只可能在两个孤立的时刻 t 取 +1 和 -1。这两个孤立时刻 $u(t)$ 的值对积分指标 J 的贡献为零,因此可不加考虑,而认为 $u(t)$ 只能取 0 和 ±1。这说明 $u(t)$ 可用带死区的继电函数描述,如图 3-15 所示。

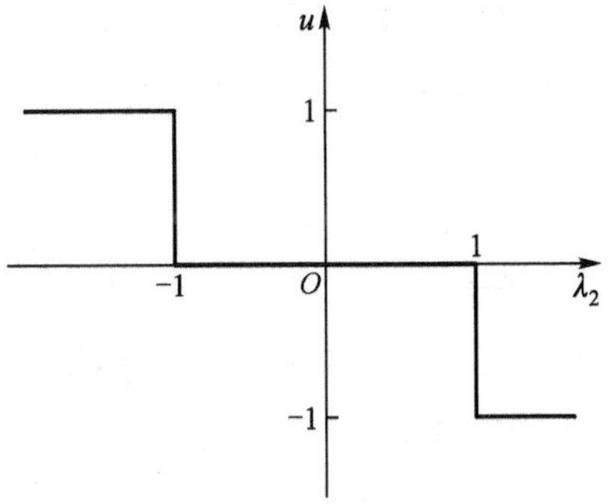

图 3－15　带死区的继电函数

和最短时间控制一样，$u(t) = +1$ 时的状态轨迹为

$$x_1(t) = \frac{1}{2}x_2^2(t) + c \tag{3-73}$$

在图 3－16 中用实线表示。$u(t) = -1$ 时的状态轨迹为

$$x_1(t) = -\frac{1}{2}x_2^2(t) + c \tag{3-74}$$

在图 3－16 中用虚线表示。

最少能量控制的特点是 $u(t)$ 可取零值。当 $u(t) = 0$，由状态方程可求得

$$x_2(t) = x_{20} \qquad x_1(t) = x_{10} + x_{20}(t - t_0) \tag{3-75}$$

状态轨迹为水平线，在图 3－16 中用点画线表示。当 $x_{20} > 0$ 时，水平线向右移动，$x_{20} < 0$ 时，水平线向左移动。

若初始状态 (x_{10}, x_{20}) 是第一象限内的点 A，则从图 3－16 状态轨迹的运动方向可知，引向原点的轨迹有如下几种（图 3－17）：

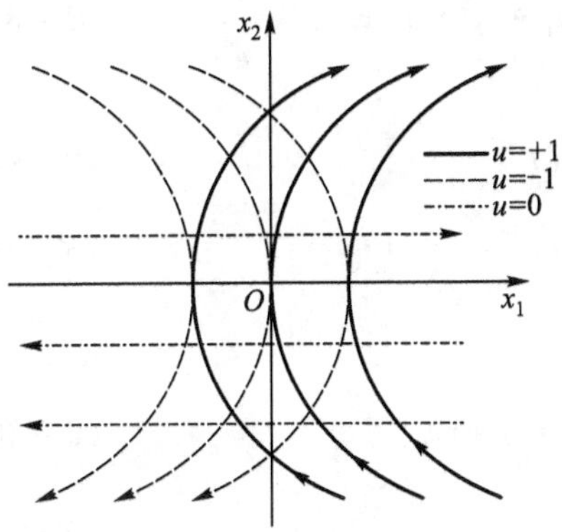

图 3－16　最少能量控制的控制量和相轨迹

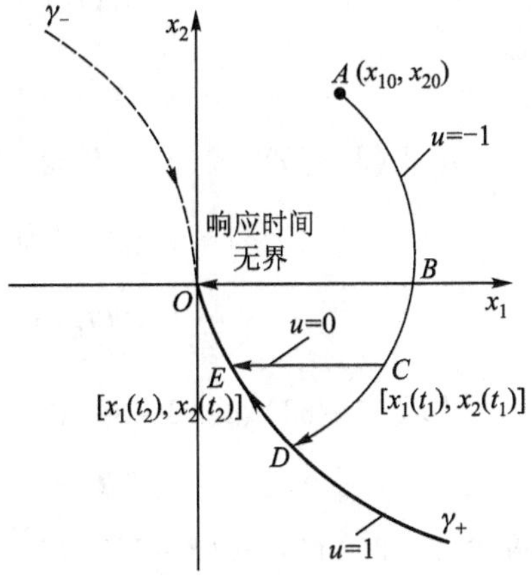

图 3－17　最少能量控制的相轨迹

(1) 沿 ABO 到达原点，对应的控制序列 $u(t)$ 为 $\{-1,0\}$。这是最少能量控制，但因在 BO 段 $x_2=0$（即 $\dot{x}_1=0$），故 x_1 到达原点的时间为无穷大，不能满足给定 t_f 值的要求。

(2) 沿 ADO 到达原点，对应的控制序列为 $\{-1,\ +1\}$。这是最短时间控制的轨迹，到达原点时间将小于给定的 t_f-t_0，它不是最少能量控制。

(3) 沿 $ACEO$ 到达原点。其中 C 点和 E 点坐标待定，以满足给定的终端时刻 t_f。这是满足终端时刻 t_f 要求的最少能量控制。

设初始点 A 的时刻为 t_0，坐标为 (x_{10},x_{20})；到达 C 点的时刻为 t_1，坐标为 $[x_1(t_1),x_2(t_1)]$，到 E 点的时刻为 t_2，坐标为 $[x_1(t_2),x_2(t_2)]$；到达原点 O 的时刻为 t_f。AC 段对应 $u=-1$，CE 段 $u=0$，EO 段 $u=+1$，由积分状态方程(3-71)可得

$$u=-1:\quad x_2(t_1)=-t_1+x_{20} \tag{3-76}$$

$$x_1(t_1)=-\frac{1}{2}t_1^2+x_{20}t_1+x_{10} \tag{3-77}$$

$$u=0:\quad x_2(t_2)=x_2(t_1) \tag{3-78}$$

$$x_1(t_2)=x_1(t_1)+x_2(t_1)(t_2-t_1) \tag{3-79}$$

$$u=1:\quad x_2(t_2)+(t_f-t_2)=0 \tag{3-80}$$

$$x_1(t_2)+x_2(t_2)(t_f-t_2)+\frac{1}{2}(t_f-t_2)^2=0 \tag{3-81}$$

由上面6个方程求解6个未知数：t_1、t_2、$x_1(t_1)$、$x_2(t_1)$、$x_1(t_2)$和 $x_2(t_2)$。由式(3-80)、式(3-81)消去(t_f-t_2)，再考虑式(3-78)，可得

$$x_1(t_2)=\frac{1}{2}x_2^2(t_2)=\frac{1}{2}x_2^2(t_1) \tag{3-82}$$

$$t_2=t_f+x_2(t_2)=t_f+x_2(t_1) \tag{3-83}$$

由式(3-76)、式(3-77)得

$$t_1=x_{20}-x_2(t_1) \tag{3-84}$$

$$x_1(t_1)=x_{10}-\frac{1}{2}x_2^2(t_1)+\frac{1}{2}x_{20}^2 \tag{3-85}$$

由式(3-83)、式(3-84)得

$$t_2-t_1=2x_2(t_1)+t_f-x_{20} \tag{3-86}$$

将式(3-86)代入式(3-79)得

$$2x_2^2(t_1)+(t_f-x_{20})x_2(t_1)+x_1(t_1)-x_1(t_2)=0$$

再利用式(3-82)和式(3-85),即得

$$x_2^2(t_1)+(t_f-x_{20})x_2(t_1)+x_{10}+\frac{1}{2}x_{20}^2=0$$

由上式解出

$$x_2(t_1)=-\frac{t_f-x_{20}}{2}\pm\frac{1}{2}[(t_f-x_{20})^2-4x_{10}-2x_{20}^2]^{\frac{1}{2}} \tag{3-87}$$

式中必须保证 $x_2(t_1)$ 为实数,并在上式中选择正确的加减号。为了使 $x_2(t_1)$ 为实数,必须有

$$(t_f-x_{20})^2-4x_{10}-2x_{20}^2\geqslant 0$$

这说明,若 t_f 规定小于最短时间(使上式等于零的 t_f 值),最少能量控制是无解的。为了选择正确的符号,应注意有如下关系:

$$0<t_1<t_2<t_f$$

即 $t_2-t_1>0$,由式(3-86)可得

$$x_2(t_1)>-\frac{1}{2}(t_f-x_{20})$$

进而,从式(3-87)可知,应选择加号,即

$$x_2(t_1)=-\frac{1}{2}\left\{t_f-x_{20}-[(t_f-x_{20})^2-4x_{10}-2x_{20}^2]^{\frac{1}{2}}\right\} \tag{3-88}$$

将式(3-88)代入式(3-83)和式(3-84)可得

$$t_1=\frac{1}{2}\left\{t_f+x_{20}-[(t_f-x_{20})^2-4x_{10}-2x_{20}^2]^{\frac{1}{2}}\right\} \tag{3-89}$$

$$t_2=\frac{1}{2}\left\{t_f+x_{20}+[(t_f-x_{20})^2-4x_{10}-2x_{20}^2]^{\frac{1}{2}}\right\} \tag{3-90}$$

进而,就完全可以确定转换点 C 和 E 的坐标。由图 3-17 可见 E 点的坐标 $(x_1(t_2),x_2(t_2))$ 处在开关线 γ_+ 上,可按最短时间控制一样的方式构成反馈控制。C 点坐标 $(x_1(t_1),x_2(t_1))$ 由式(3-85)和式(3-88)给出,它们取决于 t_f 和 x_{10}、x_{20}。当 t_f 给定时,还要给定一个初始条件,例如 $x_{20}=0$,才能消去 x_{10} 得到如下的 C 点轨迹(在图 3-18 中用 $\Gamma(t_f)$ 来表示)

$$x_1(t_1)=-1.5x_2^2(t_1)-x_2(t_1)t_f$$

当 x_{10} 和 x_{20} 可取各种值时,开关曲线将取决于初始条件,这在工程实现上是不方便的。

最后需要指出,终端时刻给定,最少能量的控制量 $u(t)$ 不仅可取边界值 ±1,而且还可取零值,对双积分系统来说,系统有加速段、减速段和等速运行段,而最

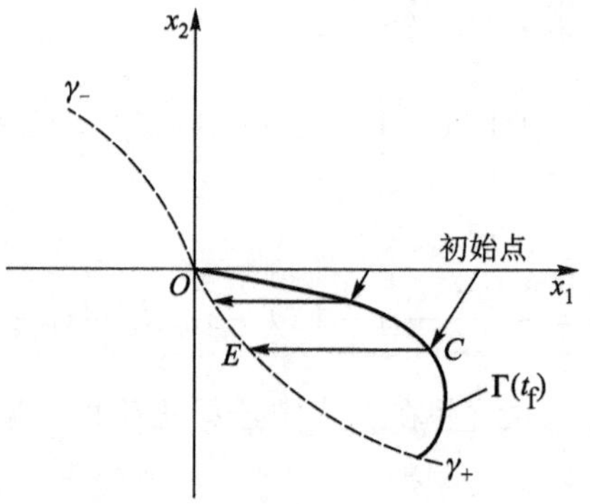

图 3-18 满足终端时刻 t_f 要求的最少能量控制的相轨迹

短时间控制系统只有加速段和减速段。

以飞机为例,从一个城市以规定的时间飞到另一个城市且使燃料消耗为最少的策略是,作一段加速飞行,作一段等速滑翔飞行,再作一段减速飞行,而且规定的时间需要足够大,否则最少能量问题无解。

3.5 时间和能量综合最优控制

从 3.4 节的讨论可以看出,单纯以节省能量为目的的最少能量控制,往往响应太慢,导致控制过程所需时间过长,很难在实际工程中应用,因为实际系统总是对系统的快速性提出某种程度的要求。这促使人们将缩短时间和节省能量这两个要求一并加以考虑,设计时间和能量综合指标最优的最优控制系统。

为了兼顾时间响应和能量消耗两个因素,通常采用如下性能指标:

$$J = \int_0^{t_f} \{\rho + |u(t)|\} \mathrm{d}t \tag{3-91}$$

式中,$\rho > 0$ 为加权系数,ρ 越大,表示对响应时间的重视程度越高;若 $\rho = 0$,表示不计时间长短,只考虑节省能量,对应最少能量控制;若 $\rho = \infty$,表示不计能量消耗,只要求时间最短,对应最短时间控制。

现以运载火箭滑行段喷管控制系统为例,讨论时间和能量的最优控制问题。

已知运载火箭滑行段动力学方程:

$$\ddot{\varphi} = -b_3 K_\varphi$$

式中,φ 表示运载火箭俯仰角,b_3 表示俯仰通道控制力矩系数,K_φ 表示姿控喷管的开关控制量,$K_\varphi = +1, 0, -1$。

选取状态变量 $x_1 = \varphi, x_2 = \dot{\varphi}$,控制变量 $u = K_\varphi$,由此可得如下状态方程:

$$\dot{x}_1(t)=x_2(t)$$

$$\dot{x}_2(t)=-b_3u(t)$$

控制变量的约束不等式为$|u(t)|\leqslant 1$,所要解决的问题是:寻求最优控制$u^*(t)$,使系统从任意状态(ξ_1,ξ_2)转移到状态空间原点(0,0)时,性能指标

$$J=\int_0^{t_f}\{\rho+|u(t)|\}\mathrm{d}t$$

取极小,其中终端时间t_f是自由的。

解　由于控制量存在不等式约束条件$|u(t)|\leqslant 1$,因此不能采用变分法求解,而应当采用极小值原理求解。

构造系统哈密顿函数为

$$H=\rho+|u(t)|+\lambda_1(t)x_2(t)-b_3\lambda_2(t)u(t)$$

考察H的表达式可知,无论ρ和$\lambda_1(t)x_2(t)$为何值,使得哈密顿函数H极小的最优控制等价于使下式取极小的最优控制

$$H=|u(t)|-b_3\lambda_2(t)u(t)$$

考察上述表达式可知,当$|b_3\lambda_2(t)|<1$时,若$u(t)\neq 0$,则$|u(t)|-b_3\lambda_2(t)u(t)>0$,故取$u(t)=0$,当$|b_3\lambda_2(t)|>1$时,则取$u(t)=\mathrm{sgn}[b_3\lambda_2(t)]$,使得$|u(t)|-b_3\lambda_2(t)u(t)<0$,由此根据极小值原理可知,使哈密顿函数$H$达到最小值的最优控制应为

$$\begin{aligned}
&u^*(t)=0 && |b_3\lambda_2(t)|<1\\
&u^*(t)=\mathrm{sgn}[b_3\lambda_2(t)] && |b_3\lambda_2(t)|>1\\
&0\leqslant u^*(t)\leqslant 1 && b_3\lambda_2(t)=+1\\
&-1\leqslant u^*(t)\leqslant 0 && b_3\lambda_2(t)=-1
\end{aligned}$$

系统伴随方程为

$$\dot{\lambda}_1(t)=-\frac{\partial H}{\partial x_1}=0$$

$$\dot{\lambda}_2(t)=-\frac{\partial H}{\partial x_2}=-\lambda_1(t)$$

求解上述方程,得

$$\lambda_1(t)=\pi_1$$

$$\lambda_2(t)=\pi_2-\pi_1t$$

式中,$\pi_1=\lambda_1(0)$,$\pi_2=\lambda_2(0)$。

由于哈密顿函数不是时间的显函数,且终端时间t_f自由,所以沿最优轨迹哈

密顿函数等于0,即 $H=0$。

首先证明该系统不出现奇异情况。因为若出现奇异情况,则必有

$$\lambda_1(t)=\pi_1=0, b_3\lambda_2(t)=b_3\pi_2=\pm 1$$

其最优控制为

$$u^*(t)=\text{sgn}[b_3\lambda_2(t)]v(t), 0\leqslant v(t)\leqslant 1$$

将 $\lambda_1(t)$,$\lambda_2(t)$和 $u^*(t)$代入哈密顿函数,得

$$H=\rho+|u^*(t)|-|u^*(t)|=\rho>0$$

这与 $H=0$ 矛盾,排除了$|b_3\lambda_2(t)|=1$ 的可能性。

因此该问题是正常情况,极值控制是唯一的。

进一步讨论,有如下可能的控制序列:{+1},{-1},{0,+1},{0,-1},{+1,0,-1},{-1,0,+1}。

下面讨论如何在相平面 x_1-x_2上确定控制序列{-1,0,+1}的切换曲线问题。当控制序列为{-1,0,+1}时,$u^*(t)$与 $b_3\lambda_2(t)$的关系如图 3-19 所示,状态轨迹如图 3-20 所示。

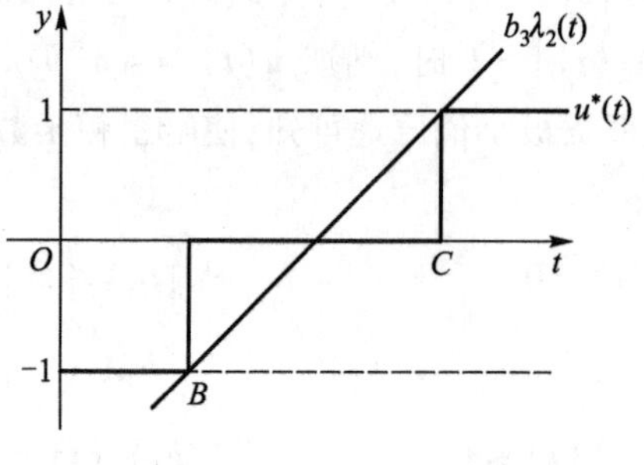

图 3-19 $u^*(t)$与 $b_3\lambda_2(t)$的关系

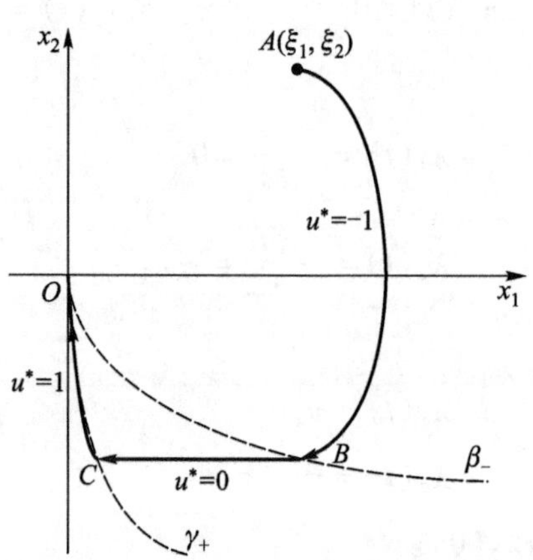

图 3-20 {-1,0,+1}控制下的相轨迹

由图 3－20 可以看出，$u(t)=1$ 的切换是在 γ_+ 上进行的，这说明 γ_+ 是第二次切换曲线。剩下的问题是如何确定 $u(t)=-1$ 到 $u(t)=0$ 的切换条件，即 B 点位置，它与 ρ 的数值有关，若设图 3－20 中 B、C 两点坐标分别为 (x_{1B},x_{2B}) 及 (x_{1C},x_{2C})，而相应的切换时间分别为 t_B 及 t_C，显然有 $x_{2B}=x_{2C}$。

由于在 BC 段，$u(t)=0$，由状态方程解得

$$x_{1C}-x_{1B}=x_{2C}(t_C-t_B)$$

此外，在开关时间 t_B 和 t_C 分别有

$$b_3\lambda_2(t_B)=b_3(\pi_2-\pi_1 t_B)=-1$$

$$b_3\lambda_2(t_C)=b_3(\pi_2-\pi_1 t_C)=+1$$

由此得

$$t_C=t_B-\frac{2}{b_3\pi_1}$$

当 $u(t)=0$ 时，哈密顿函数为

$$H=\rho+\lambda_1 x_{2C}=0$$

即有

$$\pi_1=\lambda_1=-\frac{\rho}{x_{2C}}$$

将

$$t_C=t_B-\frac{2}{b_3\pi_1}\qquad \pi_1=-\frac{\rho}{x_{2C}}$$

代入 $x_{1C}-x_{1B}=x_{2C}(t_C-t_B)$，得

$$x_{1B}=x_{1C}-\frac{2x_{2C}^2}{b_3\rho}=-\frac{1}{2b_3}x_{2C}^2-\frac{2x_{2C}^2}{b_3\rho}$$

根据上式，即可由第二个切换点的坐标 (x_{1C},x_{2C}) 及加权系数 ρ，计算出第一个切换点的横坐标 x_{1B}，而第一个切换点的纵坐标 x_{2B} 与第二个切换点的纵坐标 x_{2C} 一致，即 $x_{2B}=x_{2C}$。

由于曲线 γ_+ 上的点均可能成为第二个切换点，它们所对应的点 B，即第一个切换点也形成一条曲线，记为 β_-，它也是一条通过原点的抛物线，从而有

$$\beta_-=\left\{(x_1,x_2)\,|\,x_1=-\frac{1}{2b_3}x_2^2-\frac{2x_2^2}{b_3\rho},x_2\leqslant 0\right\}$$

或

$$\beta_-=\left\{(x_1,x_2)\,|\,x_1=-\frac{\rho+4}{2b_3\rho}x_2^2,x_2\leqslant 0\right\}$$

由上述分析可知，以 γ_+ 与 β_- 两条切换线右侧的 $A(\xi_1,\xi_2)$ 点为起始点的最优控制为 $u^*(t)=\{-1,0,+1\}$。状态自 $A(\xi_1,\xi_2)$ 出发，沿着抛物线 AB 运动，达到第一切换线 β_- 时，$u^*(t)$ 由 -1 切换为 0，然后状态沿平行于 x_1 轴的直线 BC 运动，达到第二切换线 γ_+ 时，$u^*(t)$ 由 0 切换为 $+1$，最后沿 γ_+ 转移到坐标原点。

同理，对控制序列 $\{+1,0,-1\}$，它的第一切换线是 γ_-，而第二切换线是 β_+，且

$$\beta_+=\left\{(x_1,x_2)\mid x_1=\frac{\rho+4}{2b_3\rho}x_2^2,x_2>0\right\}$$

这样在状态平面 x_1-x_2 上就有两类切换曲线，它们将状态平面分成 4 个区域 R_1,R_2,R_3 和 R_4，如图 3-21 所示，各区域定义如下：

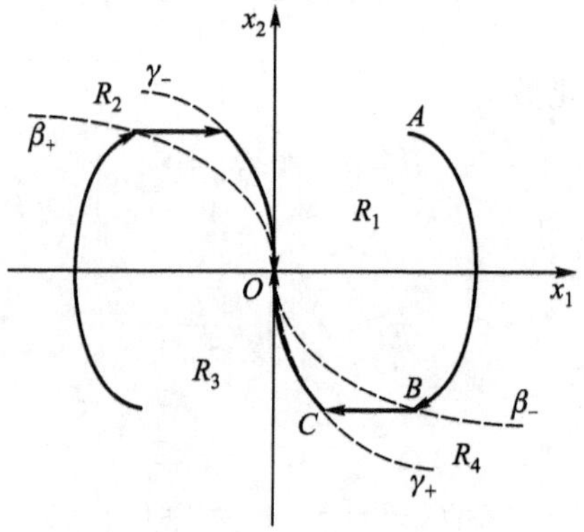

图 3-21 相轨迹图

$$R_1=\left\{(x_1,x_2)\mid x_1\geqslant\frac{1}{2b_3}x_2|x_2|,x_1>\frac{\rho+4}{2b_3\rho}x_2|x_2|\right\}$$

$$R_2=\left\{(x_1,x_2)\mid x_1<\frac{1}{2b_3}x_2|x_2|,x_1\geqslant\frac{\rho+4}{2b_3\rho}x_2|x_2|\right\}$$

$$R_3=\left\{(x_1,x_2)\mid x_1\leqslant\frac{1}{2b_3}x_2|x_2|,x_1<\frac{\rho+4}{2b_3\rho}x_2|x_2|\right\}$$

$$R_4=\left\{(x_1,x_2)\mid x_1>\frac{1}{2b_3}x_2|x_2|,x_1\leqslant\frac{\rho+4}{2b_3\rho}x_2|x_2|\right\}$$

综上所述，时间—能量综合系统的最优控制为

$$\begin{cases}u^*(x_1,x_2)=+1, & (x_1,x_2)\in R_3\\ u^*(x_1,x_2)=-1, & (x_1,x_2)\in R_1\\ u^*(x_1,x_2)=0, & (x_1,x_2)\in R_2\cup R_4\end{cases}$$

由上述可以看出，时间—能量最优控制问题是比单纯能量最优控制和时间最优控制更为广泛的一类控制。当 $\rho\to\infty$ 时，β_- 与 γ_+ 重合，β_+ 与 γ_- 重合，可得最短时间控制。当 $\rho=0$ 时，β_+,β_- 与 x_1 轴重合，可得最少能量控制。

图 3－22 所示为上述控制规律的实现方法。

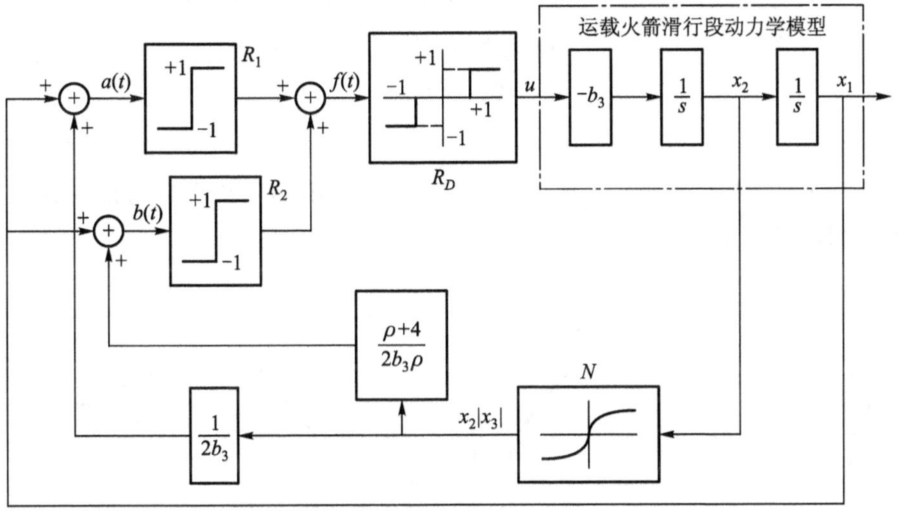

图 3－22 运载火箭滑行段姿控系统的时间—能量综合最优控制

对状态变量 x_1 和 x_2 连续进行测量，并将信号 x_2 传送进非线性器 N，产生信号 $x_2|x_2|$，而后信号分成两路：一路乘以常数 1/2 后与 x_1 相加，形成信号 $a(t)$；另一路乘以常数 $(\rho+4)/(2b_3\rho)$ 后与 x_1 相加，形成信号 $b(t)$。

易见

$$a(t)>0,\quad 即(x_1,x_2)\in R_1\cup R_4$$

$$a(t)<0,\quad 即(x_1,x_2)\in R_2\cup R_3$$

$$a(t)=0,\quad 即(x_1,x_2)\in \gamma_+\cup\gamma_-$$

以及

$$b(t)>0,\quad 即(x_1,x_2)\in R_1\cup R_2$$

$$b(t)<0,\quad 即(x_1,x_2)\in R_3\cup R_4$$

$$b(t)=0,\quad 即(x_1,x_2)\in \beta_+\cup\beta_-$$

信号 $a(t)$ 和 $b(t)$ 分别传送进继电器 R_1 和 R_2，进而形成信号 $f(t)$。因为

$$f(t)=\operatorname{sgn}\{a(t)\}+\operatorname{sgn}\{b(t)\}$$

由此推得

$$若(x_1,x_2)\in R_1,\quad 则 f(t)=+2$$

$$若(x_1,x_2)\in R_3,\quad 则 f(t)=-2$$

$$若(x_1,x_2)\in R_2\cup R_4,\quad 则 f(t)=0$$

继电器 R_D 是一个存在死区的理想继电器，其输入输出特性是

$$u(t)=+1,\quad f(t)\geqslant +1$$

$$u(t)=0,\quad |f(t)|<1$$

$$u(t)=-1,\quad f(t)\leqslant -1$$

图 3－23 为系统状态的相轨迹图，图 3－24 和图 3－25 分别为系统的状态响应和控制输入。

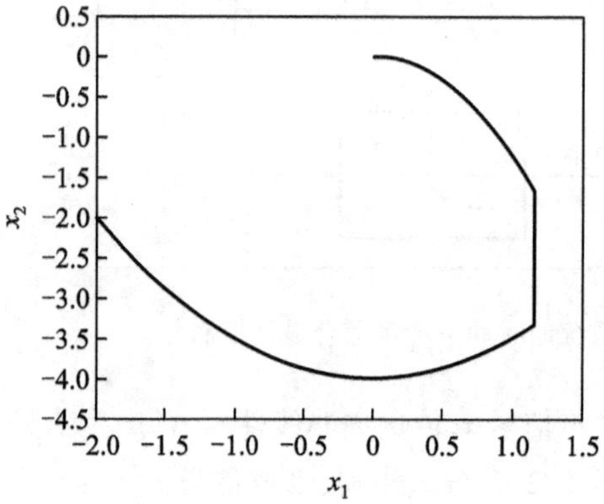

图 3－23 相轨迹图

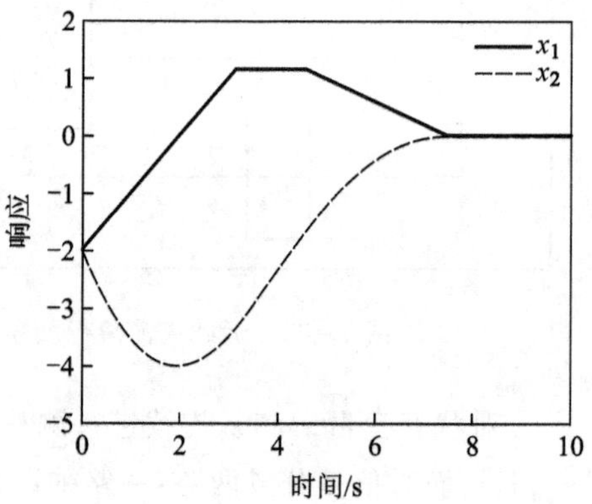

图 3－24 系统状态响应

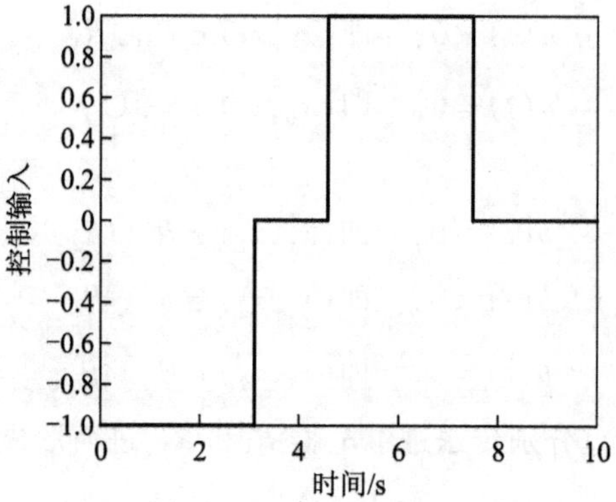

图 3－25 系统控制输入

3.6 离散系统的极小值原理

在实际工程问题中，部分系统是离散的，需以离散状态方程描述。同时，当连续系统采用计算机控制时，控制量只能在离散时刻得到，设计这类系统时，连续系统状态方程需进行离散化。因此，探讨离散系统的极小值原理十分必要。

系统的状态方程为

$$\boldsymbol{X}(k+1)=\boldsymbol{f}[\boldsymbol{X}(k),\boldsymbol{U}(k),k] \qquad k=0,1,\cdots,N-1 \tag{3-92}$$

式中，$\boldsymbol{X}(k)$为 n 维向量，$\boldsymbol{U}(k)$为 m 维向量。

初始条件为

$$\boldsymbol{X}(0)=\boldsymbol{X}_0 \tag{3-93}$$

终端约束为

$$\boldsymbol{G}[\boldsymbol{X}(N),N]=0 \tag{3-94}$$

式中，$\boldsymbol{G}$ 是 q 维向量方程。

性能指标为

$$J=\phi[\boldsymbol{X}(N),N]+\sum_{k=0}^{N-1}F[\boldsymbol{X}(k),\boldsymbol{U}(k),k] \tag{3-95}$$

要求确定控制序列 $\boldsymbol{U}(k)$，$k=0,1,\cdots,N-1$，使 J 最小。

下面按控制向量 $\boldsymbol{U}(k)$受约束和不受约束两种情况来讨论。

1. 控制向量无约束

此时可用变分法求解，作增广性能指标

$$J_a=\phi[\boldsymbol{X}(N),N]+\sum_{k=0}^{N-1}F[\boldsymbol{X}(k),\boldsymbol{U}(k),k]$$
$$+\boldsymbol{\lambda}^{\mathrm{T}}(k+1)\{\boldsymbol{f}[\boldsymbol{X}(k),\boldsymbol{U}(k),k]-\boldsymbol{X}(k+1)\}+v^{\mathrm{T}}G[\boldsymbol{X}(N),N] \tag{3-96}$$

式中，$\boldsymbol{\lambda}(k+1)$是 n 维协态向量，v 是 q 维拉格朗日乘子向量。

引入哈密顿函数

$$H(\boldsymbol{X},\boldsymbol{U},\boldsymbol{\lambda},k)=F[\boldsymbol{X}(k),\boldsymbol{U}(k),k]+\boldsymbol{\lambda}^{\mathrm{T}}(k+1)\boldsymbol{f}[\boldsymbol{X}(k),\boldsymbol{U}(k),k] \tag{3-97}$$

令

$$\theta[\boldsymbol{X}(N),N]=\phi[\boldsymbol{X}(N),N]+v^{\mathrm{T}}\boldsymbol{G}[\boldsymbol{X}(N),N] \tag{3-98}$$

则

$$
\begin{aligned}
J_a &= \theta[\boldsymbol{X}(N),N] + \sum_{k=0}^{N-1}[H(\boldsymbol{X},\boldsymbol{U},\boldsymbol{\lambda},k) - \boldsymbol{\lambda}^{\mathrm{T}}(k+1)\boldsymbol{X}(k+1)] \\
&= \theta[\boldsymbol{X}(N),N] - \boldsymbol{\lambda}^{\mathrm{T}}(N)\boldsymbol{X}(N) + \boldsymbol{\lambda}^{\mathrm{T}}(0)\boldsymbol{X}(0) \\
&\quad + \sum_{k=0}^{N-1}[H(\boldsymbol{X},\boldsymbol{U},\boldsymbol{\lambda},k) - \boldsymbol{\lambda}^{\mathrm{T}}(k)\boldsymbol{X}(k)]
\end{aligned} \tag{3-99}
$$

J_a的一次变分可写成

$$
\begin{aligned}
\delta J_a &= \left[\frac{\partial \theta^{\mathrm{T}}}{\partial \boldsymbol{X}(N)} - \boldsymbol{\lambda}^{\mathrm{T}}(N)\right]\delta\boldsymbol{X}(N) + \boldsymbol{\lambda}^{\mathrm{T}}(0)\delta\boldsymbol{X}(0) \\
&\quad + \sum_{k=0}^{N-1}\left\{\left[\left(\frac{\partial H(k)}{\partial \boldsymbol{X}(k)}\right)^{\mathrm{T}} - \boldsymbol{\lambda}^{\mathrm{T}}(k)\right]\delta\boldsymbol{X}(k) + \left(\frac{\partial H(k)}{\partial \boldsymbol{U}(k)}\right)^{\mathrm{T}}\delta\boldsymbol{U}(k)\right\}
\end{aligned} \tag{3-100}
$$

式(3 - 100)中 $H(k)=H(\boldsymbol{X},\boldsymbol{U},\boldsymbol{\lambda},k)$。由于初始条件 $\boldsymbol{X}(0)$ 给定,故 $\delta\boldsymbol{X}(0)=0$。根据 $\delta J_a=0$ 以及 $\delta\boldsymbol{X}(N)$,$\delta\boldsymbol{X}(k)$,$\delta\boldsymbol{U}(k)$ 的任意性,可导出最优控制序列应满足如下的必要条件:

正则方程

$$
\boldsymbol{\lambda}(k)=\frac{\partial H(k)}{\partial \boldsymbol{X}(k)} \qquad k=0,1,\cdots,N-1 \tag{3-101}
$$

$$
\boldsymbol{X}(k+1)=\frac{\partial H(k)}{\partial \boldsymbol{\lambda}(k+1)} \tag{3-102}
$$

横截条件

$$
\boldsymbol{\lambda}(N)=\frac{\partial \theta}{\partial \boldsymbol{X}(N)}=\frac{\partial \phi}{\partial \boldsymbol{X}(N)}+\frac{\partial \boldsymbol{G}^{\mathrm{T}}}{\partial \boldsymbol{X}(N)}v \tag{3-103}
$$

控制方程

$$
\frac{\partial H(k)}{\partial \boldsymbol{U}(k)}=0 \qquad k=0,1,\cdots,N-1 \tag{3-104}
$$

初始条件

$$
\boldsymbol{X}(0)=\boldsymbol{X}_0 \tag{3-105}
$$

上述结果与连续系统类似,但应注意协态方程(3 - 101)的右侧无负号。从上面的一组方程可知,已知初始条件 $\boldsymbol{X}(0)=\boldsymbol{X}_0$,又从横截条件可求出 $\boldsymbol{\lambda}(N)$,其过程对应离散非线性两点边值问题,求解一般很困难。

2. 控制向量有约束

此时$\frac{\partial H(k)}{\partial \boldsymbol{U}(k)}=0$一般不成立。根据极小值原理,哈密顿函数在最优控制序列上取极小值,即

$$H[\boldsymbol{X}^*(k),\boldsymbol{U}^*(k),\boldsymbol{\lambda}^*(k+1),k]=\min_{U\in\Omega}[\boldsymbol{X}^*(k),\boldsymbol{U}(k),\boldsymbol{\lambda}^*(k+1),k]$$

例 3-2 系统的状态方程为

$$x(k+1)=x(k)+u(k),x(0)=1 \tag{3-106}$$

$u(k)$无约束,指标函数为

$$J(u)=\frac{1}{2}x^2(2)+\frac{1}{2}\sum_{k=0}^{1}u^2(k) \tag{3-107}$$

用离散极小值原理求最优控制 $u^*(0)$、$u^*(1)$,使 J 取极小。

解 哈密顿函数为

$$H(k)=\frac{1}{2}u^2(k)+\lambda(k+1)[x(k)+u(k)] \tag{3-108}$$

协态方程为

$$\lambda(k)=\frac{\partial H(k)}{\partial x(k)}=\lambda(k+1) \tag{3-109}$$

即协态为常数。

横截条件为

$$\lambda(2)=\frac{\partial\phi}{\partial x(2)}=\frac{\partial\left[\frac{1}{2}x^2(2)\right]}{\partial x(2)}=x(2) \tag{3-110}$$

控制方程为

$$\frac{\partial H(k)}{\partial u(k)}=u(k)+\lambda(k+1)=0 \tag{3-111}$$

$$u(k)=-\lambda(k+1) \tag{3-112}$$

因协态为常数,故控制也是常数,令

$$u(k)=u \tag{3-113}$$

现在来解系统的状态方程,由初始条件 $x(0)=1$ 可得

$$x(1)=1+u \tag{3-114}$$

$$x(2)=x(1)+u=1+2u \tag{3-115}$$

因为

$$x(2)=\lambda(2)=-u=1+2u \tag{3-116}$$

故

$$u=u^*=-\frac{1}{3} \tag{3-117}$$

进而,最优控制为

$$u^*(k) = -\frac{1}{3} \qquad k=0,1 \tag{3-118}$$

代入系统状态方程,可求得最优状态为

$$x^*(0)=1 \qquad x^*(1)=\frac{2}{3} \qquad x^*(2)=\frac{1}{3} \tag{3-119}$$

例 3-3 在 N 级换热器系列的最优设计问题中,设 $x(k)$ 为流出第 k 个换热器的油料温度,$u(k-1)$ 是第 k 个换热器的换热面积,T_k 是第 k 个换热器的热载体温度,Q_k 是第 k 个换热器的正常数。则状态方程为

$$x(k+1) = \frac{x(k) + Q_{k+1}T_{k+1}u(k)}{1+Q_{k+1}u(k)} \qquad k=0,1,\cdots,N-1 \tag{3-120}$$

方程右端对 $u(k)$ 是非线性的。式中,k 表示加热器级数,是空间离散变量,但在求解时与时间离散问题一样。

边界条件为

$$x(0)=a \qquad x(N)=b \tag{3-121}$$

性能指标是使换热总面积最小,即如下性能指标最小:

$$J = \sum_{k=0}^{N-1} u(k) \tag{3-122}$$

解 这里 $u(k)$ 无约束,可用变分法求解。

作哈密顿函数

$$H(k) = u(k) + \lambda(k+1)\frac{x(k)+Q_{k+1}T_{k+1}u(k)}{1+Q_{k+1}u(k)} \tag{3-123}$$

协态方程为

$$\lambda(k) = \frac{\partial H(k)}{\partial x(k)} = [1+Q_{k+1}u(k)]^{-1}\lambda(k+1)$$

即

$$\lambda(k+1) = [1+Q_{k+1}u(k)]\lambda(k) \tag{3-124}$$

控制方程为

$$\frac{\partial H(k)}{\partial u(k)} = 0$$

即

$$1+\lambda(k+1)\frac{Q_{k+1}[T_{k+1}-x(k)]}{[1+Q_{k+1}u(k)]^2} = 0 \tag{3-125}$$

由式(3－125)求出 $\lambda(k+1)$ 比求 $u(k)$ 容易，故解得

$$\lambda(k+1)=-\frac{[1+Q_{k+1}u(k)]^2}{Q_{k+1}[T_{k+1}-x(k)]} \tag{3-126}$$

将式(3－126)代入协态方程(3－124)，消去 $\lambda(k)$，得

$$\frac{1+Q_{k+1}u(k)}{Q_{k+1}[T_{k+1}-x(k)]}=\frac{[1+Q_k u(k-1)]^2}{Q_k[T_k-x(k-1)]} \tag{3-127}$$

由状态方程(3－120)可解出 $u(k)$

$$u(k)=\frac{x(k+1)-x(k)}{Q_{k+1}[T_{k+1}-x(k+1)]} \tag{3-128}$$

令 $k=k-1$，由式(3－128)可得

$$u(k-1)=\frac{x(k)-x(k-1)}{Q_k[T_k-x(k)]} \tag{3-129}$$

将式(3－128)、式(3－129)代入式(3－127)，消去 $u(k)$，可得

$$x(k-1)=x(k)+[T_k-x(k)]\left\{1-\frac{Q_k[T_k-x(k)]}{Q_{k+1}[T_{k+1}-x(k+1)]}\right\} \tag{3-130}$$

式(3－130)是关于 $x(k)$ 的非线性差分方程，若已知 $x(k)$ 和 $x(k+1)$ 便可递推求出 $x(k-1)$，故从终端 $k=N$ 向后递推较为方便。已知 $x(N)=b$，但不知 $x(N-1)$，只能先假定一个 $x(N-1)$，由式(3－130)得到 $x(N-2)$，再循环用式(3－130)，依次递推求得 $x(N-3)$，…，$x(1)$，$x(0)$。

若最后求出的 $x(0)$ 等于或很接近于给定初始条件 a，则这组序列 $\{u(k)\}$ 便是最优状态轨迹；否则需另取 $x(N-1)$ 再重算，直到 $x(0)\approx a$。将 $\{x(k)\}$ 代入式(3－128)即可求出最优控制序列 $\{u(k)\}$。

由上述分析可知，需反复试凑以便满足 $x(k)$ 的边界条件，这是非线性两点边值问题所引起的。因为 $x(k)$ 的初始条件和终端条件给定，因此采用的技巧是消去协态 $\lambda(k)$，继而直接求解 $x(k)$。

3.7 小　结

(1) 极小值原理是变分法的扩展，其可解决变分法无法解决的最优控制问题，也就是当控制有约束（控制变量属于一个有界闭集）、哈密顿函数 H 对 $\boldsymbol{U}$ 不可微时的最优控制问题。

(2) 极小值原理得出的最优控制必要条件与变分法所得条件的差别，仅在于哈密顿函数在最优控制上取极值的条件，即以

$$H(\boldsymbol{X}^*,\boldsymbol{U}^*,\boldsymbol{\lambda}^*,t)=\min_{U\in\Omega}H(\boldsymbol{X}^*,\boldsymbol{U},\boldsymbol{\lambda}^*,t)$$

代替$\frac{\partial H}{\partial \boldsymbol{U}}=0$,后者可作为前者的特殊情况。其他条件,如正则方程、横截条件以及边界条件等均相同。由图 3-1 可知,极小值原理可解决在边界上 H 取极值的情况,因此对比于变分法来说,可解的最优控制问题大大增多。有些著作中将经典变分法可解决的问题采用极小值原理求解,便是出于上述考虑。需要指出的是,对于非线性系统,用极小值原理解决将产生非线性微分方程的两点边值问题,求解非常困难。

(3) 离散系统极小值原理与连续系统极小值原理所得出的最优解必要条件是相似的,只是前者的协态方程右端没有负号。若系统方程是非线性差分方程,则离散极小值原理将产生非线性差分方程两点边值问题,这时即使对于一个简单的问题,求解也是很困难的。

(4) 极小值原理可解决最短时间控制问题。若控制量满足约束条件$|u(t)|\leqslant 1$,则最短时间控制量只能取约束的边界值 +1 或 -1。进而,在系统中必然要有一个双位置继电式元件产生 $u(t)$,也就是所谓的砰砰("Bang-Bang")控制。对于双积分系统来说,其相轨迹是抛物线,开关曲线由 γ_+ 和 γ_- 两个半支抛物线组成。

(5) 最少能量控制的控制量可取边界值 +1、-1 和 0,因此系统中必然要有一个包含死区的三位置继电式元件产生 $u(t)$。双积分系统的相轨迹除抛物线外,还有平行于横轴的直线段。此外,终端时刻 t_f 必须大于对应的最短时间控制所需的时间,否则最少能量控制问题无解。

习 题

1. $\min J=t_f$

$$\dot{x}_1=x_2,\quad x_1(0)=1,\quad x_2(0)=1,$$
$$\dot{x}_2=u,\quad x_1(t_f)=0,\quad x_2(t_f)=0,$$
$$|u|\leqslant 1$$

求最优控制。

2. $\min\limits_u J=\int_0^{t_f}\mathrm{d}t$

$$\text{s.t.},\quad \dot{x}_1(t)=-x_1(t)+u$$
$$\dot{x}_2(t)=u$$

且有$\begin{cases}x_1(0)=x_{10}\\x_2(0)=x_{20}\end{cases}$　$\begin{cases}x_1(t_f)=0\\x_2(t_f)=0\end{cases}$　$|u|\leqslant 1$,求最优控制。

3. $\min\limits_u J=\int_0^{t_f}\mathrm{d}t$

$$\text{s.t.},\quad \dot{x}_1=-x_2$$

$$\dot{x}_2=-\tilde{\omega}_0^2 x_1-2\xi\tilde{\omega}_0 x_2+u$$

且有$\begin{cases}x_1(0)=x_{10}\\x_2(0)=x_{20}\end{cases}$　$\begin{cases}x_1(t_f)=0\\x_2(t_f)=0\end{cases}$　$|u|\leqslant 1$,求最优控制。

4. 存在恢复力时,求无阻尼运动的最小时间控制。如果忽略阻尼,考虑恢复力,则无阻尼运动方程为

$$\ddot{y}+y=u$$

若令

$$y=x_1,\dot{x}_1=x_2$$

则无阻尼运动的状态方程为

$$\dot{x}_1(t)=x_2(t)$$

$$\dot{x}_2(t)=-x_1(t)+u(t),x(t_0)=x_0$$

无阻尼运动的最小时间控制问题如下:

$$\min_u J=\int_{t_0}^{t_f}\mathrm{d}t$$

$$\text{s.t.}\quad \dot{x}_1=x_2$$

$$\dot{x}_2=-x_1+u,x(t_0)=x_0\qquad |u|\leqslant 1$$

5. 系统的状态方程为

$$\begin{cases}\dot{x}_1(t)=x_2(t)\\\dot{x}_2(t)=u(t)\qquad |u|\leqslant 1\end{cases}$$

寻求时间最优控制函数,使系统由任意初始状态到达如下终端状态:

$$x_1(t_f)=2\qquad x_2(t_f)=1$$

同时,求出开关曲线的方程,并绘出开关曲线的图形。

6. 设已知系统的状态方程为

$$\begin{cases}\dot{x}_1(t)=x_2(t)\\\dot{x}_2(t)=u(t)\end{cases}$$

约束条件为

$$|u| \leqslant 1$$

寻求最优控制 $u^*(t)$,使系统由任意初始状态(ξ_1, ξ_2)到达原点,并使性能指标

$$J(u) = \int_{t_0}^{t_f} [k + |u(t)|] \mathrm{d}t$$

最小。式中,加权系数 $k > 0$,末端时间 t_f是自由的。

7. 设有一阶系统

$$\dot{x}(t) = -x(t) + u(t), \quad x(0) = 2$$

其控制函数 $u(t)$受的约束条件是 $-1 \leqslant u(t) \leqslant 1$。试确定控制函数 $u(t)$,使泛函

$$J = \int_0^1 [2x(t) - u(t)] \mathrm{d}t$$

取极小值。

第4章　线性系统的二次型最优控制

前述章节中，利用变分法解决了容许控制属于开集的最优控制问题，进一步，利用极小值原理解决了容许控制属于闭集的最优控制问题。然而，这两种方法都存在一定的弊端，限制了它们在工程领域中的实际应用。对于变分法而言，其设计结果本质上是开环控制器，虽然可按开环控制器的控制规律形成闭环控制器，但显得烦琐且鲁棒性不高。对于极小值原理而言，其在求解非线性系统最优控制时需要解决困难的两点边值问题，即使对于线性系统，当指标函数是最短时间或最少燃料等非线性函数时，得到最优控制的解析表达式仍十分困难。

美国学者卡尔曼在研究状态方程、线性系统能控性和能观性基础上，以空间飞行器制导为背景，提出了线性系统的二次型指标函数，获得了易于求解的线性最优状态反馈控制器。该控制器的设计可归结为求解非线性黎卡提(Riccati)矩阵微分方程或代数方程。目前，黎卡提矩阵方程的求解已得到广泛深入的研究，有标准的计算机程序可供使用，求解规范方便。

线性系统的二次型最优控制器设计是现代控制理论最重要的成果之一，目前已在工程实践中得到广泛应用。

4.1　线性二次型最优控制的数学描述

线性二次型最优控制问题可表述如下：

设线性时变系统的状态方程为

$$\dot{\boldsymbol{X}}(t)=\boldsymbol{A}(t)\boldsymbol{X}(t)+\boldsymbol{B}(t)\boldsymbol{U}(t) \tag{4-1}$$

$$\boldsymbol{Y}(t)=\boldsymbol{C}(t)\boldsymbol{X}(t) \tag{4-2}$$

式中，$\boldsymbol{X}(t)$为n维状态向量，$\boldsymbol{U}(t)$为m维控制向量，$\boldsymbol{Y}(t)$为l维输出向量，$\boldsymbol{A}(t)$为$m\times n$维系统矩阵，$\boldsymbol{B}(t)$为$n\times m$维控制矩阵，$\boldsymbol{C}(t)$为$l\times n$维输出矩阵，假设$0<l\leqslant m\leqslant n$，且$\boldsymbol{U}(t)$不受任何约束。

令误差向量$\boldsymbol{e}(t)$为

$$\boldsymbol{e}(t)=\boldsymbol{Z}(t)-\boldsymbol{Y}(t) \tag{4-3}$$

式中，$\boldsymbol{Z}(t)$为l维理想输出向量。

最优二次型控制问题就是寻找最优控制，使如下性能指标最小

$$J(u)=\frac{1}{2}\boldsymbol{e}^{\mathrm{T}}(t_{\mathrm{f}})\boldsymbol{P}\boldsymbol{e}(t_{\mathrm{f}})+\frac{1}{2}\int_{t_0}^{t_{\mathrm{f}}}[\boldsymbol{e}^{\mathrm{T}}(t)\boldsymbol{Q}(t)\boldsymbol{e}(t)+\boldsymbol{U}^{\mathrm{T}}(t)\boldsymbol{R}(t)\boldsymbol{U}(t)]\mathrm{d}t \tag{4-4}$$

式中，$\boldsymbol{P}$是$l\times l$维对称半正定常数阵，$\boldsymbol{Q}(t)$是$l\times l$维对称半正定阵，$\boldsymbol{R}(t)$是$m\times m$维对称正定阵，t_{f}是终端时间。

对性能指标J中每一项的物理意义做出说明如下：

(1) 式(4-4)中的第一项$\frac{1}{2}\boldsymbol{e}^{\mathrm{T}}(t_{\mathrm{f}})\boldsymbol{P}\boldsymbol{e}(t_{\mathrm{f}})$是为了考虑对终端误差的要求而引进的，其为终端误差的代价函数，表示对终端误差的惩罚。当对终端误差要求较严时，可将这项加到性能指标中。例如，在航天器的交会对接问题中，由于对两个航天器终态的一致性要求特别严格，而对动态过程和控制能量消耗并没有过多要求，因此必须加上这一项，以保证终端状态误差最小。

(2) 积分项中的第一项$\boldsymbol{e}^{\mathrm{T}}(t)\boldsymbol{Q}(t)\boldsymbol{e}(t)$表示工作过程中由误差$\boldsymbol{e}(t)$产生的分量。因为$\boldsymbol{Q}(t)$为半正定阵，则当$\boldsymbol{e}(t)\neq 0$，就有$\boldsymbol{e}^{\mathrm{T}}(t)\boldsymbol{Q}(t)\boldsymbol{e}(t)\geqslant 0$，也就是说，只要出现误差，这一项总是非负，若误差增大，那么这一项跟着增大。$\frac{1}{2}\int_{t_0}^{t_f}\boldsymbol{e}^{\mathrm{T}}(t)\boldsymbol{Q}(t)\boldsymbol{e}(t)\mathrm{d}t$表示误差平方和的积分，所以这项是用来衡量系统误差$\boldsymbol{e}(t)$大小的代价函数。

(3) 积分项中的第二项$\boldsymbol{U}^{\mathrm{T}}(t)\boldsymbol{R}(t)\boldsymbol{U}(t)$表示工作过程中控制$\boldsymbol{U}(t)$产生的分量。因为$\boldsymbol{R}(t)$为正定阵，则当$\boldsymbol{U}(t)\neq 0$，就有$\boldsymbol{U}^{\mathrm{T}}(t)\boldsymbol{R}(t)\boldsymbol{U}(t)>0$，也就是说，只要存在控制，这项总是正的。例如

$$\boldsymbol{U}(t)=\begin{bmatrix}u_1(t)\\ u_2(t)\end{bmatrix}\qquad \boldsymbol{R}(t)=\begin{bmatrix}r_1(t) & 0\\ 0 & r_2(t)\end{bmatrix}$$

设$r_1(t)>0$，$r_2(t)>0$，则$\boldsymbol{R}(t)$为正定阵，于是有

$$\frac{1}{2}\int_{t_0}^{t_{\mathrm{f}}}\boldsymbol{U}^{\mathrm{T}}(t)\boldsymbol{R}(t)\boldsymbol{U}(t)\mathrm{d}t=\frac{1}{2}\int_{t_0}^{t_{\mathrm{f}}}[r_1(t)u_1^2(t)+r_2(t)u_2^2(t)]\mathrm{d}t$$

积分项中的第二项与消耗的控制能量成正比，消耗得越多，则性能指标值J越大，所以这一项是衡量控制能量大小的代价函数。$r_1(t)$、$r_2(t)$可看做加权系数，如认为$u_1(t)$的重要性大于$u_2(t)$，则可加大$r_1(t)$。

综合而言，性能指标$J(u)$最小表示用不大的控制量来保持较小的误差，以

达到能量消耗、动态误差和终端误差的综合最优。

本章将讨论如下几种线性系统二次型最优控制问题：

(1) 连续系统的有限时间状态调节器设计。

此时，$\boldsymbol{C}(t)$为单位阵，理想输出$\boldsymbol{Z}(t)=0$，$\boldsymbol{Y}(t)=\boldsymbol{X}(t)=-\boldsymbol{e}(t)$，终端时间$t_f$有限，即在有限的时间内用不大的控制量来使$\boldsymbol{X}(t)$保持在零值附近，因此称为有限时间状态调节器问题。

(2) 连续系统的无限时间状态调节器设计。

此时，终端时间t_f无穷大，其他条件与前相同，即在无穷长时间内（系统达到稳态）用不大的控制量来使$\boldsymbol{X}(t)$保持在零值附近。

(3) 具有指定衰减速率的无限时间状态调节器设计。

(4) 连续系统的伺服跟踪最优控制器设计。

此时，$\boldsymbol{Z}(t)\neq 0$，$\boldsymbol{e}(t)=\boldsymbol{Z}(t)-\boldsymbol{Y}(t)$，即用不大的控制量使$\boldsymbol{Y}(t)$跟踪$\boldsymbol{Z}(t)$，因此称为伺服跟踪问题。

(5) 离散系统的状态调节器（含有限时间和无限时间两种）设计。

4.2 连续系统的有限时间状态调节器

考虑连续线性时变系统的状态方程和性能指标J：

$$\dot{\boldsymbol{X}}(t)=\boldsymbol{A}(t)\boldsymbol{X}(t)+\boldsymbol{B}(t)\boldsymbol{U}(t) \qquad \boldsymbol{X}(t_0)=\boldsymbol{X}_0 \tag{4-5}$$

$$J=\frac{1}{2}\boldsymbol{X}^{\mathrm{T}}(t_f)\boldsymbol{P}\boldsymbol{X}(t_f)+\frac{1}{2}\int_{t_0}^{t_f}[\boldsymbol{X}^{\mathrm{T}}(t)\boldsymbol{Q}(t)\boldsymbol{X}(t)+\boldsymbol{U}^{\mathrm{T}}(t)\boldsymbol{R}(t)\boldsymbol{U}(t)]\mathrm{d}t \tag{4-6}$$

要求寻找最优控制$\boldsymbol{U}(t)$使J最小。式中，$\boldsymbol{U}(t)$无约束，$\boldsymbol{P}$和$\boldsymbol{Q}(t)$为对称半正定阵，$\boldsymbol{R}(t)$为对称正定阵，终端时间t_f为有限值。

4.2.1 基于极小值原理的设计方法

下面应用极小值原理求解上述问题。因$\boldsymbol{U}(t)$无约束，所以等同于变分法求解。

取哈密顿函数为

$$H=\frac{1}{2}[\boldsymbol{X}^{\mathrm{T}}(t)\boldsymbol{Q}(t)\boldsymbol{X}(t)+\boldsymbol{U}^{\mathrm{T}}(t)\boldsymbol{R}(t)\boldsymbol{U}(t)]+\boldsymbol{\lambda}^{\mathrm{T}}(t)[\boldsymbol{A}(t)\boldsymbol{X}(t)+\boldsymbol{B}(t)\boldsymbol{U}(t)] \tag{4-7}$$

最优解的必要条件如下：

协态方程为

$$\dot{\boldsymbol{\lambda}}=-\frac{\partial H}{\partial \boldsymbol{X}}=-[\boldsymbol{Q}(t)\boldsymbol{X}(t)+\boldsymbol{A}^{\mathrm{T}}(t)\boldsymbol{\lambda}(t)] \tag{4-8}$$

控制方程为

$$\frac{\partial H}{\partial \boldsymbol{U}}=\boldsymbol{R}(t)\boldsymbol{U}(t)+\boldsymbol{B}^{\mathrm{T}}(t)\boldsymbol{\lambda}(t)=0\Rightarrow \boldsymbol{U}(t)=-\boldsymbol{R}^{-1}(t)\boldsymbol{B}^{\mathrm{T}}(t)\boldsymbol{\lambda}(t) \tag{4-9}$$

因为 $\boldsymbol{R}(t)$ 正定,所以 $\boldsymbol{R}^{-1}(t)$ 存在,由式(4-9)可确定最优控制 $\boldsymbol{U}(t)$。

为寻求最优控制律还需将 $\boldsymbol{U}(t)$ 与状态 $\boldsymbol{X}(t)$ 联系起来。

横截条件为

$$\boldsymbol{\lambda}(t_{\mathrm{f}})=\frac{\partial \phi}{\partial \boldsymbol{X}(t_{\mathrm{f}})}=\frac{\partial}{\partial \boldsymbol{X}(t_{\mathrm{f}})}\left[\frac{1}{2}\boldsymbol{X}^{\mathrm{T}}(t_{\mathrm{f}})\boldsymbol{P}\boldsymbol{X}(t_{\mathrm{f}})\right]=\boldsymbol{P}\boldsymbol{X}(t_{\mathrm{f}}) \tag{4-10}$$

这时再一次遇到了两点边值问题(已知 $\boldsymbol{X}(t_0)$ 和 $\boldsymbol{\lambda}(t_{\mathrm{f}})$),如前所述,一般要试凑 $\boldsymbol{\lambda}(t_0)$,再积分协态方程使 $\boldsymbol{\lambda}(t_{\mathrm{f}})$ 满足要求。但此处处理的是线性微分方程,可以采用更简单的解法。从式(4-10)可见,协态 $\boldsymbol{\lambda}(t)$ 和状态 $\boldsymbol{X}(t)$ 在终端时刻 t_{f} 成线性关系。由此可以假定

$$\boldsymbol{\lambda}(t)=\boldsymbol{K}(t)\boldsymbol{X}(t) \tag{4-11}$$

而后再求出 $\boldsymbol{K}(t)$(这种方法称为扫描法)。

将式(4-11)代入式(4-9),再代入式(4-5),得

$$\dot{\boldsymbol{X}}(t)=\boldsymbol{A}(t)\boldsymbol{X}(t)-\boldsymbol{B}(t)\boldsymbol{R}^{-1}(t)\boldsymbol{B}^{\mathrm{T}}(t)\boldsymbol{K}(t)\boldsymbol{X}(t) \tag{4-12}$$

由式(4-11)和式(4-8)可得

$$\dot{\boldsymbol{\lambda}}(t)=\dot{\boldsymbol{K}}(t)\boldsymbol{X}(t)+\boldsymbol{K}(t)\dot{\boldsymbol{X}}(t)=-\boldsymbol{Q}(t)\boldsymbol{X}(t)-\boldsymbol{A}^{\mathrm{T}}(t)\boldsymbol{K}(t)\boldsymbol{X}(t) \tag{4-13}$$

将式(4-12)代入式(4-13)可得

$$[\dot{\boldsymbol{K}}(t)+\boldsymbol{K}(t)\boldsymbol{A}(t)-\boldsymbol{K}(t)\boldsymbol{B}(t)\boldsymbol{R}^{-1}(t)\boldsymbol{B}^{\mathrm{T}}(t)\boldsymbol{K}(t)+$$
$$\boldsymbol{A}^{\mathrm{T}}(t)\boldsymbol{K}(t)+\boldsymbol{Q}(t)]\boldsymbol{X}(t)=0$$

因为上式对任意 $\boldsymbol{X}(t)$ 都应成立,所以方括号内的项应恒为0,这就得出

$$\dot{\boldsymbol{K}}(t)=-\boldsymbol{K}(t)\boldsymbol{A}(t)-\boldsymbol{A}^{\mathrm{T}}(t)\boldsymbol{K}(t)+\boldsymbol{K}(t)\boldsymbol{B}(t)\boldsymbol{R}^{-1}(t)\boldsymbol{B}^{\mathrm{T}}(t)\boldsymbol{K}(t)-\boldsymbol{Q}(t) \tag{4-14}$$

式(4-14)是 $\boldsymbol{K}(t)$ 的矩阵微分方程,称为黎卡提矩阵微分方程。一般来说,得不出 $\boldsymbol{K}(t)$ 的解析表达式,但可用计算机程序算出 $\boldsymbol{K}(t)$ 的数值解。为了求解 $\boldsymbol{K}(t)$,需要知道它的边界条件。比较式(4-11)和式(4-10)可知

$$\boldsymbol{K}(t_f)=\boldsymbol{P} \tag{4-15}$$

因此,可从 t_f到 t_0逆时间积分黎卡提微分方程,求出 $\boldsymbol{K}(t)$。由式(4-9)和式(4-11)便可构成最优控制

$$\boldsymbol{U}(t)=-\boldsymbol{R}^{-1}(t)\boldsymbol{B}^{\mathrm{T}}(t)\boldsymbol{K}(t)\boldsymbol{X}(t)=-\boldsymbol{G}(t)\boldsymbol{X}(t) \tag{4-16}$$

$\boldsymbol{G}(t)=\boldsymbol{R}^{-1}(t)\boldsymbol{B}^{\mathrm{T}}(t)\boldsymbol{K}(t)$ 又称为最优反馈增益矩阵。

最优反馈控制系统的结构如图 4-1 所示。

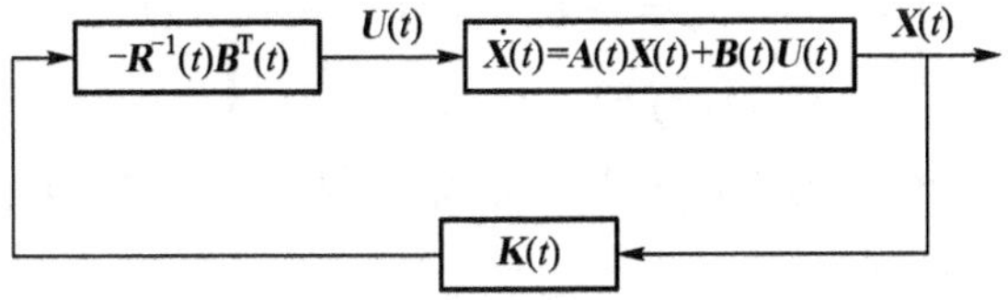

图 4-1 最优反馈系统的结构图

注意,$\boldsymbol{K}(t)$与 $\boldsymbol{X}(t)$无关,所以可在系统运行前将 $\boldsymbol{R}^{-1}(t)\boldsymbol{B}^{\mathrm{T}}(t)\boldsymbol{K}(t)$先离线计算出来,将它存储在计算机中。在系统运行时,将 $-\boldsymbol{R}^{-1}(t)\boldsymbol{B}^{\mathrm{T}}(t)\boldsymbol{K}(t)$从计算机存储中取出,与同一时刻测量到的 $\boldsymbol{X}(t)$相乘,构成最优控制 $\boldsymbol{U}(t)$。所以系统运行时的计算量只含一个乘法计算,计算量很小。

综上所述,连续系统的有限时间状态调节器可归结为黎卡提矩阵微分方程的求解,得出方程的解之后,代入式(4-16)便可得到状态调节器。

下面研究黎卡提矩阵微分方程的求解方法及解的性质。

4.2.2 黎卡提微分方程的求解

本节讨论黎卡提矩阵微分方程的近似求解以及解的性质。

1. 黎卡提矩阵微分方程的求解

黎卡提矩阵微分方程是非线性的,一般不能求得闭合形式的解。在计算机上求解时,可用一阶差分代替微分

$$\frac{\mathrm{d}\boldsymbol{K}(t)}{\mathrm{d}t}=\lim_{\Delta t\to 0}\frac{\boldsymbol{K}(t+\Delta t)-\boldsymbol{K}(t)}{\Delta t}$$

于是黎卡提矩阵微分方程可用如下差分方程来近似:

$$\begin{aligned}\boldsymbol{K}(t+\Delta t)\approx\boldsymbol{K}(t)+\Delta t\{&-\boldsymbol{K}(t)\boldsymbol{A}(t)-\boldsymbol{A}^{\mathrm{T}}(t)\boldsymbol{K}(t)\\&+\boldsymbol{K}(t)\boldsymbol{B}(t)\boldsymbol{R}^{-1}(t)\boldsymbol{B}^{\mathrm{T}}(t)\boldsymbol{K}(t)-\boldsymbol{Q}(t)\}\end{aligned} \tag{4-17}$$

求解式(4-17)时,以 $\boldsymbol{K}(t_f)=\boldsymbol{P}$ 为初始条件,从 t_f到 t_0逆时间递推计算,即可求出 $\boldsymbol{K}(t)$。

具体方法如下:取 Δt 为负小量,令 $t=t_f$,将 $\boldsymbol{K}(t_f)=\boldsymbol{P}$ 代入式(4-17)求出

$K(t_f+\Delta t)$，再代入式(4-17)求出$K(t_f+2\Delta t)$，依此循环计算下去，得到$K(t)$的近似解。显然，Δt的绝对值越小，计算结果越精确。由于$K(t)$与状态$X(t)$无关，因此，只要状态方程和性能指标确定，便可事先算出$K(t)$的值，存储到计算机中备用。

2. 黎卡提矩阵微分方程解的对称性($K(t)=K^T(t)$)

因为P、$Q(t)$、$R(t)$均为对称阵，将式(4-14)转置，可得

$$[\dot{K}(t)]^T=\dot{K}^T(t)=-K^T(t)A(t)-A^T(t)K^T(t)+K^T(t)B(t)R^{-1}(t)B^T(t)K^T(t)-Q(t)$$

也就是说，$K^T(t)$和$K(t)$均满足黎卡提方程，且$K^T(t_f)=P=K(t_f)$。于是，由微分方程解的唯一性可知

$$K^T(t)=K(t)$$

利用这个对称性，求$n\times n$维$K(t)$的元时，只需积分$\frac{n(n+1)}{2}$个方程即可。

3. 黎卡提矩阵微分方程解的时变性

即使系统是定常的，且加权阵Q和R也是常数阵，但$K(t)$仍为时变阵，这点可从$K(t)$是黎卡提微分方程的解直接看出。$K(t)$时变，反馈控制增益也时变，工程实现时不太方便。

在下一节将看到，对于线性定常系统，如果终端时间$t_f\to\infty$，且系统满足一些附加条件，$K(t)$将为常数阵K。

例4-1　设双积分系统状态方程为

$$\begin{aligned}\dot{x}_1&=x_2 \qquad x_1(0)=1\\ \dot{x}_2&=u \qquad x_2(0)=0\end{aligned} \tag{4-18}$$

寻找最优控制$u(t)$使如下性能指标最小：

$$J=\frac{1}{2}\int_0^{t_f}[x_1^2(t)+u^2(t)]\mathrm{d}t \tag{4-19}$$

解　将状态方程(4-18)和方程(4-5)相比较，性能指标式(4-19)和式(4-6)相比较，可得

$$A=\begin{bmatrix}0&1\\0&0\end{bmatrix},\quad B=\begin{bmatrix}0\\1\end{bmatrix},\quad P=0,\quad Q=\begin{bmatrix}1&0\\0&0\end{bmatrix},\quad R=1 \tag{4-20}$$

考虑到黎卡提矩阵微分方程解的对称性，$K(t)$是对称阵，设

$$K(t)=\begin{bmatrix}k_{11}&k_{12}\\k_{12}&k_{22}\end{bmatrix} \tag{4-21}$$

将上面的 $\boldsymbol{A}$、$\boldsymbol{B}$、$\boldsymbol{Q}$、$\boldsymbol{R}$ 和 $\boldsymbol{K}(t)$ 代入黎卡提方程式(4-14),可得

$$\begin{bmatrix} \dot{k}_{11} & \dot{k}_{12} \\ \dot{k}_{12} & \dot{k}_{22} \end{bmatrix} = -\begin{bmatrix} k_{11} & k_{12} \\ k_{12} & k_{22} \end{bmatrix}\begin{bmatrix} 0 & 1 \\ 0 & 0 \end{bmatrix} - \begin{bmatrix} 0 & 0 \\ 1 & 0 \end{bmatrix}\begin{bmatrix} k_{11} & k_{12} \\ k_{12} & k_{22} \end{bmatrix}$$

$$+\begin{bmatrix} k_{11} & k_{12} \\ k_{12} & k_{22} \end{bmatrix}\begin{bmatrix} 0 \\ 1 \end{bmatrix}\begin{bmatrix} 0 & 1 \end{bmatrix}\begin{bmatrix} k_{11} & k_{12} \\ k_{12} & k_{22} \end{bmatrix} - \begin{bmatrix} 1 & 0 \\ 0 & 0 \end{bmatrix}$$

$$=\begin{bmatrix} -1+k_{12}^2, & -k_{11}+k_{12}k_{22} \\ -k_{11}+k_{22}k_{12}, & -2k_{12}+k_{22}^2 \end{bmatrix} \tag{4-22}$$

由式(4-22)等号左右两端的对应元素相等得

$$\dot{k}_{11} = -1 + k_{12}^2$$

$$\dot{k}_{12} = -k_{11} + k_{12}k_{22}$$

$$\dot{k}_{22} = -2k_{12} + k_{22}^2 \tag{4-23}$$

这是一组非线性微分方程。由边界条件

$$\boldsymbol{K}(t_f) = \boldsymbol{P} = 0 \tag{4-24}$$

得

$$k_{11}(t_f) = k_{12}(t_f) = k_{22}(t_f) = 0 \tag{4-25}$$

由 t_f 到 t_0 逆时间积分上面的非线性微分方程组,即可求得 $k_{11}(t)$、$k_{12}(t)$ 和 $k_{22}(t)$。于是最优控制为

$$u(t) = -\boldsymbol{R}^{-1}\boldsymbol{B}^{\mathrm{T}}\boldsymbol{K}(t)\boldsymbol{X}(t) = -\begin{bmatrix} 0 & 1 \end{bmatrix}\begin{bmatrix} k_{11} & k_{12} \\ k_{12} & k_{22} \end{bmatrix}\begin{bmatrix} x_1(t) \\ x_2(t) \end{bmatrix}$$

$$= -k_{12}(t)x_1(t) - k_{22}(t)x_2(t)$$

$k_{12}(t)$、$k_{22}(t)$、$x_1(t)$、$x_2(t)$ 和 $u(t)$ 随时间变化的曲线如图 4-2(a) ~ 图 4-2(c) 所示。

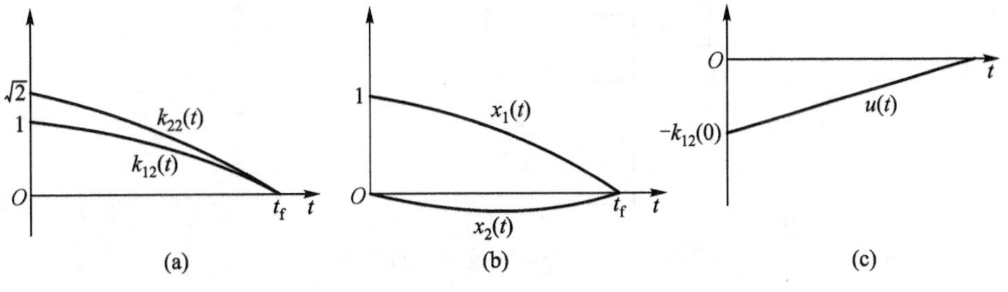

图 4-2 $k_{12}(t)$、$k_{22}(t)$、$x_1(t)$、$x_2(t)$ 和 $u(t)$ 的时间曲线

由图4-2可见，定常系统的反馈系数$k_{12}(t)$、$k_{22}(t)$都是时变的。当t_f比系统的过渡时间大很多时，$k_{12}(t)$、$k_{22}(t)$只在接近t_f时才有较大的变化，其他时间接近于常数。当$t_f\to\infty$时，$\dot{k}_{11}$、$\dot{k}_{12}$和$\dot{k}_{22}$都趋于0，黎卡提微分方程变为黎卡提代数方程

$$
\begin{aligned}
-1+k_{12}^2&=0\\
-k_{11}+k_{12}k_{22}&=0\\
-2k_{12}+k_{22}^2&=0
\end{aligned}
\tag{4-26}
$$

解上面的方程组可得k_{11}、k_{12}、k_{22}的稳态值

$$k_{11}=\sqrt{2}\qquad k_{12}=1\qquad k_{22}=\sqrt{2}$$

于是最优控制律为

$$u(t)=-x_1(t)-\sqrt{2}x_2(t)\tag{4-27}$$

双积分系统最优控制的MATLAB代码如下，系统结构如图4-3所示。系统响应如图4-4所示。

```
****************** MATLAB 程序 *****************
A=[0 1;0 0];
B=[0;1];
C=eye(2);
D=[0;0];
Q=diag([1 0]);
R=1;
K=lqr(A,B,Q,R);
initial(ss(A-B*K,B,C,D),[1,0])
*******************************************
```

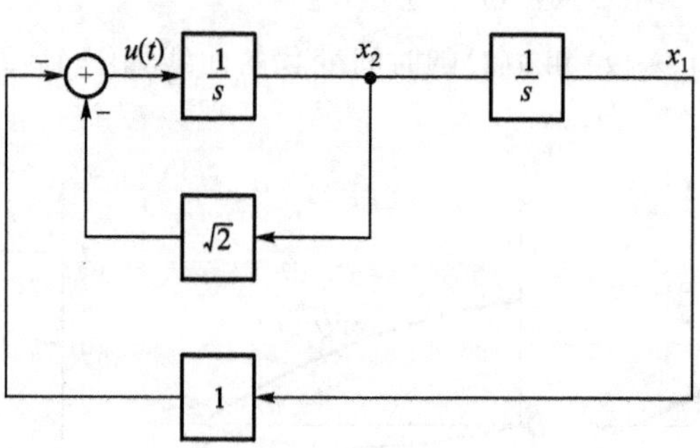

图4-3　双积分系统最优控制的结构图

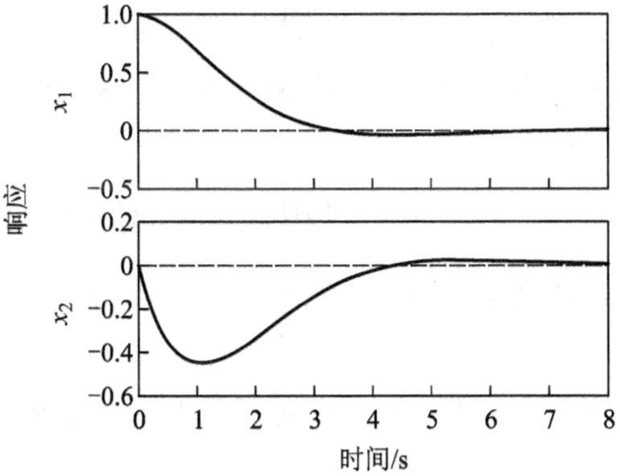

图 4-4　双积分系统最优控制的系统响应

4.3　连续系统的无限时间状态调节器

4.3.1　黎卡提代数方程

4.2 节研究了连续系统有限时间状态调节器问题，其最优反馈控制器是状态反馈形式。然而，状态反馈增益阵是时变的，为了工程实现，必须将其事先存储至计算机内以备在线使用。显然，随着系统复杂度的提高以及系统工作时间的增加，需要的存储量是相当可观的，工程实现难度很大。因此，工程应用领域更希望获得常值最优反馈增益阵。

当系统状态方程和性能指标中的加权矩阵都是定常的，积分指标上限无穷大时，可得到常值最优反馈增益阵，称之为无限时间的状态调节器问题。以下不加证明地列出主要结果，然后再对相关条件做进一步说明。

线性定常系统

$$\dot{\boldsymbol{X}}(t)=\boldsymbol{AX}(t)+\boldsymbol{BU}(t) \tag{4-28}$$

式中，$\boldsymbol{X}$ 为 n 维，$\boldsymbol{U}$ 为 m 维，系统是可控的或至少是可镇定的（可镇定指不可控的状态是稳定的）。性能指标为

$$J=\frac{1}{2}\int_0^{\infty}(\boldsymbol{X}^{\mathrm{T}}\boldsymbol{QX}+\boldsymbol{U}^{\mathrm{T}}\boldsymbol{RU})\,\mathrm{d}t \tag{4-29}$$

式中，$\boldsymbol{U}$ 不受约束，$\boldsymbol{Q}$ 和 $\boldsymbol{R}$ 为常数对称正定阵，或者可将对 $\boldsymbol{Q}$ 的要求改为 $\boldsymbol{Q}$ 对称半正定，$(\boldsymbol{A},\boldsymbol{Q}_1)$ 可观测，或至少可检测（可检测指不可观测的状态是稳定的），$\boldsymbol{Q}_1$ 是 $\boldsymbol{Q}$ 的矩阵平方根，即 $\boldsymbol{Q}=\boldsymbol{Q}_1^{\mathrm{T}}\boldsymbol{Q}_1$。

由 4.2 节可知，使 J 取极小值的最优控制可表示为

$$U(t) = -R^{-1}B^{\mathrm{T}}KX(t) = -GX(t) \tag{4-30}$$

式中，G 为 $m \times n$ 维常数阵，称为反馈增益阵，K 为 $n \times n$ 维正定对称阵，满足如下黎卡提矩阵代数方程：

$$-KA - A^{\mathrm{T}}K + KBR^{-1}B^{\mathrm{T}}K - Q = 0 \tag{4-31}$$

对照有限时间调节器的式(4-14)可知，令 $\dot{K}(t) = 0$，并将时变阵换成常数阵即可得到式(4-31)。

与有限时间的调节器不同，无限时间的状态调节器问题附加了如下三组条件：

(1) 系统可控或至少可镇定。

(2) Q 为对称正定阵或 Q 对称半正定，并且 (A, Q_1) 可观测，至少可检测。

(3) 性能指标中没有考虑终端状态惩罚函数 $\frac{1}{2}X^{\mathrm{T}}(t_{\mathrm{f}})PX(t_{\mathrm{f}})$。

上述条件解释如下：

(1) 系统可控或至少可镇定。因为无限时间状态调节问题的性能指标积分上限为无穷，为了保证积分值有限，$X(t)$ 和 $U(t)$ 要收敛到零。如果系统可控，则通过状态反馈可任意配置闭环系统极点，使系统渐近稳定而收敛至零。系统可控条件可减弱为可镇定，即不可控的状态是渐近稳定的。对有限时间状态调节器来讲，因为积分上限 t_{f} 为有限值，即使系统不可控，状态变量不稳定，积分指标仍为有限值，所以仍然有最优解。

(2) Q 为正定或 Q 为半正定，并且 (A, Q_1) 可观测至少可检测。该条件是为了保证最优反馈系统稳定而提出的，因为性能指标 J 取有限值，还不能保证系统稳定。例如，系统不稳定状态变量在性能指标中不出现（未被指标函数“观测”到）即可。Q 为半正定时就可能出现上述情况，所以 Q 必须正定，或者 Q 半正定且 (A, Q_1) 可观测，至少可检测。

(3) 无限时间状态调节器问题的性能指标中并没有考虑终端状态的惩罚函数 $\frac{1}{2}X^{\mathrm{T}}(t_{\mathrm{f}})PX(t_{\mathrm{f}})$，这是因为所关注的是系统在有限时间内的响应，所以在 $t_{\mathrm{f}} = \infty$ 时的终端代价没有工程实际意义。

4.3.2 LQR 系统的稳定裕度分析

考虑无限时间状态调节器

$$\min_u J = \frac{1}{2}\int_{t_0}^{\infty} [X^{\mathrm{T}}(t)QX(t) + U^{\mathrm{T}}(t)RU(t)]\mathrm{d}t$$

$$\text{s. t. } \dot{\boldsymbol{X}}(t)=\boldsymbol{AX}(t)+\boldsymbol{BU}(t), \quad \boldsymbol{X}(t_0)=\boldsymbol{X}_0 \tag{4-32}$$

可得出矩阵黎卡提代数方程

$$-\boldsymbol{KA}-\boldsymbol{A}^{\mathrm{T}}\boldsymbol{K}+\boldsymbol{KBR}^{-1}\boldsymbol{B}^{\mathrm{T}}\boldsymbol{K}-\boldsymbol{Q}=0 \tag{4-33}$$

求解矩阵黎卡提代数方程后得到 $\boldsymbol{K}$,于是

$$\boldsymbol{G}=\boldsymbol{R}^{-1}\boldsymbol{B}^{\mathrm{T}}\boldsymbol{K} \tag{4-34}$$

$$\boldsymbol{U}(t)=-\boldsymbol{GX}(t) \tag{4-35}$$

闭环系统为

$$\dot{\boldsymbol{X}}(t)=(\boldsymbol{A}-\boldsymbol{BR}^{-1}\boldsymbol{B}^{\mathrm{T}}\boldsymbol{K})\boldsymbol{X}(t) \tag{4-36}$$

或

$$\dot{\boldsymbol{X}}(t)=(\boldsymbol{A}-\boldsymbol{BG})\boldsymbol{X}(t) \tag{4-37}$$

在式(4-33)中添加 $\boldsymbol{K}s\boldsymbol{I}$ 及 $-s\boldsymbol{IK}$ 各一项,s 为复变量,得

$$\boldsymbol{K}(s\boldsymbol{I}-\boldsymbol{A})+(-s\boldsymbol{I}-\boldsymbol{A}^{\mathrm{T}})\boldsymbol{K}+\boldsymbol{G}^{\mathrm{T}}\boldsymbol{RG}=\boldsymbol{Q} \tag{4-38}$$

为书写方便,令 $\boldsymbol{\phi}(s)=(s\boldsymbol{I}-\boldsymbol{A})^{-1}$,$\boldsymbol{\phi}^{\mathrm{T}}(-s)=(-s\boldsymbol{I}-\boldsymbol{A}^{\mathrm{T}})^{-1}$。

将式(4-38)左乘 $\boldsymbol{B}^{\mathrm{T}}(-s\boldsymbol{I}-\boldsymbol{A}^{\mathrm{T}})^{-1}$,右乘$(s\boldsymbol{I}-\boldsymbol{A})^{-1}\boldsymbol{B}$,得

$$\begin{aligned}\boldsymbol{B}^{\mathrm{T}}(-s\boldsymbol{I}-\boldsymbol{A}^{\mathrm{T}})^{-1}\boldsymbol{KB}+\boldsymbol{B}^{\mathrm{T}}\boldsymbol{K}(s\boldsymbol{I}-\boldsymbol{A})^{-1}\boldsymbol{B}+\boldsymbol{B}^{\mathrm{T}}(-s\boldsymbol{I}-\boldsymbol{A}^{\mathrm{T}})^{-1}\boldsymbol{G}^{\mathrm{T}}\boldsymbol{RG}(s\boldsymbol{I}-\boldsymbol{A})^{-1}\boldsymbol{B}\\=\boldsymbol{B}^{\mathrm{T}}(-s\boldsymbol{I}-\boldsymbol{A}^{\mathrm{T}})^{-1}\boldsymbol{Q}(s\boldsymbol{I}-\boldsymbol{A})^{-1}\boldsymbol{B}\end{aligned}$$

可以得到

$$\begin{aligned}\boldsymbol{B}^{\mathrm{T}}\boldsymbol{\phi}^{\mathrm{T}}(-s)\boldsymbol{G}^{\mathrm{T}}\boldsymbol{R}+\boldsymbol{RG\phi}(s)\boldsymbol{B}+\boldsymbol{B}^{\mathrm{T}}\boldsymbol{\phi}^{\mathrm{T}}(-s)\boldsymbol{G}^{\mathrm{T}}\boldsymbol{RG\phi}(s)\boldsymbol{B}+\boldsymbol{R}\\=\boldsymbol{B}^{\mathrm{T}}\boldsymbol{\phi}^{\mathrm{T}}(-s)\boldsymbol{Q\phi}(s)\boldsymbol{B}+\boldsymbol{R}\end{aligned}$$

即

$$[\boldsymbol{B}^{\mathrm{T}}\boldsymbol{\phi}^{\mathrm{T}}(-s)\boldsymbol{G}^{\mathrm{T}}+\boldsymbol{I}]\boldsymbol{R}[\boldsymbol{G\phi}(s)\boldsymbol{B}+\boldsymbol{I}]=\boldsymbol{B}^{\mathrm{T}}\boldsymbol{\phi}^{\mathrm{T}}(-s)\boldsymbol{Q\phi}(s)\boldsymbol{B}+\boldsymbol{R}$$

进而

$$\begin{aligned}\boldsymbol{B}^{\mathrm{T}}(-s\boldsymbol{I}-\boldsymbol{A}^{\mathrm{T}})^{-1}\boldsymbol{Q}(s\boldsymbol{I}-\boldsymbol{A})^{-1}\boldsymbol{B}+\boldsymbol{R}\\=[\boldsymbol{I}+\boldsymbol{G}(-s\boldsymbol{I}-\boldsymbol{A})^{-1}\boldsymbol{B}]^{\mathrm{T}}\boldsymbol{R}[\boldsymbol{I}+\boldsymbol{G}(s\boldsymbol{I}-\boldsymbol{A})^{-1}\boldsymbol{B}]\end{aligned} \tag{4-39}$$

设 $\boldsymbol{R}=\boldsymbol{I}$,并令 $s=\mathrm{j}w$,则式(4-39)化为

$$\begin{aligned}&\boldsymbol{B}^{\mathrm{T}}(-\mathrm{j}w\boldsymbol{I}-\boldsymbol{A}^{\mathrm{T}})^{-1}\boldsymbol{Q}(\mathrm{j}w\boldsymbol{I}-\boldsymbol{A})^{-1}\boldsymbol{B}+1\\&=[\boldsymbol{I}+\boldsymbol{G}(-\mathrm{j}w\boldsymbol{I}-\boldsymbol{A})^{-1}\boldsymbol{B}]^{\mathrm{T}}[\boldsymbol{I}+\boldsymbol{G}(\mathrm{j}w\boldsymbol{I}-\boldsymbol{A})^{-1}\boldsymbol{B}]\\&=\|\boldsymbol{I}+\boldsymbol{G}(\mathrm{j}w\boldsymbol{I}-\boldsymbol{A})^{-1}\boldsymbol{B}\|\end{aligned}$$

考虑到 $\boldsymbol{Q}\geqslant 0$,故 $\boldsymbol{B}^{\mathrm{T}}(-\mathrm{j}w\boldsymbol{I}-\boldsymbol{A}^{\mathrm{T}})^{-1}\boldsymbol{Q}(\mathrm{j}w\boldsymbol{I}-\boldsymbol{A})^{-1}\boldsymbol{B}\geqslant 0$,于是

$$\|\boldsymbol{I}+\boldsymbol{G}(\mathrm{j}\omega\boldsymbol{I}-\boldsymbol{A})^{-1}\boldsymbol{B}\|\geqslant 1 \tag{4-40}$$

为了简明地表述 LQR 的稳定裕度，本节在上述结果基础上研究单输入系统，此时，向量 $\boldsymbol{U}(t)$ 退化为标量，加权阵 $\boldsymbol{R}$ 退化为标量 r，系数矩阵 $\boldsymbol{B}$ 退化为列向量 $\boldsymbol{b}$，增益矩阵 $\boldsymbol{G}$ 退化为行向量 $\boldsymbol{g}^{\mathrm{T}}$，范数退化为模。于是，式(4-40)退化为

$$|1+\boldsymbol{g}^{\mathrm{T}}(\mathrm{j}\omega\boldsymbol{I}-\boldsymbol{A})^{-1}\boldsymbol{b}|\geqslant 1$$

即有

$$1+|\boldsymbol{g}^{\mathrm{T}}(\mathrm{j}\omega\boldsymbol{I}-\boldsymbol{A})^{-1}\boldsymbol{b}|\geqslant|1+\boldsymbol{g}^{\mathrm{T}}(\mathrm{j}\omega\boldsymbol{I}-\boldsymbol{A})^{-1}\boldsymbol{b}|\geqslant 1 \tag{4-41}$$

因为本节讨论状态调节器，故 $\boldsymbol{C}=\boldsymbol{I}$，即全部状态变量作为输出，所以受控对象的传递函数矩阵为 $\boldsymbol{C}(s\boldsymbol{I}-\boldsymbol{A})^{-1}\boldsymbol{b}=(s\boldsymbol{I}-\boldsymbol{A})^{-1}\boldsymbol{b}$。图 4-5(a)与图 4-5(b)完全等价，仅仅表征的意义不同。

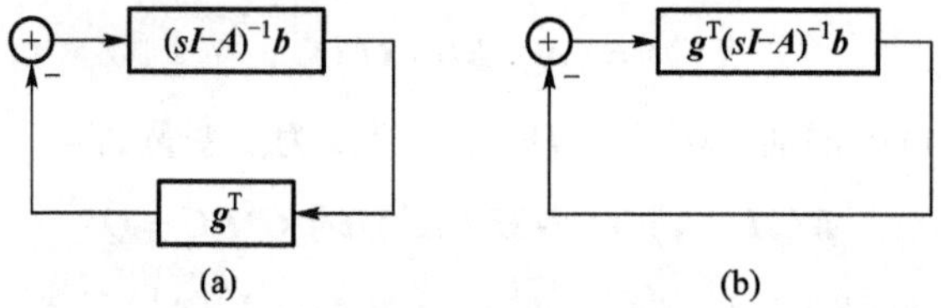

图 4-5 两个等价的框图

由 Nyquist 判据可知，对于稳定的闭环系统，由前向通道的传递函数 $\boldsymbol{G}(s)$ 和反馈通道的传递函数 $H(s)$ 所构成的 $\boldsymbol{G}(s)H(s)$，包绕$(-1,\mathrm{j}0)$点的次数必须等于 $\boldsymbol{G}(s)H(s)$ 在 s 平面上右半平面的极点数。若 s 平面上，s 从 $-\mathrm{j}\omega$ 顺时针走向 $\mathrm{j}\omega$，则 $\boldsymbol{G}(s)H(s)$ 应以逆时针包绕$(-1,\mathrm{j}0)$点。若 $\boldsymbol{A}$ 为稳定矩阵，则在 s 平面上右半平面的极点数为零。又因 $\boldsymbol{U}(t)$ 是按式(4-35)计算的，它能保证闭环系统渐近稳定。

从图 4-5(b)可知

$$\boldsymbol{G}(s)=\boldsymbol{g}^{\mathrm{T}}(s\boldsymbol{I}-\boldsymbol{A})^{-1}\boldsymbol{b},H(s)=1$$

因此，开环传递函数

$$\boldsymbol{G}(s)H(s)=\boldsymbol{G}(s)=\boldsymbol{g}^{\mathrm{T}}(s\boldsymbol{I}-\boldsymbol{A})^{-1}\boldsymbol{b}$$

即开环频率函数 $\boldsymbol{G}(\mathrm{j}\omega)=\boldsymbol{g}^{\mathrm{T}}(\mathrm{j}\omega\boldsymbol{I}-\boldsymbol{A})^{-1}\boldsymbol{b}$ 必须不包绕$(-1,\mathrm{j}0)$。由于式(4-41)必须满足，即开环频率特性的第一点必在以$(-1,\mathrm{j}0)$为圆心的单位圆之外(图 4-6(a))，或以逆时针反向包绕$(-1,\mathrm{j}0)$点次数为零(图 4-6(b)和图 4-6(c))，所以，不论开环频率特性的幅度如何增长，都始终不会包绕$(-1,\mathrm{j}0)$点。由此可以得出结论，系统具有无限大的幅值裕度。

从图 4-6(d)可知，开环频率特性如果穿越以原点为圆心的单位圆(如图

4 - 6(d)中细实线所示),交于某点,则开环频率特性以在该点的幅度顺时针转过一个角度后,凡可与(-1,j0)点重合者,即为相位裕度。可见,交点 E 是一个最小的临界点,开环频率特性以 E 点的幅度顺时针转过 60°后,即可与(-1,j0)点重合。因此,系统的相位裕度至少为 60°。

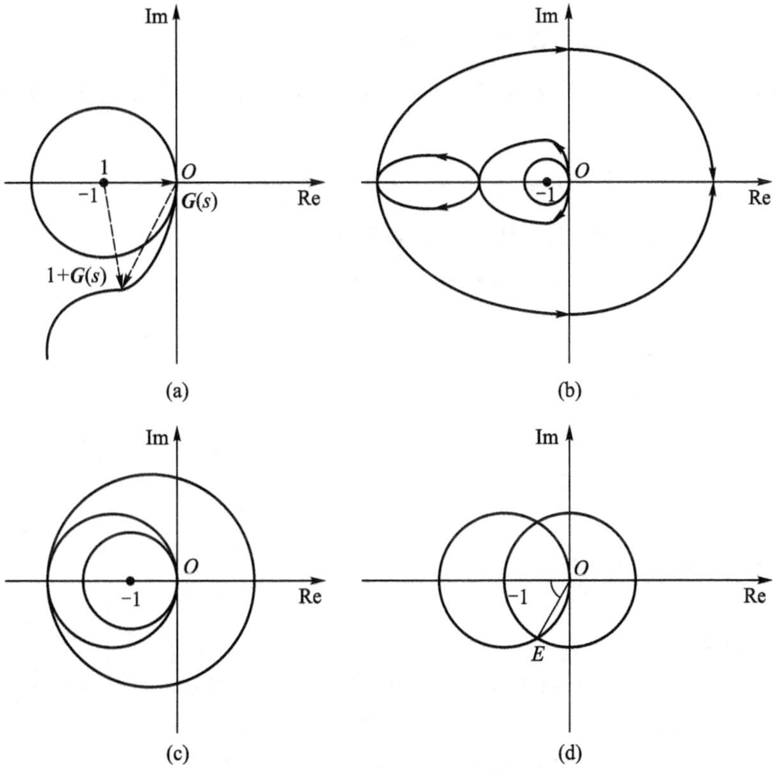

图 4 - 6 幅值与相位裕度

以幅值裕度和相位裕度来表达系统稳定裕度是反馈控制的惯用方式,上述稳定裕度分析常称之为 LQR 性能的频域解释。需要指出,以上单输入系统 LQR 方案的稳定裕度分析是以全状态反馈为前提条件的。

4.3.3 利用 MATLAB 求解黎卡提代数方程

无限时间状态调节器在 20 世纪 70 年代便投入工程应用,目前,很多计算软件的控制工具箱都提供了其求解程序。以下介绍利用 MATLAB 求解黎卡提代数方程的几种方法,以便读者快速完成无限时间状态调节器的设计。

方法一 简单迭代算法

令 $\boldsymbol{\Phi}_0 = \mathbf{0}$,则可以写出如下迭代公式:

$$\boldsymbol{\Phi}_{i+1}=\boldsymbol{E}^{\mathrm{T}}\boldsymbol{\Phi}_i\boldsymbol{E}-(\boldsymbol{E}^{\mathrm{T}}\boldsymbol{\Phi}_i\boldsymbol{G}+\boldsymbol{W})(\boldsymbol{G}^{\mathrm{T}}\boldsymbol{\Phi}_i\boldsymbol{G}+\boldsymbol{H})^{-1}(\boldsymbol{E}^{\mathrm{T}}\boldsymbol{\Phi}_i\boldsymbol{G}+\boldsymbol{W})+\boldsymbol{Q}$$

$$\boldsymbol{E}=(\boldsymbol{I}-\boldsymbol{A})^{-1}(\boldsymbol{I}+\boldsymbol{A}),$$

$$\boldsymbol{G}=2(\boldsymbol{I}-\boldsymbol{A})^{-1}\boldsymbol{B},$$

$$\boldsymbol{H}=\boldsymbol{R}+\boldsymbol{B}^{\mathrm{T}}(\boldsymbol{I}-\boldsymbol{A}^{\mathrm{T}})^{-1}\boldsymbol{Q}(\boldsymbol{I}-\boldsymbol{A})^{-1}\boldsymbol{B},$$

$$\boldsymbol{W}=\boldsymbol{Q}(\boldsymbol{I}-\boldsymbol{A})^{-1}\boldsymbol{B}$$

如果 $\boldsymbol{\Phi}_{i+1}$ 收敛于一个常数矩阵，即 $\|\boldsymbol{\Phi}_{i+1}-\boldsymbol{\Phi}_i\|<\varepsilon$，则可得黎卡提代数方程解为

$$\boldsymbol{P}=2(\boldsymbol{I}-\boldsymbol{A}^{\mathrm{T}})^{-1}\boldsymbol{\Phi}_{i+1}(\boldsymbol{I}-\boldsymbol{A})^{-1}$$

上面的迭代算法可以用 MATLAB 来实现，代码如下：

```
*************** MATLAB 程序 ************
I = eye(size(A));
iA = inv(I - A);
E = iA * (I + A);
G = 2 * iA^2 * B;
H = R + B' * iA' * Q * iA * B;
W = Q * iA * B;
P0 = zeros(size(A));
i = 0;
while (1), i = i + 1;
      P = E' * P0 * E - (E' * P0 * G + W) * inv(G' * P0 * G + H) * (E' * P0 * G +
      W)' + Q;
      if(norm(P - P0) < eps), break;
      else, P0 = P;
      end
end
******************************************
```

读者可以自行编写上述代码，并存储为脚本文件 mylq.m，方便后续调用。

方法二 lqr( )函数

MATLAB 控制系统工具箱中提供了求解黎卡提代数方程的函数 lqr( )，调用的格式为

[K,P,E] = lqr(A,B,Q,R)

式中，输入矩阵为 $\boldsymbol{A}$，$\boldsymbol{B}$，$\boldsymbol{Q}$，$\boldsymbol{R}$，其中，$(\boldsymbol{A},\boldsymbol{B})$ 为给定对象的状态方程模型，$(\boldsymbol{Q},\boldsymbol{R})$ 分别为加权矩阵 $\boldsymbol{Q}$ 和 $\boldsymbol{R}$，返回矩阵 $\boldsymbol{K}$ 为状态反馈矩阵，$\boldsymbol{P}$ 为黎卡提代数方程的解，$\boldsymbol{E}$ 为闭环系统的零极点。lqr( )函数求解建立在 MATLAB 控制系统工具箱中

一个基于 Schur 变换的黎卡提方程求解函数 are( ),该函数的调用格式为

X = are(M,T,V)

式中,$\boldsymbol{M},\boldsymbol{T},\boldsymbol{V}$ 矩阵满足如下黎卡提代数方程:

$$\boldsymbol{MX}+\boldsymbol{XM}^{\mathrm{T}}-\boldsymbol{XTX}+\boldsymbol{V}=0$$

对比前面给出的黎卡提方程,容易得出

$$\boldsymbol{M}=-\boldsymbol{A}$$

$$\boldsymbol{T}=\boldsymbol{BR}^{-1}\boldsymbol{B}^{\mathrm{T}}$$

$$\boldsymbol{V}=-\boldsymbol{Q}$$

方法三　care( )函数

也可采用 MATLAB 控制系统工具箱中 care( )函数求解黎卡提代数方程,其调用方法如下:

[P,E,K,Report] = care(A,B,Q,R,zeros(size(B)),eye(size(A)))

式中,Report 是留数矩阵 Res 的 Frobenius 范数(其值为 sqrt(sum(diag(Res' * Res))),或者用 Norm(Res,'fro')计算),其余变量定义同 lqr( )函数。

采用 care( )函数的优点在于可设置 $\boldsymbol{P}$ 的终值条件,例如可以设置 $\boldsymbol{P}$ 的终值条件为[0.2;0.2],即

[P,E,K,Report] = care(A,B,Q,R,[0.2;0.2],eye(size(A)))

而采用 lqr( )函数不能设置黎卡提代数方程的边界条件。

例 4-2　线性系统为

$$\dot{\boldsymbol{x}}=\begin{bmatrix}0 & 1\\ -5 & -3\end{bmatrix}\boldsymbol{x}+\begin{bmatrix}0\\ 1\end{bmatrix}\boldsymbol{u}$$

其目标函数是

$$J=\frac{1}{2}\int_{0}^{\infty}\left\{\boldsymbol{x}^{\mathrm{T}}\begin{bmatrix}500 & 200\\ 200 & 100\end{bmatrix}\boldsymbol{x}+\boldsymbol{u}^{\mathrm{T}}[1.666\,7]\boldsymbol{u}\right\}\mathrm{d}t$$

确定其无限时间的状态调节器 $\boldsymbol{u}^{*}(t)$。

解

方法一:

```
A=[0 1; -5, -3];
B=[0;1];
Q=[500 200;200 100];
R=1.666 7;
```

```
mylq
K = inv(R) * B' * P
P
E
```

运行结果：

```
K = 13.027 6    6.749 6
P = 67.940 6  21.713 1
    21.713 1  11.249 5
E = -0.111 1     0.222 2
     -1.111 1   -0.777 8
```

方法二：

```
A = [0 1; -5, -3];
B = [0;1];
Q = [500 200;200 100];
R = 1.666 7;
[K,P,E] = lqr(A,B,Q,R)
```

运行结果：

```
K = 13.027 6    6.749 6
P = 67.940 6  21.713 1
    21.713 1  11.249 5
E = -7.269 8
     -2.479 8
```

方法三：

```
A = [0 1; -5, -3];
B = [0;1];
Q = [500 200;200 100];
R = 1.666 7;
[P,E,K,RR] = care(A,B,Q,R,zeros(size(B)),eye(size(A)))
```

运行结果：

```
P = 67.940 6  21.713 1
    21.713 1  11.249 5
E = -7.269 8
     -2.479 8
K = 13.027 6    6.749 6
RR = 2.845 8e-015
```

利用以上三种方法求解代数黎卡提方程的结果相同，即

$$u^*(t) = -13.0276x_1(t) - 6.7496x_2(t)$$

如果需设置了 $\boldsymbol{P}$ 的终值条件，则只能用方法三求解，例如终值条件为[0.2；0.2]，MATLAB 实现代码如下：

```
*************** MATLAB 程序 ***************
A =[0 1; -5, -3];
B =[0;1];
Q =[500 200;200 100];
R =1.666 7;
[P,E,K,RR] = care(A,B,Q,R,[0.2;0.2],eye(size(A)))
******************************************
```

运行结果：

```
P =67.723 3   21.568 5
   21.568 5   11.096 1
E = -7.305 2
    -2.472 3
K =13.060 8     6.777 5
RR =1.284 7e -014
```

最优控制变量与状态变量之间的关系如下：

$$u^*(t) = -13.0608x_1(t) - 6.7775x_2(t)$$

4.4 具有指定衰减速率的无限时间状态调节器

对于无限时间状态调节器设计而言，若 $\boldsymbol{Q}$ 的任意分解 $\boldsymbol{Q}=\boldsymbol{C}^{\mathrm{T}}\boldsymbol{C}$，$(\boldsymbol{A},\boldsymbol{B})$ 能控，$(\boldsymbol{A},\boldsymbol{C})$ 能观测，则对任意状态初值都存在使闭环系统渐近稳定的唯一最优调节器 $\boldsymbol{U}^*(t) = -\boldsymbol{R}^{-1}\boldsymbol{B}^{\mathrm{T}}\boldsymbol{K}\boldsymbol{X}(t)$，式中，$\boldsymbol{K}$ 是黎卡提代数方程

$$-\boldsymbol{K}\boldsymbol{A} - \boldsymbol{A}^{\mathrm{T}}\boldsymbol{K} + \boldsymbol{K}\boldsymbol{B}\boldsymbol{R}^{-1}\boldsymbol{B}^{\mathrm{T}}\boldsymbol{K} - \boldsymbol{Q} = 0$$

的唯一正定解。尽管闭环系统是渐近稳定的，但不能保证其状态按照期望的速度衰减。在实际工程中，往往希望闭环系统状态依照事先指定的速度衰减。

由此，本节探讨具有指定衰减速度的无限时间状态调节器设计问题。

系统状态方程为

$$\dot{\boldsymbol{X}} = \boldsymbol{A}\boldsymbol{X} + \boldsymbol{B}\boldsymbol{U}$$

$$\boldsymbol{X}(t_0) = \boldsymbol{X}_0 \tag{4-42}$$

性能指标为

$$J_\beta[\boldsymbol{U}(\cdot)] = \frac{1}{2}\int_0^\infty e^{2\beta t}[\boldsymbol{X}^{\mathrm{T}}(t)\boldsymbol{Q}\boldsymbol{X}(t) + \boldsymbol{U}^{\mathrm{T}}(t)\boldsymbol{R}\boldsymbol{U}(t)]\mathrm{d}t \tag{4-43}$$

式中，$\boldsymbol{R}>0, \boldsymbol{Q}\geqslant 0, \beta>0$ 为给定衰减常数。

取

$$\boldsymbol{\xi}(t) = e^{\beta t}\boldsymbol{X}(t)$$

$$v(t) = e^{\beta t}\boldsymbol{U}(t) \tag{4-44}$$

则最优控制问题式(4-42)和式(4-43)变为

$$\dot{\boldsymbol{\xi}} = (\boldsymbol{A}+\beta\boldsymbol{I}_n)\boldsymbol{\xi} + \boldsymbol{B}v$$

$$\boldsymbol{\xi}(0) = \boldsymbol{X}(0) = \boldsymbol{X}_0 \tag{4-45}$$

性能指标为

$$J_\beta[v(\cdot)] = \int_0^\infty [\boldsymbol{\xi}^{\mathrm{T}}(t)\boldsymbol{Q}\boldsymbol{\xi}(t) + v^{\mathrm{T}}(t)\boldsymbol{R}v(t)]\mathrm{d}t \tag{4-46}$$

设定$(\boldsymbol{A},\boldsymbol{B})$能控，且对 $\boldsymbol{Q}$ 的任一分解 $\boldsymbol{Q}=\boldsymbol{C}^{\mathrm{T}}\boldsymbol{C}$，$(\boldsymbol{A},\boldsymbol{C})$能观测，则有相关的秩判据为

$$\operatorname{rank}(\boldsymbol{B},(\boldsymbol{A}+\beta\boldsymbol{I}_n)\boldsymbol{B},\cdots,(\boldsymbol{A}+\beta\boldsymbol{I}_n)^{n-1}\boldsymbol{B})$$

$$=\operatorname{rank}(\boldsymbol{B},\boldsymbol{AB},\cdots,\boldsymbol{A}^{n-1}\boldsymbol{B})\begin{bmatrix} \boldsymbol{I}_r & \beta\boldsymbol{I}_r & \cdots & \beta^{n-1}\boldsymbol{I}_r \\ 0 & \boldsymbol{I}_r & \cdots & (n-1)\beta^{n-2}\boldsymbol{I}_r \\ \vdots & 0 & \ddots & \vdots \\ \vdots & \vdots & \cdots & (n-1)\beta\boldsymbol{I}_r \\ 0 & 0 & \cdots & \boldsymbol{I}_r \end{bmatrix}$$

$$=\operatorname{rank}(\boldsymbol{B},\boldsymbol{AB},\cdots,\boldsymbol{A}^{n-1}\boldsymbol{B})$$

并且

$$\operatorname{rank}\begin{bmatrix} \boldsymbol{C} \\ \boldsymbol{C}(\boldsymbol{A}+\beta\boldsymbol{I}_n) \\ \vdots \\ \boldsymbol{C}(\boldsymbol{A}+\beta\boldsymbol{I}_n)^{n-1} \end{bmatrix} = \operatorname{rank}\begin{bmatrix} \boldsymbol{C} \\ \boldsymbol{CA} \\ \vdots \\ \boldsymbol{CA}^{n-1} \end{bmatrix}$$

因为$(\boldsymbol{A},\boldsymbol{B})$能控，$(\boldsymbol{A},\boldsymbol{C})$能观测，因此$(\boldsymbol{A}+\beta\boldsymbol{I}_n,\boldsymbol{B})$能控，$(\boldsymbol{A}+\beta\boldsymbol{I}_n,\boldsymbol{C})$能观测。结合无限时间状态调节器设计的求解方法，可以得到状态调节器为

$$v^*(t) = -\boldsymbol{R}^{-1}\boldsymbol{B}^{\mathrm{T}}\boldsymbol{K}_\beta\boldsymbol{\xi}$$

式中，$\boldsymbol{K}_\beta$是如下黎卡提方程：

$$\boldsymbol{K}_\beta(\boldsymbol{A}+\beta\boldsymbol{I}_n)+(\boldsymbol{A}+\beta\boldsymbol{I}_n)^{\mathrm{T}}\boldsymbol{K}_\beta+\boldsymbol{C}^{\mathrm{T}}\boldsymbol{C}-\boldsymbol{K}_\beta\boldsymbol{B}\boldsymbol{R}^{-1}\boldsymbol{B}^{\mathrm{T}}\boldsymbol{K}_\beta=0 \qquad (4-47)$$

的唯一正定解。此时闭环系统

$$\dot{\boldsymbol{\xi}}=(\boldsymbol{A}+\beta\boldsymbol{I}_n-\boldsymbol{B}\boldsymbol{R}^{-1}\boldsymbol{B}^{\mathrm{T}}\boldsymbol{K}_\beta)\boldsymbol{\xi}$$

$$\boldsymbol{\xi}(0)=\boldsymbol{X}_0$$

是渐近稳定的，即

$$\lim_{t\to\infty}\boldsymbol{\xi}(t)=\lim_{t\to\infty}\boldsymbol{X}(t)e^{\beta t}=0$$

又注意到

$$\boldsymbol{U}^*(t)e^{\beta t}=v^*(t)=-\boldsymbol{R}^{-1}\boldsymbol{B}^{\mathrm{T}}\boldsymbol{K}_\beta\boldsymbol{X}(t)e^{\beta t}$$

于是，有

$$\boldsymbol{U}^*(t)=-\boldsymbol{R}^{-1}\boldsymbol{B}^{\mathrm{T}}\boldsymbol{K}_\beta\boldsymbol{X}(t)$$

式中，$\boldsymbol{K}_\beta$满足式(4-47)。当$\beta=0$时，$\boldsymbol{K}_0=\boldsymbol{K}$就是定常系统无限时间状态调节器中的$\boldsymbol{K}$阵。

综上所述可得如下结论：

给定定常系统无限时间的状态调节器设计问题式(4-42)，式(4-43)，如果$(\boldsymbol{A},\boldsymbol{B})$能控，并且对$\boldsymbol{Q}$的任意分解$\boldsymbol{Q}=\boldsymbol{C}^{\mathrm{T}}\boldsymbol{C}$，$(\boldsymbol{A},\boldsymbol{C})$完全能观测，则存在唯一的具有指定衰减速度$\beta$的最优调节器

$$\boldsymbol{U}^*(t)=-\boldsymbol{R}^{-1}\boldsymbol{B}^{\mathrm{T}}\boldsymbol{K}_\beta\boldsymbol{X}(t)$$

使得闭环系统

$$\dot{\boldsymbol{X}}=(\boldsymbol{A}-\boldsymbol{B}\boldsymbol{R}^{-1}\boldsymbol{B}^{\mathrm{T}}\boldsymbol{K}_\beta)\boldsymbol{X}$$

$$\boldsymbol{X}(0)=\boldsymbol{X}_0$$

的解$\boldsymbol{X}(t)$满足

$$\lim_{t\to\infty}\boldsymbol{X}(t)e^{\beta t}=0$$

式中，$\boldsymbol{K}_\beta$是如下黎卡提方程：

$$\boldsymbol{K}_\beta(\boldsymbol{A}+\beta\boldsymbol{I}_n)+(\boldsymbol{A}+\beta\boldsymbol{I}_n)^{\mathrm{T}}\boldsymbol{K}_\beta+\boldsymbol{C}^{\mathrm{T}}\boldsymbol{C}-\boldsymbol{K}_\beta\boldsymbol{B}\boldsymbol{R}^{-1}\boldsymbol{B}^{\mathrm{T}}\boldsymbol{K}_\beta=0$$

的唯一正定解。

例 4-3 设$A=1$，$B=1$，$C=1$，$R=1$，$\beta=1$，易知(A,B)完全能控，(A,C)完全能观，则式(4-47)为

$$2k_\beta+2k_\beta+1-k_\beta^2=0$$

其解为

$$k_\beta=2\pm\sqrt{5}$$

由于 $k_\beta>0$,所以 $k_\beta=2+\sqrt{5}$。因此具有衰减速度为1的状态调节器

$$U^*(t)=-(2+\sqrt{5})X(t)$$

其闭环系统为

$$\dot{X}^*(t)=-(1+\sqrt{5})X^*$$

$$X^*(0)=X_0$$

最优轨线为

$$X^*(t)=e^{-(1+\sqrt{5})t}X_0$$

并且有

$$\lim_{t\to\infty}X^*(t)e^t=\lim_{t\to\infty}e^{-\sqrt{5}t}X_0=0$$

4.5 连续系统的伺服跟踪最优控制器

本节探讨连续系统伺服跟踪问题,推导伺服跟踪最优控制律。

设线性时变连续系统的状态方程和输出方程为

$$\dot{X}(t)=A(t)X(t)+B(t)U(t) \qquad X(t_0)=X_0 \tag{4-48}$$

$$Y(t)=C(t)X(t) \tag{4-49}$$

式中,X 为 n 维状态向量,U 为 m 维输入向量,Y 为 q 维输出向量。设定系统理想输出为 $Z(t)$,跟踪误差 $e(t)$ 定义为

$$e(t)=Z(t)-Y(t) \tag{4-50}$$

寻找控制 $U(t)$($U(t)$不受约束)使得如下性能指标最小:

$$J=\frac{1}{2}e^{\mathrm{T}}(t_f)Pe(t_f)+\frac{1}{2}\int_{t_0}^{t_f}[e^{\mathrm{T}}(t)Q(t)e(t)+U^{\mathrm{T}}(t)R(t)U(t)]\mathrm{d}t \tag{4-51}$$

式中,P 和 $Q(t)$ 为半正定阵,$R(t)$ 为正定阵,t_f 给定。

这一问题的物理意义是在有限时间内以较小的控制能量为代价,使误差保持在零值附近。

采用极小值原理,上述问题的哈密顿函数为

$$H=\frac{1}{2}[Z(t)-C(t)X(t)]^{\mathrm{T}}Q(t)[Z(t)-C(t)X(t)]+\frac{1}{2}U^{\mathrm{T}}(t)R(t)U(t)+\lambda^{\mathrm{T}}(t)[A(t)X(t)+B(t)U(t)] \tag{4-52}$$

因为 $\boldsymbol{U}(t)$ 无约束,由控制方程

$$\frac{\partial H}{\partial \boldsymbol{U}}=\boldsymbol{R}(t)\boldsymbol{U}(t)+\boldsymbol{B}^{\mathrm{T}}(t)\boldsymbol{\lambda}(t)=0$$

可得

$$\boldsymbol{U}(t)=-\boldsymbol{R}^{-1}(t)\boldsymbol{B}^{\mathrm{T}}(t)\boldsymbol{\lambda}(t) \tag{4-53}$$

由协态方程得

$$\dot{\boldsymbol{\lambda}}(t)=-\frac{\partial H}{\partial \boldsymbol{X}(t)}=-\boldsymbol{C}^{\mathrm{T}}(t)\boldsymbol{Q}(t)\boldsymbol{C}(t)\boldsymbol{X}(t)-\boldsymbol{A}^{\mathrm{T}}(t)\boldsymbol{\lambda}(t)+\boldsymbol{C}^{\mathrm{T}}(t)\boldsymbol{Q}(t)\boldsymbol{Z}(t) \tag{4-54}$$

由横截条件得

$$\boldsymbol{\lambda}(t_{\mathrm{f}})=\frac{\partial \phi}{\partial \boldsymbol{X}(t_{\mathrm{f}})}=\frac{\partial}{\partial \boldsymbol{X}(t_{\mathrm{f}})}\left[\frac{1}{2}\boldsymbol{e}^{\mathrm{T}}(t_{\mathrm{f}})\boldsymbol{P}\boldsymbol{e}(t_{\mathrm{f}})\right]=\boldsymbol{C}^{\mathrm{T}}(t_{\mathrm{f}})\boldsymbol{P}[\boldsymbol{C}(t_{\mathrm{f}})\boldsymbol{X}(t_{\mathrm{f}})-\boldsymbol{Z}(t_{\mathrm{f}})] \tag{4-55}$$

由式(4-55)可见 $\boldsymbol{\lambda}(t_{\mathrm{f}})$ 中有一项与 $\boldsymbol{X}(t_{\mathrm{f}})$ 成线性关系,另一项与理想输出 $\boldsymbol{Z}(t_{\mathrm{f}})$ 成线性关系。令

$$\boldsymbol{\lambda}(t)=\boldsymbol{K}(t)\boldsymbol{X}(t)-\boldsymbol{g}(t) \tag{4-56}$$

式中,矩阵 $\boldsymbol{K}(t)$ 和向量时间函数 $\boldsymbol{g}(t)$ 待定。

将式(4-56)对 t 取微分可得

$$\dot{\boldsymbol{\lambda}}(t)=\dot{\boldsymbol{K}}(t)\boldsymbol{X}(t)+\boldsymbol{K}(t)\dot{\boldsymbol{X}}(t)-\dot{\boldsymbol{g}}(t) \tag{4-57}$$

设法从式(4-57)中消去 $\dot{\boldsymbol{X}}(t)$,为此将式(4-53)和式(4-56)代入状态方程(4-48),可求出

$$\dot{\boldsymbol{X}}(t)=[\boldsymbol{A}(t)-\boldsymbol{B}(t)\boldsymbol{R}^{-1}(t)\boldsymbol{B}^{\mathrm{T}}(t)\boldsymbol{K}(t)]\boldsymbol{X}(t)+\boldsymbol{B}(t)\boldsymbol{R}^{-1}(t)\boldsymbol{B}^{\mathrm{T}}(t)\boldsymbol{g}(t) \tag{4-58}$$

将式(4-58)代入式(4-57),即得

$$\begin{aligned}\dot{\boldsymbol{\lambda}}(t)=&[\dot{\boldsymbol{K}}(t)+\boldsymbol{K}(t)\boldsymbol{A}(t)-\boldsymbol{K}(t)\boldsymbol{B}(t)\boldsymbol{R}^{-1}(t)\boldsymbol{B}^{\mathrm{T}}(t)\boldsymbol{K}(t)]\boldsymbol{X}(t)\\&+\boldsymbol{K}(t)\boldsymbol{B}(t)\boldsymbol{R}^{-1}(t)\boldsymbol{B}^{\mathrm{T}}(t)\boldsymbol{g}(t)-\dot{\boldsymbol{g}}(t)\end{aligned} \tag{4-59}$$

另外,式(4-56)代入式(4-54)可得

$$\dot{\boldsymbol{\lambda}}(t)=[-\boldsymbol{C}^{\mathrm{T}}(t)\boldsymbol{Q}(t)\boldsymbol{C}(t)-\boldsymbol{A}^{\mathrm{T}}(t)\boldsymbol{K}(t)]\boldsymbol{X}(t)+\boldsymbol{A}^{\mathrm{T}}(t)\boldsymbol{g}(t)+\boldsymbol{C}^{\mathrm{T}}(t)\boldsymbol{Q}(t)\boldsymbol{Z}(t) \tag{4-60}$$

式(4-59)减去式(4-60)可得

$$\begin{aligned}&[\dot{\boldsymbol{K}}(t)+\boldsymbol{K}(t)\boldsymbol{A}(t)+\boldsymbol{A}^{\mathrm{T}}(t)\boldsymbol{K}(t)-\boldsymbol{K}(t)\boldsymbol{B}(t)\boldsymbol{R}^{-1}(t)\boldsymbol{B}^{\mathrm{T}}(t)\boldsymbol{K}(t)\\&+\boldsymbol{C}^{\mathrm{T}}(t)\boldsymbol{Q}(t)\boldsymbol{C}(t)]\boldsymbol{X}(t)+[\boldsymbol{K}(t)\boldsymbol{B}(t)\boldsymbol{R}^{-1}(t)\boldsymbol{B}^{\mathrm{T}}(t)-\boldsymbol{A}^{\mathrm{T}}(t)]\boldsymbol{g}(t)\\&-\dot{\boldsymbol{g}}(t)-\boldsymbol{C}^{\mathrm{T}}(t)\boldsymbol{Q}(t)\boldsymbol{Z}(t)=0\end{aligned} \tag{4-61}$$

式(4-61)对任意的 $\boldsymbol{X}(t)$、$\boldsymbol{Z}(t)$ 均应成立，于是可得

$$\dot{\boldsymbol{K}}(t)=-\boldsymbol{K}(t)\boldsymbol{A}(t)-\boldsymbol{A}^{\mathrm{T}}(t)\boldsymbol{K}(t)+\boldsymbol{K}(t)\boldsymbol{B}(t)\boldsymbol{R}^{-1}(t)\boldsymbol{B}^{\mathrm{T}}(t)\boldsymbol{K}(t)-\boldsymbol{C}^{\mathrm{T}}(t)\boldsymbol{Q}(t)\boldsymbol{C}(t) \tag{4-62}$$

$$\dot{\boldsymbol{g}}(t)=[\boldsymbol{K}(t)\boldsymbol{B}(t)\boldsymbol{R}^{-1}(t)\boldsymbol{B}^{\mathrm{T}}(t)-\boldsymbol{A}^{\mathrm{T}}(t)]\boldsymbol{g}(t)-\boldsymbol{C}^{\mathrm{T}}(t)\boldsymbol{Q}(t)\boldsymbol{Z}(t) \tag{4-63}$$

上面的微分方程组的边界条件可推导如下：

由式(4-56)得

$$\boldsymbol{\lambda}(t_{\mathrm{f}})=\boldsymbol{K}(t_{\mathrm{f}})\boldsymbol{X}(t_{\mathrm{f}})-\boldsymbol{g}(t_{\mathrm{f}})$$

而由式(4-55)得

$$\boldsymbol{\lambda}(t_{\mathrm{f}})=\boldsymbol{C}^{\mathrm{T}}(t_{\mathrm{f}})\boldsymbol{P}\boldsymbol{C}(t_{\mathrm{f}})\boldsymbol{X}(t_{\mathrm{f}})-\boldsymbol{C}^{\mathrm{T}}(t_{\mathrm{f}})\boldsymbol{P}\boldsymbol{Z}(t_{\mathrm{f}})$$

比较上面两式，可得

$$\boldsymbol{K}(t_{\mathrm{f}})=\boldsymbol{C}^{\mathrm{T}}(t_{\mathrm{f}})\boldsymbol{P}\boldsymbol{C}(t_{\mathrm{f}}) \tag{4-64}$$

$$\boldsymbol{g}(t_{\mathrm{f}})=\boldsymbol{C}^{\mathrm{T}}(t_{\mathrm{f}})\boldsymbol{P}\boldsymbol{Z}(t_{\mathrm{f}}) \tag{4-65}$$

由上面的 t_{f}时的边界条件出发，逆时间积分式(4-62)和式(4-63)即可求出 $\boldsymbol{K}(t)$、$\boldsymbol{g}(t)$。于是，最优控制可根据式(4-53)和式(4-56)求得，即

$$\boldsymbol{U}(t)=-\boldsymbol{R}^{-1}(t)\boldsymbol{B}^{\mathrm{T}}(t)[\boldsymbol{K}(t)\boldsymbol{X}(t)-\boldsymbol{g}(t)] \tag{4-66}$$

下面对其含义进行必要的说明。

(1) 关于 $\boldsymbol{K}(t)$。由于黎卡提矩阵微分方程(4-62)及其边界条件式(4-64)均与理想输出 $\boldsymbol{Z}(t)$无关，所以矩阵 $\boldsymbol{K}(t)$是 $\boldsymbol{A}(t)$，$\boldsymbol{B}(t)$，$\boldsymbol{C}(t)$，$\boldsymbol{P}$，$\boldsymbol{Q}(t)$，$\boldsymbol{R}(t)$以及终端时间 t_{f}的函数，这意味着只要系统方程、性能指标和终端时间确定，$\boldsymbol{K}(t)$就确定了。将式(4-62)及边界条件式(4-64)与方程(4-14)及边界条件式(4-15)相比较，当 $\boldsymbol{C}(t)=\boldsymbol{I}$ 时，它们是一致的，这意味着最优跟踪系统的反馈结构，与最优状态调节器系统的反馈结构相同。如再将最优闭环微分方程(4-58)和式(4-12)相比较，在这两个方程中，转移矩阵均为 $\boldsymbol{A}(t)-\boldsymbol{B}(t)\boldsymbol{R}^{-1}(t)\boldsymbol{B}^{\mathrm{T}}(t)\boldsymbol{K}(t)$，也就是说，最优跟踪系统的特征值与最优状态调节器的特征值相同，其动态性能和理想输出 $\boldsymbol{Z}(t)$无关。

（2）关于$\boldsymbol{g}(t)$。最优伺服跟踪系统和最优状态调节器系统的本质差异主要反映在$\boldsymbol{g}(t)$上。$\boldsymbol{g}(t)$是与理想输出$\boldsymbol{Z}(t)$有关的，它表示了跟踪$\boldsymbol{Z}(t)$的驱动作用。为了求出当前时刻的$\boldsymbol{g}(t)$，需要知道全部未来时刻的$\boldsymbol{Z}(\tau)$，$t\leqslant\tau\leqslant t_{\mathrm{f}}$。这是因为积分式(4-63)求$\boldsymbol{g}(t)$是从$t_{\mathrm{f}}$逆时间进行的。于是在实现最优控制时，必须预先知道$\boldsymbol{Z}(t)$在$[t_0,t_{\mathrm{f}}]$中的变化规律。在某些情况下能做到这点，如跟踪卫星时，卫星的运动可事先计算出来，但大多情况下$\boldsymbol{Z}(t)$的将来值是未知的，如导弹攻击敌机，敌机的运动规律并不知道。此时有如下两种处理方法：一种是将理想输出看成某种典型的变化规律，根据对$\boldsymbol{Z}(t)$的测量，预报它的将来值；另一种是将$\boldsymbol{Z}(t)$看成随机的。需要指出，后一种处理方法是采用随机的方式表述一个本质上是确定性的问题，仅仅可以得到统计平均意义下的最优结果。

例 4-4 已知一阶系统

$$\dot{x}(t)=ax(t)+u(t)$$
$$y(t)=x(t) \tag{4-67}$$

性能指标为

$$J=\frac{1}{2}pe^2(t_{\mathrm{f}})+\frac{1}{2}\int_0^{t_{\mathrm{f}}}[qe^2(t)+ru^2(t)]\mathrm{d}t \tag{4-68}$$

式中，$p\geqslant0,q>0,r>0$。寻找最优控制$u(t)$使J最小。

解 由式(4-67)和式(4-68)可知，$\boldsymbol{A}=a,\boldsymbol{B}=1,\boldsymbol{C}=1,\boldsymbol{Q}=q,\boldsymbol{R}=r,\boldsymbol{P}=p$，由式(4-66)得

$$u(t)=\frac{1}{r}[g(t)-K(t)x(t)] \tag{4-69}$$

由式(4-62)可得标量函数$K(t)$满足如下一阶黎卡提微分方程：

$$\dot{K}(t)=-2aK(t)+\frac{1}{r}K^2(t)-q \tag{4-70}$$

由式(4-64)求得边界条件

$$K(t_{\mathrm{f}})=p$$

标量函数$g(t)$满足微分方程(4-63)，即

$$\dot{g}(t)=-\left[a-\frac{1}{r}K(t)\right]g(t)-qZ(t)$$

边界条件由式(4-65)求得，即

$$g(t_{\mathrm{f}})=pZ(t_{\mathrm{f}})$$

最优轨线$x(t)=y(t)$由式(4-58)求得

$$\dot{x}(t)=\left[a-\frac{1}{r}K(t)\right]x(t)+\frac{1}{r}g(t)$$

图4-7(a)所示为当 $a=-1, x(0)=0, p=0, q=1, t_f=1$ 和理想输出 $Z(t)=1(t)$ 时，以 r 为参数的最优 $x(t)$ 的一组曲线。由图可见，随着 r 的减小，$x(t)$ 跟踪 $Z(t)$ 的能力增强；接近 $t_f=1$ 时，跟踪误差回升，这是因为 $p=0, g(t_f)=K(t_f)=0$，使 $u(t_f)=0$ 的缘故。

图4-7(b)所示为最优控制曲线，随着 r 的减小，$u(t)$ 增大，所以提高跟踪能力是以增大控制量为代价的。图4-7(c)所示为 $g(t)$ 的变化曲线。由图4-7(a)可以发现当 $r=0.01$，也就是 q 的百分之一时，控制量较大才能获得较好的跟踪性能。

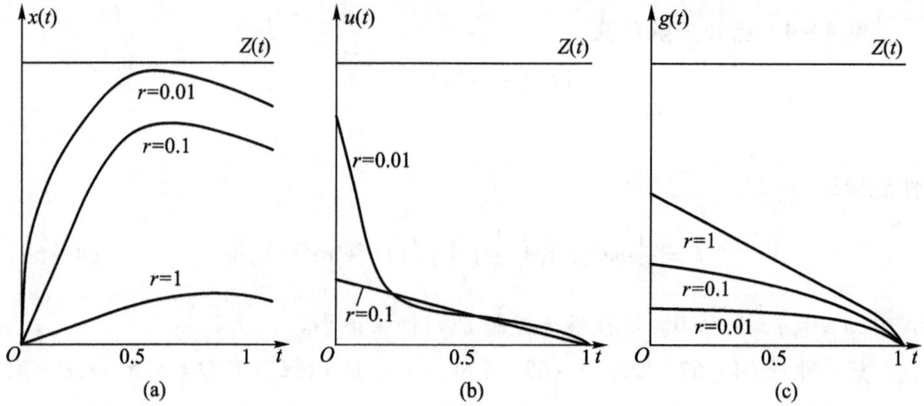

图4-7　$x(t)$、$u(t)$、$g(t)$ 以 r 为参数的时间曲线

4.6 离散系统的状态调节器

4.6.1 离散系统的有限时间状态调节器

设线性时变离散系统的状态方程为

$$\begin{aligned}&\boldsymbol{X}(k+1)=\boldsymbol{A}(k)\boldsymbol{X}(k)+\boldsymbol{B}(k)\boldsymbol{U}(k)\\&\boldsymbol{X}(0)=\boldsymbol{X}_0\end{aligned}\tag{4-71}$$

二次型性能指标为

$$J=\frac{1}{2}\boldsymbol{X}^{\mathrm{T}}(N)\boldsymbol{P}(N)\boldsymbol{X}(N)+\frac{1}{2}\sum_{k=0}^{N-1}\left[\boldsymbol{X}^{\mathrm{T}}(k)\boldsymbol{Q}(k)\boldsymbol{X}(k)+\boldsymbol{U}^{\mathrm{T}}(k)\boldsymbol{R}(k)\boldsymbol{U}(k)\right]\tag{4-72}$$

式中，$\boldsymbol{P}(N)$、$\boldsymbol{Q}(k)$为半正定阵，$\boldsymbol{R}(k)$为正定阵。需要求最优控制序列 $\boldsymbol{U}(k)$，使 J 最小。

采用极小值原理进行求解，先写出哈密顿函数

$$H(k)=\frac{1}{2}\boldsymbol{X}^{\mathrm{T}}(k)\boldsymbol{Q}(k)\boldsymbol{X}(k)+\frac{1}{2}\boldsymbol{U}^{\mathrm{T}}(k)\boldsymbol{R}(k)\boldsymbol{U}(k)+\boldsymbol{\lambda}^{\mathrm{T}}(k+1)[\boldsymbol{A}(k)\boldsymbol{X}(k)+\boldsymbol{B}(k)\boldsymbol{U}(k)] \tag{4-73}$$

协态方程

$$\boldsymbol{\lambda}(k)=\frac{\partial H(k)}{\partial \boldsymbol{X}(k)}=\boldsymbol{Q}(k)\boldsymbol{X}(k)+\boldsymbol{A}^{\mathrm{T}}(k)\boldsymbol{\lambda}(k+1) \tag{4-74}$$

横截条件为

$$\boldsymbol{\lambda}(N)=\frac{\partial \phi}{\partial \boldsymbol{X}(N)}=\frac{\partial}{\partial \boldsymbol{X}(N)}\left[\frac{1}{2}\boldsymbol{X}^{\mathrm{T}}(N)\boldsymbol{P}(N)\boldsymbol{X}(N)\right]=\boldsymbol{P}(N)\boldsymbol{X}(N) \tag{4-75}$$

控制方程为

$$\frac{\partial H(k)}{\partial \boldsymbol{U}(k)}=\boldsymbol{R}(k)\boldsymbol{U}(k)+\boldsymbol{B}^{\mathrm{T}}(k)\boldsymbol{\lambda}(k+1)=0$$

$$\boldsymbol{U}(k)=-\boldsymbol{R}^{-1}(k)\boldsymbol{B}^{\mathrm{T}}(k)\boldsymbol{\lambda}(k+1) \tag{4-76}$$

假设

$$\boldsymbol{\lambda}(k)=\boldsymbol{K}(k)\boldsymbol{X}(k) \tag{4-77}$$

将式(4-77)代入协态方程(4-74)得

$$\boldsymbol{K}(k)\boldsymbol{X}(k)=\boldsymbol{Q}(k)\boldsymbol{X}(k)+\boldsymbol{A}^{\mathrm{T}}(k)\boldsymbol{K}(k+1)\boldsymbol{X}(k+1) \tag{4-78}$$

由状态方程(4-71)和控制方程(4-76)可得

$$\begin{aligned}\boldsymbol{X}(k+1)&=\boldsymbol{A}(k)\boldsymbol{X}(k)+\boldsymbol{B}(k)\boldsymbol{U}(k)\\&=\boldsymbol{A}(k)\boldsymbol{X}(k)-\boldsymbol{B}(k)\boldsymbol{R}^{-1}(k)\boldsymbol{B}^{\mathrm{T}}(k)\boldsymbol{K}(k+1)\boldsymbol{X}(k+1)\end{aligned}$$

所以

$$\boldsymbol{X}(k+1)=[\boldsymbol{I}+\boldsymbol{B}(k)\boldsymbol{R}^{-1}(k)\boldsymbol{B}^{\mathrm{T}}(k)\boldsymbol{K}(k+1)]^{-1}\boldsymbol{A}(k)\boldsymbol{X}(k)$$

将上式代入式(4-78)并消去等式两端的 $\boldsymbol{X}(k)$，可得 $\boldsymbol{K}(k)$ 必须满足如下黎卡提矩阵差分方程：

$$\boldsymbol{K}(k)=\boldsymbol{Q}(k)+\boldsymbol{A}^{\mathrm{T}}(k)\boldsymbol{K}(k+1)[\boldsymbol{I}+\boldsymbol{B}(k)\boldsymbol{R}^{-1}(k)\boldsymbol{B}^{\mathrm{T}}(k)\boldsymbol{K}(k+1)]^{-1}\boldsymbol{A}(k) \tag{4-79}$$

对式(4-79)方括号部分应用矩阵求逆引理

$$(\boldsymbol{A}+\boldsymbol{BC})^{-1}=\boldsymbol{A}^{-1}-\boldsymbol{A}^{-1}\boldsymbol{B}(\boldsymbol{I}+\boldsymbol{CA}^{-1}\boldsymbol{B})^{-1}\boldsymbol{CA}^{-1}$$

令 $A=I,B=B(k),C=R^{-1}(k)B^{\mathrm{T}}(k)K(k+1)$，可得黎卡提差分方程的另一个形式

$$
\begin{aligned}
K(k)=&Q(k)+A^{\mathrm{T}}(k)K(k+1)A(k)\\
&-A^{\mathrm{T}}(k)K(k+1)B(k)[R(k)\\
&+B^{\mathrm{T}}(k)K(k+1)B(k)]^{-1}B^{\mathrm{T}}(k)K(k+1)A(k)
\end{aligned}
\tag{4-80}
$$

黎卡提方程的终端条件为

$$K(N)=P(N) \tag{4-81}$$

从 $k=N$ 开始反向递推计算式(4-79)即可决定 $K(k)$。

下面来决定 $U(k)$。由式(4-74)得

$$\lambda(k+1)=(A^{\mathrm{T}}(k))^{-1}[\lambda(k)-Q(k)X(k)]=A^{-\mathrm{T}}(k)[K(k)-Q(k)]X(k)$$

因此由式(4-76)得

$$U(k)=-R^{-1}(k)B^{\mathrm{T}}(k)A^{-\mathrm{T}}(k)[K(k)-Q(k)]X(k) \tag{4-82}$$

式(4-82)可化为另一个形式，将式(4-79)代入式(4-82)，并利用式(4-80)得

$$
\begin{aligned}
U(k)=&-R^{-1}(k)B^{\mathrm{T}}(k)K(k+1)[I+B(k)R^{-1}(k)B^{\mathrm{T}}(k)K(k+1)]^{-1}A(k)X(k)\\
=&-R^{-1}(k)B^{\mathrm{T}}(k)K(k+1)[I+B(k)R^{-1}(k)B^{\mathrm{T}}(k)K(k+1)]^{-1}\{[I+B(k)\cdot\\
&R^{-1}(k)B^{\mathrm{T}}(k)K(k+1)]-B(k)R^{-1}(k)B^{\mathrm{T}}(k)K(k+1)\}A(k)X(k)\\
=&-R^{-1}(k)B^{\mathrm{T}}(k)K(k+1)\{I-[I+B(k)R^{-1}(k)B^{\mathrm{T}}(k)\cdot\\
&K(k+1)]^{-1}B(k)R^{-1}(k)B^{\mathrm{T}}(k)K(k+1)\}A(k)X(k)\\
=&-\{R^{-1}(k)-R^{-1}(k)B^{\mathrm{T}}(k)K(k+1)[I+B(k)R^{-1}(k)\cdot\\
&B^{\mathrm{T}}(k)K(k+1)]^{-1}B(k)R^{-1}(k)\}B^{\mathrm{T}}(k)K(k+1)A(k)X(k)
\end{aligned}
$$

对上式大括号内引用前面的矩阵求逆引理，取 $A=R(k),B=B^{\mathrm{T}}(k)K(k+1)$，$C=B(k)$ 可得

$$
\begin{aligned}
U(k)&=-[R(k)+B^{\mathrm{T}}(k)K(k+1)B(k)]^{-1}B^{\mathrm{T}}(k)K(k+1)A(k)X(k)\\
&=-L(k)X(k)
\end{aligned}
\tag{4-83}
$$

$$L(k)=[R(k)+B^{\mathrm{T}}(k)K(k+1)B(k)]^{-1}B^{\mathrm{T}}(k)K(k+1)A(k) \tag{4-84}$$

式中，$L(k)$ 是最优反馈增益阵。

例 4-5 设系统状态方程为

$$x(k+1)=x(k)+u(k),\quad x(0)\text{已知} \tag{4-85}$$

性能指标为

$$J = \frac{1}{2}cx^2(2) + \frac{1}{2}\sum_{k=0}^{1} u^2(k) \tag{4-86}$$

寻找最优序列 $u(0)$ 和 $u(1)$，使性能指标 J 最小。

解 从给定的系统方程可见，系统矩阵 $\boldsymbol{A}(k)=1$，输入矩阵 $\boldsymbol{B}(k)=1$。

从给定的性能指标可知加权阵 $\boldsymbol{P}(N)=c$，$\boldsymbol{Q}(k)=0$，$\boldsymbol{R}(k)=1$。

黎卡提微分方程(4-79)可写成

$$\begin{aligned}\boldsymbol{K}(k) &= \boldsymbol{Q}(k)+\boldsymbol{A}^{\mathrm{T}}(k)[\boldsymbol{K}^{-1}(k+1)+\boldsymbol{B}(k)\boldsymbol{R}^{-1}(k)\boldsymbol{B}^{\mathrm{T}}(k)]^{-1}\boldsymbol{A}(k)\\ &= [\boldsymbol{K}^{-1}(k+1)+1]^{-1} = \frac{\boldsymbol{K}(k+1)}{\boldsymbol{K}(k+1)+1}\end{aligned} \tag{4-87}$$

终端值 $\boldsymbol{K}(2)=\boldsymbol{P}(2)=c$。由 $k=2$ 反向计算，求出 $\boldsymbol{K}(1)$ 和 $\boldsymbol{K}(0)$。

$$\boldsymbol{K}(1) = \frac{\boldsymbol{K}(2)}{\boldsymbol{K}(2)+1} = \frac{c}{c+1} \tag{4-88}$$

$$\boldsymbol{K}(0) = \frac{\boldsymbol{K}(1)}{\boldsymbol{K}(1)+1} = \frac{c}{2c+1} \tag{4-89}$$

再利用式(4-82)计算 $\boldsymbol{u}(k)$，$k=0,1$。

$$\boldsymbol{u}(k) = -\boldsymbol{R}^{-1}(k)\boldsymbol{B}^{\mathrm{T}}(k)\boldsymbol{A}^{-\mathrm{T}}(k)[\boldsymbol{K}(k)-\boldsymbol{Q}(k)]\boldsymbol{X}(k) = -\boldsymbol{K}(k)\boldsymbol{X}(k)$$

$$\boldsymbol{u}(0) = -\boldsymbol{K}(0)\boldsymbol{x}(0) = -\frac{c}{2c+1}\boldsymbol{x}(0) \tag{4-90}$$

$$\boldsymbol{x}(1) = \boldsymbol{x}(0)+\boldsymbol{u}(0) = \frac{c+1}{2c+1}\boldsymbol{x}(0) \tag{4-91}$$

再计算 $\boldsymbol{u}(1)$

$$\boldsymbol{u}(1) = -\boldsymbol{K}(1)\boldsymbol{x}(1) = -\frac{c}{c+1}\boldsymbol{x}(1) = -\frac{c}{2c+1}\boldsymbol{x}(0) \tag{4-92}$$

4.6.2 离散系统的无限时间状态调节器

设线性定常离散系统的状态方程为

$$\boldsymbol{X}(k+1) = \boldsymbol{A}\boldsymbol{X}(k)+\boldsymbol{B}\boldsymbol{U}(k) \tag{4-93}$$

式中，$\boldsymbol{X}$ 为 n 维状态向量，$\boldsymbol{U}$ 为 m 维输入向量。二次型性能指标为

$$J = \sum_{k=0}^{\infty}[\boldsymbol{X}^{\mathrm{T}}(k)\boldsymbol{Q}\boldsymbol{X}(k) + \boldsymbol{U}^{\mathrm{T}}(k)\boldsymbol{R}\boldsymbol{U}(k)] \tag{4-94}$$

假设 $(\boldsymbol{A},\boldsymbol{B})$ 可控或可镇定，$\boldsymbol{R}$ 为对称正定的常数阵，$\boldsymbol{Q}$ 为对称正定的常数阵或为对称半正定常数阵，但 $(\boldsymbol{A},\boldsymbol{Q}_1)$ 可观测或可检测，式中，$\boldsymbol{Q}=\boldsymbol{Q}_1^{\mathrm{T}}\boldsymbol{Q}_1$。要求寻找最优

控制 $\boldsymbol{U}(k)$ 使 J 最小。

对于上面的问题,最优控制可以表示为

$$\boldsymbol{U}(k) = -\boldsymbol{L}\boldsymbol{X}(k) \tag{4-95}$$

式中,$\boldsymbol{L}$ 为 $m \times n$ 维的常数反馈增益阵,参考式(4-84),将时变阵换成常数阵,$\boldsymbol{L}$ 可表示为

$$\boldsymbol{L} = (\boldsymbol{R} + \boldsymbol{B}^{\mathrm{T}}\boldsymbol{K}\boldsymbol{B})^{-1}\boldsymbol{B}^{\mathrm{T}}KA \tag{4-96}$$

式中,$\boldsymbol{K}$ 为 $n \times n$ 维常数阵,是下面黎卡提代数方程的唯一对称正定解。在式(4-80)的黎卡提差分方程中,将时变阵换为常数阵,即可得出黎卡提代数方程为

$$-\boldsymbol{K} + \boldsymbol{Q} + \boldsymbol{A}^{\mathrm{T}}\boldsymbol{K}\boldsymbol{A} - \boldsymbol{A}^{\mathrm{T}}\boldsymbol{K}\boldsymbol{B}(\boldsymbol{R} + \boldsymbol{B}^{\mathrm{T}}\boldsymbol{K}\boldsymbol{B})^{-1}\boldsymbol{B}^{\mathrm{T}}\boldsymbol{K}\boldsymbol{A} = 0 \tag{4-97}$$

最优反馈控制系统为

$$\boldsymbol{X}(k+1) = [\boldsymbol{A} - \boldsymbol{B}\boldsymbol{L}]\boldsymbol{X}(k) \tag{4-98}$$

下面用例子来说明上述结果的应用。

例 4-6 系统的状态方程为

$$\begin{aligned} x_1(k+1) &= x_2(k) \\ x_2(k+1) &= x_2(k) + u(k) \end{aligned} \tag{4-99}$$

性能指标为

$$J = \sum_{k=0}^{\infty} [qx_1^2(k) + u^2(k)], \quad q > 0 \tag{4-100}$$

寻找最优控制使 J 最小。

解 由状态方程(4-99)和性能指标(4-100)可求得如下矩阵:

$$\boldsymbol{A} = \begin{bmatrix} 0 & 1 \\ 0 & 1 \end{bmatrix}, \quad \boldsymbol{B} = \begin{bmatrix} 0 \\ 1 \end{bmatrix}, \quad \boldsymbol{Q} = \begin{bmatrix} q & 0 \\ 0 & 0 \end{bmatrix}, \quad \boldsymbol{R} = \boldsymbol{1} \tag{4-101}$$

因 $[\boldsymbol{B}, \boldsymbol{A}\boldsymbol{B}] = \begin{bmatrix} 0 & 1 \\ 1 & 1 \end{bmatrix}$ 非奇异,所以系统可控。

当 $q > 0$,$\boldsymbol{Q}$ 为半正定,所以有如下分解:

$$\boldsymbol{Q} = \begin{bmatrix} q & 0 \\ 0 & 0 \end{bmatrix} = \begin{bmatrix} \sqrt{q} \\ 0 \end{bmatrix} [\sqrt{q} \quad 0]$$

即

$$\boldsymbol{Q}_1^{\mathrm{T}} = \begin{bmatrix} \sqrt{q} \\ 0 \end{bmatrix}$$

$$[\boldsymbol{Q}_1^{\mathrm{T}}\boldsymbol{A}^{\mathrm{T}}\boldsymbol{Q}_1^{\mathrm{T}}] = \begin{bmatrix} \sqrt{q} & 0 \\ 0 & \sqrt{q} \end{bmatrix} \tag{4-102}$$

式(4-102)非奇异,所以($\boldsymbol{A},\boldsymbol{Q}_1$)为可观测对,满足稳态状态调节器问题的条件。

令

$$\boldsymbol{K} = \begin{bmatrix} k_{11} & k_{12} \\ k_{21} & k_{22} \end{bmatrix}$$

黎卡提代数方程可写成

$$-\begin{bmatrix} k_{11} & k_{12} \\ k_{12} & k_{22} \end{bmatrix} + \begin{bmatrix} q & 0 \\ 0 & 0 \end{bmatrix} + \underbrace{\begin{bmatrix} 0 & 0 \\ 0 & k_{11}+2k_{12}+k_{22} \end{bmatrix}}_{\boldsymbol{A}^{\mathrm{T}}\boldsymbol{K}\boldsymbol{A}}$$

$$-\underbrace{\begin{bmatrix} 0 \\ k_{12}+k_{22} \end{bmatrix}}_{\boldsymbol{A}^{\mathrm{T}}\boldsymbol{K}\boldsymbol{B}} \underbrace{\frac{1}{1+k_{22}}}_{[\boldsymbol{R}+\boldsymbol{B}^{\mathrm{T}}\boldsymbol{K}\boldsymbol{B}]^{-1}} \underbrace{[0 \quad k_{12}+k_{22}]}_{\boldsymbol{B}^{\mathrm{T}}\boldsymbol{K}\boldsymbol{A}} = \begin{bmatrix} 0 & 0 \\ 0 & 0 \end{bmatrix}$$

由上式可解得

$$\boldsymbol{K} = \begin{bmatrix} k_{11} & k_{12} \\ k_{12} & k_{22} \end{bmatrix} = \begin{bmatrix} q & 0 \\ 0 & \frac{1}{2}\left(q+\sqrt{q^2+4q}\right) \end{bmatrix} \tag{4-103}$$

由式(4-95)、式(4-96)可得

$$\boldsymbol{U}(k) = -\boldsymbol{L}\boldsymbol{X}(k) = \frac{-1}{1+k_{22}}[0 \quad k_{12}+k_{22}]\begin{bmatrix} x_1(k) \\ x_2(k) \end{bmatrix}$$

$$= \frac{-(k_{12}+k_{22})}{1+k_{22}}x_2(k) = -\frac{q+\sqrt{q^2+4q}}{2+q+\sqrt{q^2+4q}}x_2(k)$$

最优反馈增益阵

$$\boldsymbol{L} = \begin{bmatrix} 0 & \frac{k_{12}+k_{22}}{1+k_{22}} \end{bmatrix}$$

闭环系统的系统矩阵为

$$\boldsymbol{A}_{CL} = \boldsymbol{A} - \boldsymbol{B}\boldsymbol{L} = \begin{bmatrix} 0 & 1 \\ 0 & 1 \end{bmatrix} - \begin{bmatrix} 0 \\ 1 \end{bmatrix}\begin{bmatrix} 0 & \frac{k_{12}+k_{22}}{1+k_{22}} \end{bmatrix} = \begin{bmatrix} 0 & 1 \\ 0 & \frac{1}{1+k_{22}} \end{bmatrix}$$

$$k_{22} = \frac{1}{2}\left(q+\sqrt{q^2+4q}\right)$$

闭环特征根为 $\lambda_1=0,\lambda_2=\frac{1}{1+k_{22}}$,闭环系统稳定。该最优二次型控制器的 MATLAB 程序如下所示,图 4-8 为系统阶跃响应曲线。

```
********************** MATLAB程序 **********************
q=1;A=[0 1;0 1];
B=[0;1];
C=eye(2);
D=[0;0];
Q=diag([q 0]);
R=1;
K=LQR(A,B,Q,R);
step(ss(A-B*K,B,C,D))
*****************************************
```

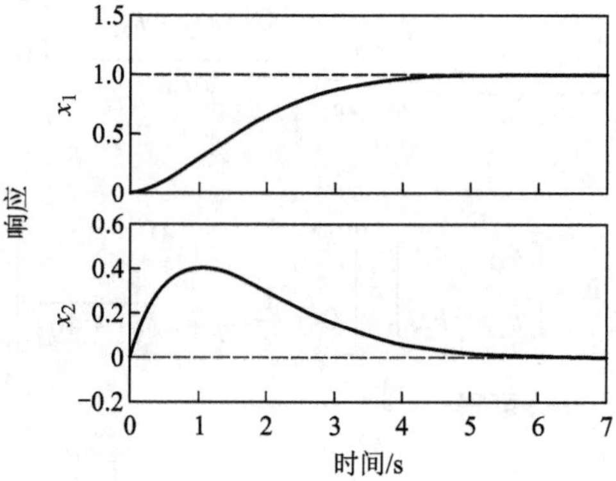

图 4-8 系统阶跃响应

4.7 小 结

(1) 本节讨论了线性系统二次型指标的最优控制问题,此时可实现线性最优反馈控制,控制量正比于状态变量,即 $\boldsymbol{U}(t)=-\boldsymbol{G}(t)\boldsymbol{X}(t)$,或 $\boldsymbol{U}(k)=-\boldsymbol{L}(k)\boldsymbol{X}(k)$。将这种线性二次型问题的最优控制与非线性系统的开环控制结合起来,可减少开环控制的误差。线性二次型问题的最优控制一般可分状态调节器问题和伺服跟踪问题两大类。

(2) 对于终端时刻 t_f 有限的连续系统状态调节器问题,要求加权阵 $\boldsymbol{P}$、$\boldsymbol{Q}$ 为对称半正定,$\boldsymbol{R}$ 为对称正定,但并不要求系统完全可控。此时最优控制可写成 $\boldsymbol{U}(t)=-\boldsymbol{R}^{-1}(t)\boldsymbol{B}^{\mathrm{T}}(t)\boldsymbol{K}(t)\boldsymbol{X}(t)=-\boldsymbol{G}(t)\boldsymbol{X}(t)$。$\boldsymbol{K}(t)$ 满足黎卡提矩阵微分方

程(4-14),终端条件 $\boldsymbol{K}(t_f)=\boldsymbol{P}$。从 t_f 到 t_0 逆向积分式(4-14)即可求得 $\boldsymbol{K}(t)$,积分方法建议采用变步长四阶龙格库塔法。对离散系统而言,有类似的结果,其离散最优控制 $\boldsymbol{U}(k)=-[\boldsymbol{R}(k)+\boldsymbol{B}^{\mathrm{T}}(k)\boldsymbol{K}(k+1)\boldsymbol{B}(k)]^{-1}\boldsymbol{B}^{\mathrm{T}}(k)\boldsymbol{K}(k+1)\cdot\boldsymbol{A}(k)$,$\boldsymbol{K}(k)$ 满足矩阵黎卡提差分方程。

(3) 当连续系统是定常的,t_f 为无限时,即所谓的无限时间状态调节器问题。此时附加条件是系统可控,或至少可镇定;$\boldsymbol{Q}$ 要正定,或 $\boldsymbol{Q}$ 半正定且 $(\boldsymbol{A},\boldsymbol{Q}_1)$ 可观测,至少可检测,$\boldsymbol{Q}=\boldsymbol{Q}_1^{\mathrm{T}}\boldsymbol{Q}_1$。满足这些条件后,$\boldsymbol{U}(t)=-\boldsymbol{R}^{-1}\boldsymbol{B}^{\mathrm{T}}\boldsymbol{K}\boldsymbol{X}(t)=-\boldsymbol{G}\boldsymbol{X}(t)$,$\boldsymbol{G}$ 为常数阵。$\boldsymbol{K}$ 满足代数黎卡提方程,可用牛顿迭代法求解。离散系统的无限时间状态调节器为 $\boldsymbol{U}(k)=-(\boldsymbol{R}+\boldsymbol{B}^{\mathrm{T}}\boldsymbol{K}\boldsymbol{B})^{-1}\boldsymbol{B}^{\mathrm{T}}\boldsymbol{K}\boldsymbol{A}\boldsymbol{X}(k)$,同样的,$\boldsymbol{K}$ 满足代数黎卡提方程(4-97)。

(4) 伺服跟踪问题的最优控制解法为 $\boldsymbol{U}(t)=-\boldsymbol{R}^{-1}(t)\boldsymbol{B}^{\mathrm{T}}(t)[\boldsymbol{K}(t)\boldsymbol{X}(t)-\boldsymbol{g}(t)]$,$\boldsymbol{K}(t)$ 和 $\boldsymbol{g}(t)$ 分别满足微分方程(4-62)和(4-63),终端条件为式(4-64)、式(4-65),即 $\boldsymbol{K}(t_f)=\boldsymbol{C}^{\mathrm{T}}(t_f)\boldsymbol{P}\boldsymbol{C}(t_f)$,$\boldsymbol{g}(t_f)=\boldsymbol{C}^{\mathrm{T}}(t_f)\boldsymbol{P}\boldsymbol{Z}(t_f)$,$\boldsymbol{Z}(t)$ 是理想输出。

习　题

1. 已知二阶系统的状态方程

$$\begin{cases}\dot{x}_1(t)=x_2(t)\\ \dot{x}_2(t)=u(t)\end{cases}$$

性能泛函

$$J=\frac{1}{2}[x_1^2(3)+2x_2^2(3)]+\frac{1}{2}\int_0^3\left[2x_1^2(t)+4x_2^2(t)+2x_1(t)x_2(t)+\frac{1}{2}u^2(t)\right]\mathrm{d}t$$

求最优控制。

2. $\min J=\int_0^{\infty}(x_2^2+0.1u^2)\mathrm{d}t$

$$\dot{x}_1=-x_1+u$$

$$\dot{x}_2=x_1$$

求最优控制。

3. 线性系统的状态方程　$\dot{x}(t)=-u(t)$,　$x(0)=1$,性能泛函为

$$J=\int_0^{\infty}(x^2(t)+u^2(t))\mathrm{d}t$$

求最优控制。

4. $\min J = \sum_{k=0}^{2}(x_k^2 + u_k^2)$

$$x_{k+1} = x_k + u_k$$

求最优控制。

5. 给定一阶系统 $\dot{x}(t) = u(t)$，$x(1) = 3$，性能泛函为

$$J = x^2(5) + \frac{1}{2}\int_0^5 u^2(t)\,dt$$

求最优控制 u^*，使 J 取极小值。

6. 对一维线性系统

$$x(k+1) = x(k) + 2u(k),\quad k = 0, 1, \cdots, N-1$$

$$J = x^2(N) + 4\beta\sum_{k=0}^{N-1}u^2(k),\quad \beta \text{ 为正常数}$$

求最优控制，使 J 取极小值。

第5章　动态规划

苏联学者庞特里亚金创立的极小值原理和美国学者贝尔曼提出的动态规划并称为最优控制理论的两大基石。通过前述章节可知,极小值原理能够涵盖变分法和线性二次型最优控制求解的本质,这体现了其作为理论基石所具有的重要作用。本章将阐述最优控制的另一理论基石——动态规划,其可以卓有成效地解决各种最优控制问题,并且与变分法、极小值原理和线性二次型最优控制有着非常密切的联系。

动态规划是研究决策过程最优化的一种方法。该方法最初应用于时间离散问题,即所谓的多级决策过程,随后基于哈密顿—雅可比理论推广至连续动态系统。时至今日,动态规划已广泛用于解决各种工程实际问题,如生产过程决策、投资问题,多级工艺设计,经济资源分配和复杂信息处理等。

本章首先从动态规划的经典问题——多级决策问题入手,介绍动态规划的基本思想,而后阐述动态规划理论中最为关键的最优性原理。在此基础上,展开讲解离散系统和连续系统的动态规划方法,其间着重从哈密顿—雅可比—贝尔曼(HJB)方程的角度分析动态规划与其他最优控制方法的紧密关系。

5.1　动态规划的基本思想

5.1.1　多级决策问题

本节介绍经典的动态规划问题——多级决策,通过如下例子展开论述。

设有人要从 A 站开车到 E 站,中间要经过任意 3 个中间站,站名如图 5-1 所示的圆圈内表示。站与站之间称为段,每段路程所需时间(小时)标在段上。需要确定如何选择路线才能最快到达目的地?

1. 穷举法

从 A 走到 E 共有六条路线,每条路线由四段组成,对应的行车时间如表 5-1 所列。

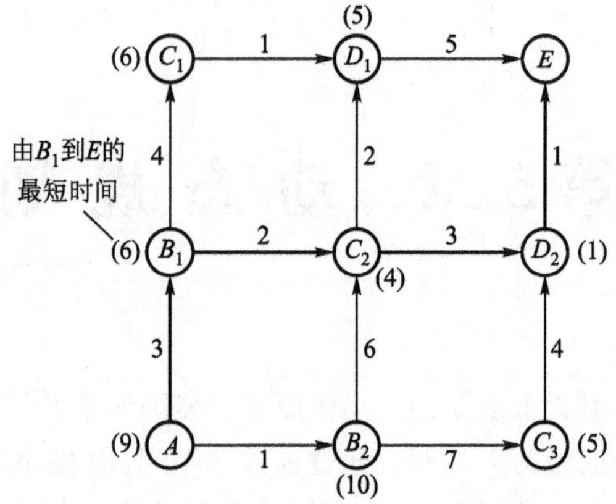

图 5-1 按最短时间的路径选择

表 5-1 路线同行车时间列表

路线	行车时间/h
$AB_2C_3D_2E$	13
$AB_2C_2D_2E$	11
$AB_2C_2D_1E$	14
$AB_1C_1D_1E$	13
$AB_1C_2D_1E$	12
$AB_1C_2D_2E$	9

显然,最优路线是 $AB_1C_2D_2E$,它所花时间为 9 小时。每条路线由四段组成,可以称为四级决策。为了计算每条路线所花时间,需要三次加法运算,计算六条路线时间要作 $3\times6=18$ 次运算。这种方法称为"穷举法"。当段数很多时,计算量相当大。穷举法的特点是从起点站往前进行,而且把这四级决策一起考虑。注意,从 A 到下一站 B_2所花的时间为 1,而到 B_1所花时间为 3,但最优路线却不经过 B_2。这说明仅仅根据下一步的"眼前利益"做出决策是没有意义的。

2. 动态规划法

相对于穷举法,动态规划有如下两个特点:一是它从最后一级反向计算;二是其将一个 N 级决策问题化为 N 个单级决策问题,即将一个复杂问题化为多个简单问题加以求解。为便于说明,引出如下术语:

- n 表示由某点到终点 E 的段数(如 C_2到 E 为 2 段)。

- x 表示当前所处点的位置(如 A,B_1,C_2),称为状态变量。
- $u_n(x)$为决策(控制)变量,它表示当处在 x 位置而还有 n 段要走时,所选取的下一点。例如,从 C_2出发,下一点为 D_2时,则表示为 $u_2(C_2)=D_2$。
- $T_n(x)$表示在位置 x,向终点还有 n 段要走时,由 x 到终点 E 的最短时间。例如,从 C_2到 E 的最短时间为 4,可表示为 $T_2(C_2)=4$。
- $t_n(x,u_n)$表示从 x 点到 $u_n(x)$点时间。例如,从 C_2到 D_2时间为 $t_n(C_2,D_2)=3$。

从最后一段开始反向计算,并将 $T_n(x)$表示在相应的点 x 处(图 5-1)。

(1) $n=1$(倒数第一段):

考虑从 D_1和 D_2到 E 的路线,由定义可知,最短时间分别为

$$T_1(D_1)=5 \qquad T_1(D_2)=1$$

(2) $n=2$(倒数第二段):

考虑从 C_1、C_2或 C_3到 E 的路线。

由 C_1到 E 只有一种路线 C_1D_1E,其时间为 $T_2(C_1)=1+5=6$。

由 C_2到 E 有路线 C_2D_1E 或 C_2D_2E,两种路线中的最短时间由下式确定:

$$T_2(C_2)=\min_{D_1,D_2}\begin{Bmatrix} t(C_2,D_1)+T_1(D_1) \\ t(C_2,D_2)+T_1(D_2) \end{Bmatrix}=\min\begin{Bmatrix} 2+5 \\ 3+1 \end{Bmatrix}=4$$

最优决策为 $u_2(C_2)=D_2$。

由 C_3到 E 只有一种路线 C_3D_2E,其时间为 $T_2(C_3)=4+1=5$。

(3) $n=3$(倒数第三段):

考虑从 B_1或 B_2到 E 的路线。

由 B_1到 E 有路线 B_1C_1E 和 B_1C_2E。最短时间为

$$T_3(B_1)=\min_{C_1,C_2}\begin{Bmatrix} t(B_1,C_1)+T_2(C_1) \\ t(B_1,C_2)+T_2(C_2) \end{Bmatrix}=\min\begin{Bmatrix} 4+6 \\ 2+4 \end{Bmatrix}=6$$

最优决策 $u_3(B_1)=C_2$。

由 B_2到 E 有路线 B_2C_3E 和 B_2C_2E。最短时间为

$$T_3(B_2)=\min_{C_2,C_3}\begin{Bmatrix} t(B_2,C_3)+T_2(C_3) \\ t(B_2,C_2)+T_2(C_2) \end{Bmatrix}=\min\begin{Bmatrix} 7+5 \\ 6+4 \end{Bmatrix}=10$$

最优决策为 $u_3(B_2)=C_2$。

(4) $n=4$(倒数第四段):

从 A 到 E 的路线有 AB_1E 和 AB_2E。最短时间为

$$T_4(A)=\min_{B_1,B_2}\begin{Bmatrix}t(A,B_1)+T_3(B_1)\\t(A,B_2)+T_3(B_2)\end{Bmatrix}=\min\begin{Bmatrix}3+6\\1+10\end{Bmatrix}=9$$

最优决策为 $u_4(A)=B_1$。

至此已求出从 A 到 E 的最短时间为 9，最优路线为 $AB_1C_2D_2E$，在图 5－1 中用粗线表示。这里，为确定最优路线共进行了 10 次加法，比穷举法的 18 次少了 8 次。从上面求解过程可看出 n 段与 $n-1$ 段有如下关系：

$$T_n(x)=\min_{u_n(x)}\{t[x,u_n(x)]+T_{n-1}[u_n(x)]\} \tag{5-1}$$

$$T_1(x)=t_1(x,E)\text{（表示最后一级）}$$

式(5－1)称为函数方程。从函数方程可见，决策 $u_n(x)$ 对下一步有如下两个影响：其一是影响下一段时间 t(眼前利益)；其二是影响以后 $n-1$ 段的 T_{n-1}(未来利益)。动态规划可将眼前利益和未来利益相分离并取得整体最优是最优性原理保证的。

5.1.2 动态规划的基本原理——最优性原理

如 5.1.1 小节所述，动态规划可将眼前利益和未来利益相分离并取得整体最优，是最优性原理保证的，该原理的具体表述如下：

> "一个多级决策问题的最优决策具有这样的性质：当把其中任何一级及其状态作为初始级和初始状态时，则不管初始状态是什么，达到这个初始状态的决策是什么，余下的决策对此初始状态必定构成最优策略。"

以上面的最短时间问题为例，如把 C_2 当做初始状态，则余下的决策 C_2D_2E 对 C_2 来讲是最优策略；如把 B_1 当做初始状态，则余下的决策 $B_1C_2D_2E$ 对 B_1 来讲也构成最优策略。一般来说，如果最优过程用状态 $x_0,x_1,\cdots,x_N$ 来表示，最优决策为 $u_0,u_1,\cdots,u_{N-1}$，则对状态 x_k 来讲，$u_k,u_{k+1},\cdots,u_{N-1}$ 必定是最优的，这可用图 5－2 来表示。

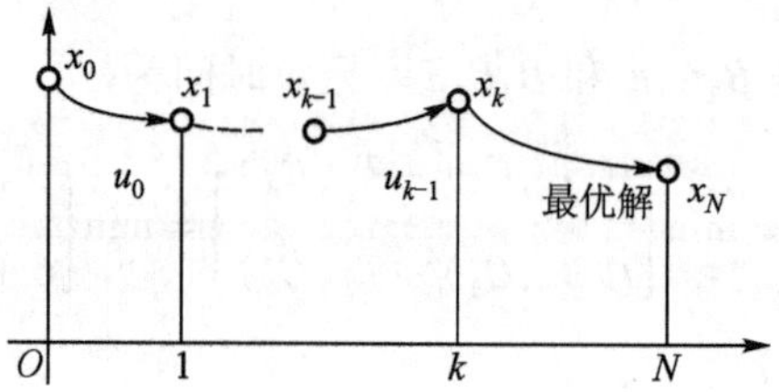

图 5－2 最优性原理示意图

在多数实际问题中，N 级决策的性能指标 J 取如下形式：

$$J_N = \sum_{k=0}^{N-1} F(x_k, u_k)$$

式中，$F(\cdot,\cdot)$是由某级状态和决策决定的性能函数，要求寻找决策 $u_0, u_1, \cdots, u_{N-1}$使 J 取极小值 J_N^*。最优性原理可表示为

$$\begin{aligned} J_N^* &= \min_{u_0,\cdots,u_{N-1}} \{F(x_0,u_0) + F(x_1,u_1) + \cdots + F(x_{N-1},u_{N-1})\} \\ &= \min_{u_0} \{F(x_0,u_0) + \min_{u_1,\cdots,u_{N-1}} [F(x_1,u_1) + \cdots + F(x_{N-1},u_{N-1})]\} \\ &= \min_{u_0} \{F(x_0,u_0) + J_{N-1}^*\} \end{aligned} \tag{5-2}$$

式(5-2)可以表征最优性原理的正确性。若以 x_1 为初态时，余下决策 $u_1, \cdots, u_{N-1}$不是最优的，那么就存在另一决策序列 $u'_1, \cdots, u'_{N-1}$对应的指标值 $J'_{N-1} < J_{N-1}^*$，于是

$$J_N^* = \min_{u_0} \{F(x_0,u_0) + J_{N-1}^*\} > J'_N = \min_{u_0} \{F(x_0,u_0) + J'_{N-1}\}$$

这与 J_N^* 是极小值发生矛盾，所以余下的决策必定是最优的。

式(5-1)的函数方程与式(5-2)所表示的最优性原理一致，仅是表示方法不同。式(5-1)中 $u_n(x)$的下标 n 表示距离终点的级数，式(5-2)中 u_k的下标 k 表示距离起点的级数。将式(5-2)进一步分解为

$$\min_{u_0,\cdots,u_{N-1}} J_N = \min_{u_0} [F(x_0,u_0) + \min_{u_1} [F(x_1,u_1) + \cdots + \min_{u_{N-1}} [F(x_{N-1},u_{N-1})]]] \tag{5-3}$$

由式(5-3)可见，最优化的过程是从最里面的方括号开始向外逐步扩展的，即寻找最优控制的次序是 $u_{N-1}, u_{N-2}, \cdots u_1, u_0$。因此根据最优性原理，动态规划是从最后一级倒退计算的。

5.2　离散系统的动态规划方法

离散系统的状态方程为

$$\boldsymbol{x}(k+1) = \boldsymbol{f}[\boldsymbol{x}(k), \boldsymbol{u}(k)] \qquad k = 0, 1, \cdots, N-1 \tag{5-4}$$

性能指标为

$$J = \sum_{k=0}^{N-1} J_k[\boldsymbol{x}(k), \boldsymbol{u}(k)] \tag{5-5}$$

利用动态规划方法寻找最优控制 $\boldsymbol{u}(0), \boldsymbol{u}(1), \cdots, \boldsymbol{u}(N-1)$使 J 最小。

根据递推方程(5－2),从最后一步开始逐步求出 $\boldsymbol{u}(N-1),\boldsymbol{u}(N-2),\cdots,\boldsymbol{u}(0)$。下面通过具体的例子来说明求解过程。

例 5－1 系统方程为

$$x(k+1)=x(k)+u(k) \quad x(0)\text{给定} \tag{5-6}$$

$$J=\frac{1}{2}cx^2(2)+\frac{1}{2}\sum_{k=0}^{1}u^2(k) \tag{5-7}$$

要求用动态规划寻找最优控制序列 $u(0),u(1)$ 使 J 最小。

解 先考虑最后一步,即从 $x(1)$ 到 $x(2)$。由式(5－6)、式(5－7)得

$$x(2)=x(1)+u(1)$$

$$J_1=\frac{1}{2}cx^2(2)+\frac{1}{2}u^2(1)=\frac{1}{2}c[x(1)+u(1)]^2+\frac{1}{2}u^2(1)$$

求 $u(1)$ 使 J_1 最小,得

$$\frac{\partial J_1}{\partial u(1)}=c[x(1)+u(1)]+u(1)=0$$

$$u(1)=-\frac{cx(1)}{1+c}$$

将 $u(1)$ 代入 J_1 和 $x(2)$ 得对应于上面最优控制的性能指标与最优状态转移为

$$J_1^*=\frac{c}{2}\cdot\frac{x^2(1)}{1+c} \tag{5-8}$$

$$x(2)=\frac{x(1)}{1+c} \tag{5-9}$$

再考虑倒数第二步,即从 $x(0)$ 到 $x(1)$,有

$$x(1)=x(0)+u(0)$$

$$J=J_0+J_1^*=\frac{1}{2}u^2(0)+\frac{c}{2}\cdot\frac{x^2(1)}{1+c}=\frac{1}{2}u^2(0)+\frac{c}{2(1+c)}[x(0)+u(0)]^2$$

求 $u(0)$ 使 J 最小,可得

$$\frac{\partial J}{\partial u(0)}=u(0)+\frac{c}{1+c}[x(0)+u(0)]=0$$

$$u(0)=-\frac{cx(0)}{1+2c}$$

于是,最优性能指标与最优状态转移为

$$J^*=\frac{cx^2(0)}{2(1+2c)} \tag{5-10}$$

$$x(1)=x(0)+u(0)=\frac{1+c}{1+2c}x(0) \tag{5-11}$$

5.3 连续系统的动态规划方法

5.3.1 HJB 方程

连续系统动态规划的基本方程即为著名的**哈密顿—雅可比—贝尔曼方程**,即

$$-\frac{\partial V}{\partial t}=\min_{u\in\Omega}H\left(\boldsymbol{X},\boldsymbol{U},\frac{\partial V}{\partial \boldsymbol{X}},t\right)=H^*\left(\boldsymbol{X},\boldsymbol{U},\frac{\partial V}{\partial \boldsymbol{X}},t\right) \tag{5-12}$$

其为连续系统性能指标泛函取极值的充分条件。下面根据最优性原理,简述 HJB 方程的推导过程。

设连续系统的状态方程和性能指标为

$$\dot{\boldsymbol{X}}=\boldsymbol{f}(t,\boldsymbol{X},\boldsymbol{U}) \qquad \boldsymbol{X}(t_0)=\boldsymbol{X}_0 \tag{5-13}$$

$$J=\phi[\boldsymbol{X}(t_f),t_f]+\int_{t_0}^{t_f}F(\boldsymbol{X},\boldsymbol{U},t)\,\mathrm{d}t \tag{5-14}$$

式中,控制向量 $\boldsymbol{U}$ 受约束,写成 $\boldsymbol{U}\in\Omega$,Ω 为某一闭集。要求寻找满足此约束且使 J 最小的最优控制 $\boldsymbol{U}$。

设时间 t 在区间$[t_0,t_f]$内,将 t 到 t_f 这一段过程的最优指标写成 $V(\boldsymbol{X},t)$,则

$$V(\boldsymbol{X},t)\triangleq J^*(\boldsymbol{X},t)=\min_{u\in\Omega}\left\{\phi[\boldsymbol{X}(t_f),t_f]+\int_t^{t_f}F(\boldsymbol{X},\boldsymbol{U},\tau)\,\mathrm{d}\tau\right\} \tag{5-15}$$

显然,$V(\boldsymbol{X},t)$ 是最优过程且满足终端条件

$$V[\boldsymbol{X}(t_f),t_f]=\phi[\boldsymbol{X}(t_f),t_f] \tag{5-16}$$

通常假定 $V(\boldsymbol{X},t)$ 对 $\boldsymbol{X}$ 及 t 的二阶偏导数存在且有界。

现在考虑系统从 t 出发,到 t_f 分如下两步走:第一步从 t 到 $t+\Delta t$,第二步从 $t+\Delta t$ 到 t_f,Δt 是小量,则

$$V(\boldsymbol{X},t)=\min_{u\in\Omega}\left\{\phi[\boldsymbol{X}(t_f,t_f)]+\int_t^{t+\Delta t}F(\boldsymbol{X},\boldsymbol{U},\tau)\,\mathrm{d}\tau+\int_{t+\Delta t}^{t_f}F(\boldsymbol{X},\boldsymbol{U},\tau)\,\mathrm{d}\tau\right\} \tag{5-17}$$

根据最优性原理,从 $t+\Delta t$ 到 t_f 也应是最优过程。因为 $\boldsymbol{X}(t+\Delta t)\approx\boldsymbol{X}+\dot{\boldsymbol{X}}\Delta t$,所以

$$V(\boldsymbol{X}+\dot{\boldsymbol{X}}\Delta t,t+\Delta t)=\min_{u\in\Omega}\left\{\phi[\boldsymbol{X}(t_f),t_f]+\int_{t+\Delta t}^{t_f}F(\boldsymbol{X},\boldsymbol{U},\tau)\,\mathrm{d}\tau\right\}$$

进而,式(5-17)可写成

$$\begin{aligned}V(\boldsymbol{X},t) &= \min_{u\in\Omega}\{F(\boldsymbol{X},\boldsymbol{U},t)\Delta t + V(\boldsymbol{X}+\dot{\boldsymbol{X}}\Delta t,\ t+\Delta t)\}\\ &= \min_{u\in\Omega}\left\{F(\boldsymbol{X},\boldsymbol{U},t)\Delta t + V(\boldsymbol{X},t) + \left(\frac{\partial V}{\partial \boldsymbol{X}}\right)^{\mathrm{T}}\Delta\boldsymbol{X} + \frac{\partial V}{\partial t}\Delta t + O(\Delta t^2)\right\}\end{aligned} \tag{5-18}$$

注意,$\Delta\boldsymbol{X}=\dot{\boldsymbol{X}}\Delta t=\boldsymbol{f}(\boldsymbol{X},\boldsymbol{U},t)\Delta t$,式(5-18)右边括号中 $V(\boldsymbol{X},\ t)$ 表示最优指标,式中,$\boldsymbol{U}$ 为最优控制,不需再选择,$\frac{\partial V}{\partial t}\Delta t$ 也与 $\boldsymbol{U}$ 选择无关,所以

$$V(\boldsymbol{X},t) = \min_{u\in\Omega}\left\{F(\boldsymbol{X},\boldsymbol{U},t)\Delta t + \left(\frac{\partial V}{\partial \boldsymbol{X}}\right)^{\mathrm{T}}\boldsymbol{f}(\boldsymbol{X},\boldsymbol{U},t)\Delta t\right\} + V(\boldsymbol{X},t) + \frac{\partial V}{\partial t}\Delta t + O(\Delta t^2)$$

从上式两端消去 $V(\boldsymbol{X},\ t)$,并除以 Δt,再令 $\Delta t\to 0$,可得

$$-\frac{\partial V}{\partial t} = \min_{u\in\Omega}\left\{F(\boldsymbol{X},\boldsymbol{U},t) + \left(\frac{\partial V}{\partial \boldsymbol{X}}\right)^{\mathrm{T}}\boldsymbol{f}(\boldsymbol{X},\boldsymbol{U},t)\right\} \tag{5-19}$$

引用如下哈密顿函数定义:

$$H(\boldsymbol{X},\boldsymbol{U},\boldsymbol{\lambda},t) = F(\boldsymbol{X},\boldsymbol{U},t) + \boldsymbol{\lambda}^{\mathrm{T}}\boldsymbol{f}(\boldsymbol{X},\boldsymbol{U},t) \tag{5-20}$$

$$\boldsymbol{\lambda} = \frac{\partial V}{\partial \boldsymbol{X}} \tag{5-21}$$

可得到式(5-12)所示的哈密顿—雅可比—贝尔曼方程,边界条件是式(5-16)。

哈密顿—雅可比—贝尔曼方程在理论上很有价值,但它是 $V(\boldsymbol{X},t)$ 的一阶偏微分方程并带有取极小的运算,因此求解是非常困难的,只能用计算机求数值解。对于线性二次问题,可以得到解析解,而且求解结果与用极小值原理或变分法所得结果相同。这时,哈密顿—雅可比—贝尔曼方程可归结为黎卡提方程。在实际计算线性二次问题时,一般直接求解黎卡提方程来求最优控制。

例 5-2 混沌系统的状态方程为

$$\begin{cases}\dot{x}_1 = x_2\\ \dot{x}_2 = x_3\\ \dot{x}_3 = -ax_3 - x_2 + b - e^{x_1}\end{cases} \tag{5-22}$$

当参数 $a=0.7$,$b=2.5$ 时,该系统处于混沌状态。采用动态规划方法,将该系统从任意初始点 $\boldsymbol{X}^0=[x_1^0\quad x_2^0\quad x_3^0]^{\mathrm{T}}$ 稳定到任意给定的目标点 $\boldsymbol{X}^*=[x_1^*\quad x_2^*\quad x_3^*]^{\mathrm{T}}$。

解 控制器分成前馈控制 $\boldsymbol{u}^*=[u_1^*\quad u_2^*\quad u_3^*]^{\mathrm{T}}$ 和反馈控制 $\boldsymbol{u}=[u_1\quad u_2\quad u_3]^{\mathrm{T}}$ 两部分,则混沌系统变为

$$\begin{cases}\dot{x}_1 = x_2 + u_1^* + u_1\\ \dot{x}_2 = x_3 + u_2^* + u_2\\ \dot{x}_3 = -ax_3 - x_2 + b - e^{x_1} + u_3^* + u_3\end{cases} \tag{5-23}$$

式中，前馈控制为

$$\begin{cases} u_1^* = -x_2^* \\ u_2^* = -x_3^* \\ u_3^* = -b + e^{x_1} + ax_3^* + x_2^* \end{cases} \tag{5-24}$$

则受控系统(5-23)变为

$$\begin{cases} \dot{x}_1 = x_2 - x_2^* + u_1 \\ \dot{x}_2 = x_3 - x_3^* + u_2 \\ \dot{x}_3 = -a(x_3 - x_3^*) - (x_2 - x_2^*) + u_3 \end{cases} \tag{5-25}$$

下面确定最优控制 $\boldsymbol{u}$，将系统从任意初始值 $\boldsymbol{X}^0$ 控制到目标点 $\boldsymbol{X}^*$。

定义

$$J(x,t) = \int_t^{\infty} [\boldsymbol{Y}^{\mathrm{T}}\boldsymbol{QY} + m(x_3 - x_3^*)^2 + r_1u_1^2 + r_2u_2^2 + r_3u_3^2]\mathrm{d}\tau \tag{5-26}$$

式中，$\boldsymbol{Y} = \begin{bmatrix} x_1 - x_1^* \\ x_2 - x_2^* \end{bmatrix}$，$\boldsymbol{Q} = \begin{bmatrix} q_{11} & q_{12} \\ q_{21} & q_{22} \end{bmatrix}$为正定对称矩阵，$m, r_1, r_2, r_3$是正常数。并记

$$\omega = \boldsymbol{Y}^{\mathrm{T}}\boldsymbol{QY} + m(x_3 - x_3^*)^2 + r_1u_1^2 + r_2u_2^2 + r_3u_3^2 \tag{5-27}$$

显然 ω 正定。根据动态规划原理，如果某控制器 $\boldsymbol{u}^0$ 为最优控制器，则式(5-26)的最小值存在，设为

$$V(\boldsymbol{X},t) = \min_{u \in \Omega} J(\boldsymbol{X},t) \tag{5-28}$$

式中，Ω 为某一闭集。$V(\boldsymbol{X},t)$应该满足哈密顿—雅可比—贝尔曼方程，即

$$\min_{u \in \Omega}\left(\frac{\mathrm{d}V}{\mathrm{d}t} + \omega\right) = 0 \tag{5-29}$$

构造函数 $V(\boldsymbol{X},t)$

$$V(\boldsymbol{X},t) = \boldsymbol{Y}^{\mathrm{T}}\boldsymbol{MY} + c(x_3 - x_3^*)^2 \tag{5-30}$$

由式(5-25)，式(5-30)，得

$$\begin{aligned} \min_{u \in \Omega}(\mathrm{d}V(\boldsymbol{X},t)/\mathrm{d}t + \omega) = \min_{u \in \Omega}\{ & 2s_{11}(x_1 - x_1^*)[(x_2 - x_2^*) + u_1] \\ & + 2s_{12}(x_2 - x_2^*)[(x_2 - x_2^*) + u_1] \\ & + 2s_{12}(x_1 - x_1^*)[(x_3 - x_3^*) + u_2] \\ & + 2s_{22}(x_2 - x_2^*)[(x_3 - x_3^*) + u_2] \\ & + 2c(x_3 - x_3^*)[-a(x_3 - x_3^*) - (x_2 - x_2^*) + u_3] \\ & + \omega\} = 0 \end{aligned} \tag{5-31}$$

由$\frac{\partial}{\partial u_i}\left(\frac{\mathrm{d}V(\boldsymbol{X},t)}{\mathrm{d}t}+\omega\right)=0, i=1,2,3$,可得最优控制器为

$$\begin{cases} u_1^0 = -\frac{m_{11}}{r_1}(x_1 - x_1^*) - \frac{m_{12}}{r_1}(x_2 - x_2^*) \\ u_2^0 = -\frac{m_{12}}{r_2}(x_1 - x_1^*) - \frac{m_{22}}{r_2}(x_2 - x_2^*) \\ u_3^0 = -\frac{c}{r_3}(x_3 - x_3^*) \end{cases} \tag{5-32}$$

将式(5-31)代入式(5-32),比较等式两边的系数得

$$m_{12}=0, m_{22}=c, q_{11}-\frac{m_{11}^2}{r_1}=0, q_{22}-\frac{m_{22}^2}{r_2}=0, m-2ac-\frac{c^2}{r_3}=0, m_{11}+q_{12}=0 \tag{5-33}$$

采用四阶 Runge-Kutta 方法求解微分方程,上述问题可采用 MATLAB 求得数值解,在仿真中,取 $q_{12}=-1, c=1, m=3, q_{11}=1, q_{22}=1$。

代码如下:

```
*************** MATLAB 程序 ************
h=0.2;
t=1:51
y1=zeros(size(t));
y2=zeros(size(t));
y3=zeros(size(t));
m1=0.5;
m2=0.8;
m3=0;
y1(1)=m1;
y2(1)=m2;
y3(1)=m3;
n1=1;
n2=1.5;
n3=2;
for t=2:51
        k11=m2-n2-(m1-n1);
        k21=m3-n3-(m2-n2);
        k31=-2.1*(m3-n3)-(m2-n2);
        k12=m2+0.5*k21*h-n2-(m1+0.5*k11*h-n1);
```

```
        k22 = m3 + 0.5 * k31 * h - n3 - (m2 + 0.5 * k21 * h - n2);
        k32 = -2.1 * (m3 + 0.5 * k31 * h - n3) - (m2 + 0.5 * k21 * h - n2);
        k13 = m2 + 0.5 * k22 * h - n2 - (m1 + 0.5 * k12 * h - n1);
        k23 = m3 + 0.5 * k32 * h - n3 - (m2 + 0.5 * k22 * h - n2);
        k33 = -2.1 * (m3 + 0.5 * k32 * h - n3) - (m2 + 0.5 * k22 * h - n2);
        k14 = m2 + k23 * h - n2 - (m1 + k13 * h - n1);
        k24 = m3 + k33 * h - n3 - (m2 + k23 * h - n2);
        k34 = -2.1 * (m3 + k33 * h - n3) - (m2 + k23 * h - n2);
        y1(t) = m1 + h/6 * (k11 + 2 * k12 + 2 * k13 + k14);
        y2(t) = m2 + h/6 * (k21 + 2 * k22 + 2 * k23 + k24);
        y3(t) = m3 + h/6 * (k31 + 2 * k32 + 2 * k33 + k34);
        m1 = y1(t);
        m2 = y2(t);
        m3 = y3(t);
end
t = 0:50;
figure(1);
plot(t,y1);
hold on
plot(t,y2,'+ -');
hold on
plot(t,y3,'. -');
legend('x1','x2','x3');
********************************************
```

系统的状态响应如图 5-3 所示。

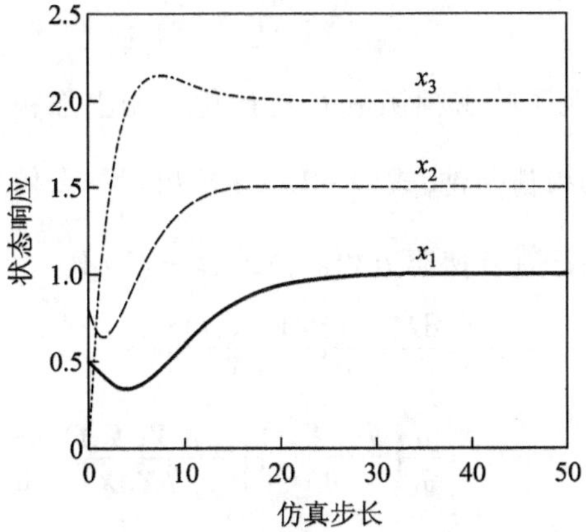

图 5-3 混沌系统的状态响应

5.3.2 HJB方程与极小值原理

动态规划和极小值原理都可以解决有约束的最优控制问题,虽然形式和解题方法不同,却存在内在的联系。本节从动态规划的角度推演极小值原理,不过要说明推演假设最优指标 $V(\boldsymbol{X},t)$ 对 $\boldsymbol{X}$ 和 t 二次连续可微。

连续系统状态方程为

$$\dot{\boldsymbol{X}}=\boldsymbol{f}(\boldsymbol{X},\boldsymbol{U},t) \quad \boldsymbol{X}(t_0)=\boldsymbol{X}_0 \tag{5-34}$$

要求确定 $\boldsymbol{U}(t)$ 使性能指标

$$J=\phi[\boldsymbol{X}(t_f),t_f]+\int_{t_0}^{t_f}F(\boldsymbol{X},\boldsymbol{U},t)\,\mathrm{d}t \tag{5-35}$$

极小。式中,t_0,t_f 固定,$\boldsymbol{X}(t_f)$ 自由,$\boldsymbol{U}$ 可以有约束,也可以没有。

用动态规划求解的结果已在5.3.1小节中得到。

因为考虑 t_f 固定的情况,所以不需最优终端时刻条件;$\boldsymbol{X}(t_f)$ 自由,所以无终端约束方程 $\boldsymbol{G}\lfloor\boldsymbol{X}(t_f)\rfloor=0$。利用极小值原理获得最优解的条件如下,以便对照:

$$\dot{\boldsymbol{X}}=\frac{\partial H}{\partial\boldsymbol{\lambda}} \quad （状态方程） \tag{5-36}$$

$$\dot{\boldsymbol{\lambda}}=-\frac{\partial H}{\partial\boldsymbol{X}} \quad （协态方程） \tag{5-37}$$

$$\boldsymbol{X}(t_0)=\boldsymbol{X}_0 \quad （边界方程） \tag{5-38}$$

$$\boldsymbol{\lambda}(t_f)=\frac{\partial\phi}{\partial\boldsymbol{X}(t_f)} \quad （横截条件） \tag{5-39}$$

$$\min_{u\in\Omega}H(\boldsymbol{X}^*,\boldsymbol{\lambda}^*,\boldsymbol{U},t)=H(\boldsymbol{X}^*,\boldsymbol{\lambda}^*,\boldsymbol{U}^*,t) \quad （极值条件） \tag{5-40}$$

在动态规划中协态变量 $\boldsymbol{\lambda}$ 满足

$$\boldsymbol{\lambda}=\frac{\partial V}{\partial\boldsymbol{X}}$$

HJB方程(5-12)说明了哈密顿函数 H 在最优控制上取极值的条件,所以等同于极小值原理所得的极值条件,式(5-12)多给出了一点信息,即 $H^*=-\dfrac{\partial V}{\partial t}$。

下面由动态规划法推导协态方程。由式(5-21)有

$$\begin{aligned}\dot{\boldsymbol{\lambda}}&=\frac{\mathrm{d}\boldsymbol{\lambda}}{\mathrm{d}t}=\frac{\mathrm{d}}{\mathrm{d}t}\left[\frac{\partial V(\boldsymbol{X},t)}{\partial\boldsymbol{X}}\right]\\&=\frac{\partial}{\partial t}\left[\frac{\partial V(\boldsymbol{X},t)}{\partial\boldsymbol{X}}\right]+\frac{\partial^2V(\boldsymbol{X},t)}{\partial\boldsymbol{X}\partial\boldsymbol{X}^{\mathrm{T}}}\frac{\mathrm{d}x}{\mathrm{d}t}\end{aligned}$$

因假设 $V(\boldsymbol{X},t)$ 对 $\boldsymbol{X}$,t 两次连续可微,故上式成立,且可交换求导次序,得

$$\begin{aligned}\dot{\boldsymbol{\lambda}} &= \frac{\partial}{\partial \boldsymbol{X}}\left[\frac{\partial V(\boldsymbol{X},t)}{\partial t}\right] + \frac{\partial^2 V(\boldsymbol{X},t)}{\partial \boldsymbol{X}\partial \boldsymbol{X}^{\mathrm{T}}}\boldsymbol{f}(\boldsymbol{X},\boldsymbol{U},t)\\ &= -\frac{\partial}{\partial \boldsymbol{X}}\left[F(\boldsymbol{X},\boldsymbol{U},t) + \left(\frac{\partial V}{\partial \boldsymbol{X}}\right)^{\mathrm{T}}\cdot \boldsymbol{f}(\boldsymbol{X},\boldsymbol{U},t)\right] + \frac{\partial^2 V(\boldsymbol{X},t)}{\partial \boldsymbol{X}\partial \boldsymbol{X}^{\mathrm{T}}}\boldsymbol{f}(\boldsymbol{X},\boldsymbol{U},t)\\ &= -\left[\frac{\partial F}{\partial \boldsymbol{X}} + \left(\frac{\partial V}{\partial \boldsymbol{X}}\right)^{\mathrm{T}}\frac{\partial \boldsymbol{f}}{\partial \boldsymbol{X}}\right]\\ &= -\frac{\partial}{\partial \boldsymbol{X}}\left[F + \left(\frac{\partial V}{\partial \boldsymbol{X}}\right)^{\mathrm{T}}\boldsymbol{f}\right]\\ &= -\frac{\partial H}{\partial \boldsymbol{X}}\end{aligned}$$

即协态方程(5－37)(因都是最优解条件,所以省去 * 号)。由式(5－16)和式(5－21)再来推导横截条件

$$\boldsymbol{\lambda}(t_{\mathrm{f}}) = \frac{\partial V[\boldsymbol{X}(t_{\mathrm{f}}),t_{\mathrm{f}}]}{\partial \boldsymbol{X}(t_{\mathrm{f}})} = \frac{\partial \phi[\boldsymbol{X}(t_{\mathrm{f}}),t_{\mathrm{f}}]}{\partial \boldsymbol{X}(t_{\mathrm{f}})}$$

即横截条件(5－39)。其他条件如状态方程和初始条件都是给定的。所以由动态规划推出了极小值原理的全部条件。应该强调,这不是说用动态规划可证明极小值原理。因为上述推导需 $V(\boldsymbol{X},t)$ 对 $\boldsymbol{X}$ 和 t 二次连续可微,而极小值原理证明不需该条件。

5.3.3 HJB 方程与 LQR 设计问题

有限时间连续 LQR 问题的时变情况可写为

$$\min_{U} J = \frac{1}{2}\boldsymbol{X}^{\mathrm{T}}(t_{\mathrm{f}})\boldsymbol{S}\boldsymbol{X}(t_{\mathrm{f}}) + \frac{1}{2}\int_{t_0}^{t_{\mathrm{f}}}[\boldsymbol{X}^{\mathrm{T}}(t)\boldsymbol{Q}(t)\boldsymbol{X}(t) + \boldsymbol{U}^{\mathrm{T}}(t)\boldsymbol{R}(t)\boldsymbol{U}(t)]\mathrm{d}t \tag{5-41}$$

$$\text{s. t.}\quad \dot{\boldsymbol{X}}(t) = \boldsymbol{A}(t)\boldsymbol{X}(t) + \boldsymbol{B}(t)\boldsymbol{U}(t),\boldsymbol{X}(t_0) = \boldsymbol{X}_0$$

式中,t_0,t_{f}固定。针对式(5－41),写出 HJB 方程

$$-\frac{\partial V(\boldsymbol{X},t)}{\partial t} = \min_{U}\left\{\frac{1}{2}\boldsymbol{X}^{\mathrm{T}}(t)\boldsymbol{Q}(t)\boldsymbol{X}(t) + \frac{1}{2}\boldsymbol{U}^{\mathrm{T}}(t)\boldsymbol{R}(t)\boldsymbol{U}(t) + \left[\frac{\partial V(\boldsymbol{X},t)}{\partial x}\right]^{\mathrm{T}}[\boldsymbol{A}(t)\boldsymbol{X}(t) + \boldsymbol{B}(t)\boldsymbol{U}(t)]\right\} \tag{5-42}$$

令 $V(\boldsymbol{X},t) = \frac{1}{2}\boldsymbol{X}^{\mathrm{T}}(t)\boldsymbol{P}(t)\boldsymbol{X}(t)$,即 $V(\boldsymbol{X},t)$ 为二次型,并设 $\boldsymbol{P}(t)$ 对称、半正定。需要指出在以下的推导中,要找到这个假定的依据,使因果关系前后不矛盾。

因为已令 $V(\boldsymbol{X},t) = \frac{1}{2}\boldsymbol{X}^{\mathrm{T}}(t)\boldsymbol{P}(t)\boldsymbol{X}(t)$,代入式(5－42),得

$$-\frac{\partial}{\partial t}\left[\frac{1}{2}\boldsymbol{X}^{\mathrm{T}}(t)\boldsymbol{P}(t)\boldsymbol{X}(t)\right]=\min_{U}\left\{\frac{1}{2}\boldsymbol{X}^{\mathrm{T}}(t)\boldsymbol{Q}(t)\boldsymbol{X}(t)+\frac{1}{2}\boldsymbol{U}^{\mathrm{T}}(t)\boldsymbol{R}(t)\boldsymbol{U}(t)\right.$$
$$\left.+\left[\frac{\partial}{\partial x}\left(\frac{1}{2}\boldsymbol{X}^{\mathrm{T}}(t)\boldsymbol{P}(t)\boldsymbol{X}(t)\right)\right]^{\mathrm{T}}[\boldsymbol{A}(t)\boldsymbol{X}(t)+\boldsymbol{B}(t)\boldsymbol{U}(t)]\right\} \tag{5-43}$$

考虑 $V(\boldsymbol{X},t)$ 的 Taylor 级数展开，即式(5－43)的左边为

$$-\frac{\partial}{\partial t}\left[\frac{1}{2}\boldsymbol{X}^{\mathrm{T}}(t)\boldsymbol{P}(t)\boldsymbol{X}(t)\right]=-\frac{\partial}{\partial t}\left[\frac{1}{2}\boldsymbol{X}^{\mathrm{T}}\boldsymbol{P}(t)\boldsymbol{X}\right]=-\frac{1}{2}\boldsymbol{X}^{\mathrm{T}}\dot{\boldsymbol{P}}(t)\boldsymbol{X}$$

在任意一点$(\boldsymbol{X},t)$上，仍可写为

$$-\frac{\partial}{\partial t}\left[\frac{1}{2}\boldsymbol{X}^{\mathrm{T}}(t)\boldsymbol{P}(t)\boldsymbol{X}(t)\right]=-\frac{1}{2}\boldsymbol{X}^{\mathrm{T}}(t)\dot{\boldsymbol{P}}(t)\boldsymbol{X}(t)$$

于是，式(5－42)简化为

$$-\frac{1}{2}\boldsymbol{X}^{\mathrm{T}}(t)\dot{\boldsymbol{P}}(t)\boldsymbol{X}(t)=\min_{U}\left\{\frac{1}{2}\boldsymbol{X}^{\mathrm{T}}(t)\boldsymbol{Q}(t)\boldsymbol{X}(t)+\frac{1}{2}\boldsymbol{U}^{\mathrm{T}}(t)\boldsymbol{R}(t)\boldsymbol{U}(t)\right.$$
$$\left.+\left[\frac{\partial}{\partial x}\left(\frac{1}{2}\boldsymbol{X}^{\mathrm{T}}(t)\boldsymbol{P}(t)\boldsymbol{X}(t)\right)\right]^{\mathrm{T}}[\boldsymbol{A}(t)\boldsymbol{X}(t)+\boldsymbol{B}(t)\boldsymbol{U}(t)]\right\}$$
$$=\min_{U}\boldsymbol{W} \tag{5-44}$$

式中，$\boldsymbol{W}$ 表示

$$\frac{1}{2}\boldsymbol{X}^{\mathrm{T}}(t)\boldsymbol{Q}(t)\boldsymbol{X}(t)+\frac{1}{2}\boldsymbol{U}^{\mathrm{T}}(t)\boldsymbol{R}(t)\boldsymbol{U}(t)+\left[\frac{\partial}{\partial x}\left(\frac{1}{2}\boldsymbol{X}^{\mathrm{T}}(t)\boldsymbol{P}(t)\boldsymbol{X}(t)\right)\right]^{\mathrm{T}}\cdot$$
$$[\boldsymbol{A}(t)\boldsymbol{X}(t)+\boldsymbol{B}(t)\boldsymbol{U}(t)]$$

进而，可得极值存在的必要条件为

$$\frac{\partial \boldsymbol{W}}{\partial \boldsymbol{U}(t)}=0=\boldsymbol{R}(t)\boldsymbol{U}(t)+\boldsymbol{B}^{\mathrm{T}}\boldsymbol{P}(t)\boldsymbol{X}(t) \tag{5-45}$$

由式(5－45)得

$$\boldsymbol{U}(t)=-\boldsymbol{R}^{-1}(t)\boldsymbol{B}^{\mathrm{T}}(t)\boldsymbol{P}(t)\boldsymbol{X}(t)=-\boldsymbol{K}(t)\boldsymbol{X}(t) \tag{5-46}$$

将式(5－46)代入式(5－44)，得

$$-\frac{1}{2}\boldsymbol{X}^{\mathrm{T}}(t)\dot{\boldsymbol{P}}(t)\boldsymbol{X}(t)=\frac{1}{2}\boldsymbol{X}^{\mathrm{T}}(t)\boldsymbol{Q}(t)\boldsymbol{X}(t)$$
$$+\frac{1}{2}[-\boldsymbol{R}^{-1}(t)\boldsymbol{B}^{\mathrm{T}}(t)\boldsymbol{P}(t)\boldsymbol{X}(t)]^{\mathrm{T}}\boldsymbol{R}(t)[-\boldsymbol{R}^{-1}(t)\boldsymbol{B}^{\mathrm{T}}(t)\boldsymbol{P}(t)\boldsymbol{X}(t)]$$
$$+[\boldsymbol{P}(t)\boldsymbol{X}(t)]^{\mathrm{T}}[\boldsymbol{A}(t)\boldsymbol{X}(t)-\boldsymbol{B}(t)R^{-1}(t)\boldsymbol{B}^{\mathrm{T}}(t)\boldsymbol{P}(t)\boldsymbol{X}(t)]$$
$$=\frac{1}{2}\boldsymbol{X}^{\mathrm{T}}(t)\boldsymbol{Q}(t)\boldsymbol{X}(t)+\frac{1}{2}\boldsymbol{X}^{\mathrm{T}}(t)\boldsymbol{P}(t)\boldsymbol{B}(t)\boldsymbol{R}^{-1}(t)\boldsymbol{B}^{\mathrm{T}}(t)\boldsymbol{X}(t)+\boldsymbol{X}^{\mathrm{T}}(t)\boldsymbol{P}(t)\boldsymbol{A}(t)\boldsymbol{X}(t)$$

$$-\boldsymbol{X}^{\mathrm{T}}(t)\boldsymbol{P}(t)\boldsymbol{B}(t)\boldsymbol{R}^{-1}(t)\boldsymbol{B}^{\mathrm{T}}(t)\boldsymbol{P}(t)\boldsymbol{X}(t)$$

$$=\frac{1}{2}\boldsymbol{X}^{\mathrm{T}}(t)\boldsymbol{Q}(t)\boldsymbol{X}(t)+\boldsymbol{X}^{\mathrm{T}}(t)\boldsymbol{P}(t)\boldsymbol{A}(t)\boldsymbol{X}(t)$$

$$-\frac{1}{2}\boldsymbol{X}^{\mathrm{T}}(t)\boldsymbol{P}(t)\boldsymbol{B}(t)\boldsymbol{R}^{-1}(t)\boldsymbol{B}^{\mathrm{T}}(t)\boldsymbol{P}(t)\boldsymbol{X}(t) \tag{5-47}$$

又因为

$$\begin{aligned}\boldsymbol{X}^{\mathrm{T}}(t)\boldsymbol{P}(t)\boldsymbol{A}(t)\boldsymbol{X}(t)&=\frac{1}{2}\boldsymbol{X}^{\mathrm{T}}(t)\boldsymbol{P}(t)\boldsymbol{A}(t)\boldsymbol{X}(t)+\frac{1}{2}\boldsymbol{X}^{\mathrm{T}}(t)\boldsymbol{P}(t)\boldsymbol{A}(t)\boldsymbol{X}(t)\\&=\frac{1}{2}\boldsymbol{X}^{\mathrm{T}}(t)\boldsymbol{P}(t)\boldsymbol{A}(t)\boldsymbol{X}(t)+\frac{1}{2}[\boldsymbol{P}(t)\boldsymbol{X}(t)]^{\mathrm{T}}\boldsymbol{A}(t)\boldsymbol{X}(t)\\&=\frac{1}{2}\boldsymbol{X}^{\mathrm{T}}(t)\boldsymbol{P}(t)\boldsymbol{A}(t)\boldsymbol{X}(t)+\frac{1}{2}[\boldsymbol{A}(t)\boldsymbol{X}(t)]^{\mathrm{T}}\boldsymbol{P}(t)\boldsymbol{X}(t)\\&=\frac{1}{2}\boldsymbol{X}^{\mathrm{T}}(t)\boldsymbol{P}(t)\boldsymbol{A}(t)\boldsymbol{X}(t)+\frac{1}{2}\boldsymbol{X}^{\mathrm{T}}(t)\boldsymbol{A}^{\mathrm{T}}(t)\boldsymbol{P}(t)\boldsymbol{X}(t)\end{aligned}$$

所以,式(5-47)可写为

$$-\frac{1}{2}\boldsymbol{X}^{\mathrm{T}}(t)\dot{\boldsymbol{P}}(t)\boldsymbol{X}(t)$$

$$=\frac{1}{2}\boldsymbol{X}^{\mathrm{T}}(t)\boldsymbol{Q}(t)\boldsymbol{X}(t)+\frac{1}{2}\boldsymbol{X}^{\mathrm{T}}(t)\boldsymbol{P}(t)\boldsymbol{A}(t)\boldsymbol{X}(t)$$

$$+\frac{1}{2}\boldsymbol{X}^{\mathrm{T}}(t)\boldsymbol{A}^{\mathrm{T}}(t)\boldsymbol{P}(t)\boldsymbol{X}(t)$$

$$-\frac{1}{2}\boldsymbol{X}^{\mathrm{T}}(t)\boldsymbol{P}(t)\boldsymbol{B}(t)\boldsymbol{R}^{-1}(t)\boldsymbol{B}^{\mathrm{T}}(t)\boldsymbol{P}(t)\boldsymbol{X}(t)$$

$$=\frac{1}{2}\boldsymbol{X}^{\mathrm{T}}(t)[\boldsymbol{P}(t)\boldsymbol{A}(t)+\boldsymbol{A}^{\mathrm{T}}(t)\boldsymbol{P}(t)-\boldsymbol{P}(t)\boldsymbol{B}(t)\boldsymbol{R}^{-1}(t)\boldsymbol{B}^{\mathrm{T}}(t)\boldsymbol{P}(t)+\boldsymbol{Q}(t)]\boldsymbol{X}(t) \tag{5-48}$$

由式(5-48),可得

$$-\dot{\boldsymbol{P}}(t)=\boldsymbol{P}(t)\boldsymbol{A}(t)+\boldsymbol{A}^{\mathrm{T}}(t)\boldsymbol{P}(t)-\boldsymbol{P}(t)\boldsymbol{B}(t)\boldsymbol{R}^{-1}(t)\boldsymbol{B}^{\mathrm{T}}(t)\boldsymbol{P}(t)+\boldsymbol{Q}(t) \tag{5-49}$$

式(5-49)就是有限时间线性二次状态调节器设计对应的黎卡提微分方程。该方程的边界条件为

$$\frac{1}{2}\boldsymbol{X}^{\mathrm{T}}(t)\boldsymbol{P}(t)\boldsymbol{X}(t)\big|_{t=t_{\mathrm{f}}}=\frac{1}{2}\boldsymbol{X}^{\mathrm{T}}(t_{\mathrm{f}})\boldsymbol{S}\boldsymbol{X}(t_{\mathrm{f}}) \tag{5-50}$$

即 $\boldsymbol{P}(t_{\mathrm{f}})=\boldsymbol{S}$。

若用 HJB 方程解无限时间调节器问题,则式(5－41)中 $\boldsymbol{S}=\boldsymbol{0}$ 且 $t_f\to\infty$。此时 $\boldsymbol{P}(t)=\overline{\boldsymbol{P}}$ 为恒定值,黎卡提微分方程退化为黎卡提代数方程。

5.4 小　结

(1) 动态规划是把多级决策问题转化为多个单级决策问题来求解,基础是最优性原理。这个原理保证了在多级决策中,不管初始状态是什么,余下的决策对此状态必定构成最优决策。根据这个原理,解决多级决策问题时(包括离散系统最优控制)可以从最后一级反向计算。连续系统的动态规划可导出哈密顿—雅可比—贝尔曼方程,这个方程一般只能有数值解。假定 $V(\boldsymbol{X},t)$ 对 $\boldsymbol{X}$ 和 t 二次连续可微时,可通过哈密顿—雅可比—贝尔曼方程得到极小值原理。

(2) 虽然动态规划相对于穷举法明显减小了计算量,并可以通过计算机编程实施,然而,对状态和控制向量维数较高的复杂动态系统,动态规划的计算量和存储量相当可观(贝尔曼称之为维数障碍),可能导致计算效率的迅速降低。此外,利用最优性原理得出函数方程后,尚无统一的处理方法,必须根据各种问题的具体情况和一些数学技巧完成求解。

(3) 动态规划方法与极小值原理、线性二次型最优控制有着非常紧密的联系,可以从 HJB 方程的角度分析捕捉相应关系。

习　题

1. 10个城市位置如图5－4所示,其中①为起点,⑩为终点,城市与城市之间称为段,每段路程所用时间(小时)写在段上,请确定采用何种路线可使从①到⑩花费的时间最短。

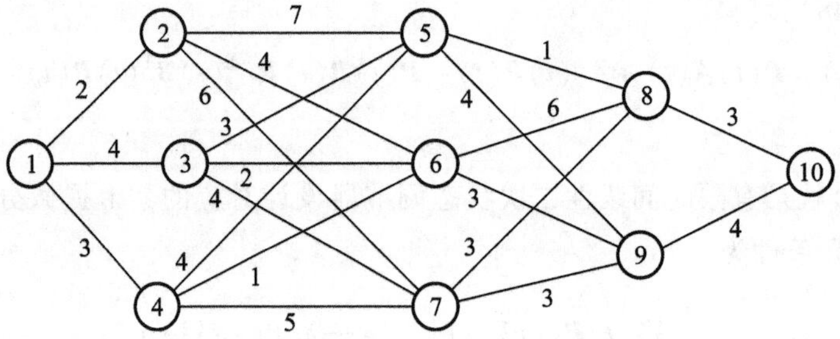

图5－4　最短时间行驶问题

2. 一维线性系统,设变量无约束,最优控制问题的数学模型为

$$J = \sum_{k=0}^{2} (qx_k^2 + ru_k^2)T$$

$$x_{k+1} = ax_k + bu_k$$

初始状态 x_0 为已知。式中,a,b,q,r 为常数,$r>0,T=1$。求最优控制序列。

3. 运用动态规划方法确定如下系统的最优控制序列:

$$x_{k+1} = ax_k + bu_k, \quad T=1, \quad J = \sum_{k=0}^{2} (x_k^2 + ru_k^2)T$$

4. 运用动态规划方法确定如下系统的最优控制:

$$x(t+1) = 2x(t) + u(t), \quad t = 0,1,2,3$$

$$J = \sum_{t=0}^{3} [x^2(t) + u^2(t)]$$

5. 系统方程为

$$\frac{\mathrm{d}x}{\mathrm{d}t} = -ax(t) + bu(t), \qquad x(t_0) = x^0$$

式中,a,b,c 均为正常数。求最优控制使如下性能指标最小:

$$J = cx^2(t_1) + \int_{t_0}^{t_1} u^2 \mathrm{d}t$$

6. 对于连续系统 $\dot{x} = u$,性能指标如下:

$$J = \int_0^{\mathrm{T}} \left[u^2 + x^2 + \frac{x^4}{2} \right] \mathrm{d}t$$

请写出哈密顿—雅可比—贝尔曼方程式。

第 6 章　最优控制的计算方法

前面几章已经系统地介绍了最优控制的基本原理与解题方法，但是在实际应用中，最优控制问题往往十分复杂，通过手算无法得到问题的解，此时就必须借助于特定的求解方法。这种情况下，最优控制的计算方法便显得非常重要了。最优控制的计算方法十分丰富，由于篇幅所限，本章只介绍几种典型算法。

6.1 问题描述

最优控制问题的解法发展至今，已经十分成熟与丰富。最优控制问题求解必须满足如下几个条件：

(1) 正则方程

$$\dot{\boldsymbol{X}} = \frac{\partial H}{\partial \boldsymbol{\lambda}} \qquad \dot{\boldsymbol{\lambda}} = -\frac{\partial H}{\partial \boldsymbol{X}} \tag{6-1}$$

(2) 哈密顿函数 H 取极小的必要条件

$$\frac{\partial H}{\partial \boldsymbol{U}} = 0 \quad (\boldsymbol{U}\text{ 无约束})$$

或

$$\min_{\boldsymbol{U} \in \Omega} H(\boldsymbol{X}^*, \boldsymbol{\lambda}^*, \boldsymbol{U}, t) = H(\boldsymbol{X}^*, \boldsymbol{\lambda}^*, \boldsymbol{U}^*, t) \quad (\boldsymbol{U}\text{ 有约束}) \tag{6-2}$$

(3) 边界条件(包括横截条件)

最优控制的计算方法一般是，先求出一个解满足以上三个条件中的某两个，然后用适当的迭代计算形式逐次改变这个解，以达到满足另一个条件的解(即最优解)。

通常将最优控制的计算方法分成如下两类：直接法和间接法。

直接法的特点是，在每一步迭代中，$\boldsymbol{U}(t)$ 不一定要满足 H 取极小的必要条件，而是逐步改善它，在迭代终了使它满足这个必要条件。另外，积分状态方程是从 t_0 到 t_f，积分协态方程是从 t_f 到 t_0，这样就避免了寻找缺少的协态初值 $\boldsymbol{\lambda}(t_0)$ 的困难。常用的直接法有梯度法、二阶梯度法和共轭梯度法。

间接法的特点是，在每一步迭代中都要满足 H 取极小的必要条件，而且要同时积分状态方程和协态方程，两种方程的积分都从 t_0 到 t_f 或从 t_f 到 t_0。常用的间接法有边界迭代法和拟线性化法。

本章主要介绍梯度法、共轭梯度法、边界迭代法和拟线性化法这几种常用解题方法。

6.2 直 接 法

6.2.1 梯度法

梯度法是一种直接法，应用比较广泛。它的特点是：先猜测任意一个控制函数 $\boldsymbol{U}(t)$，它可能并不满足 H 取极小的必要条件，然后用迭代算法根据 H 梯度减小的方向来改善 $\boldsymbol{U}(t)$，使它最后满足必要条件。

计算步骤如下：

(1) 先猜测 $[t_0, t_f]$ 中的一个控制向量 $\boldsymbol{U}^K(t) = \boldsymbol{U}^0(t)$，$K$ 是迭代步数，初始时 $K=0$。$\boldsymbol{U}^0$ 的决定要凭工程经验，猜得合理，计算收敛得就快。

(2) 在第 K 步，以估计值 $\boldsymbol{U}^K$ 和给定的初始条件 $\boldsymbol{X}(t_0)$，从 t_0 到 t_f 顺向积分状态方程，求出状态向量 $\boldsymbol{X}^K(t)$。

(3) 用 $\boldsymbol{U}^K(t)$、$\boldsymbol{X}^K(t)$ 和横截条件求得的终端值 $\boldsymbol{\lambda}(t_f)$，从 t_f 到 t_0 反向积分协态方程，求出协态向量 $\boldsymbol{\lambda}^K(t)$。

(4) 计算哈密顿函数 H 对 $\boldsymbol{U}$ 的梯度向量 $\boldsymbol{g}^K$

$$\boldsymbol{g}^K \triangleq \left(\frac{\partial H}{\partial \boldsymbol{U}}\right)_K$$

式中，$\left(\frac{\partial H}{\partial \boldsymbol{U}}\right)_K$ 表示在 $\boldsymbol{U}^K$、$\boldsymbol{X}^K$、$\boldsymbol{\lambda}^K$ 处取值。当这些量非最优值时，$\boldsymbol{g}^K \neq 0$。

(5) 修正控制向量

$$\boldsymbol{U}^{K+1} = \boldsymbol{U}^K - \alpha^K \boldsymbol{g}^K \qquad (6-3)$$

式中，α^K 是一个步长因子，它是待定的数。选择 α^K 使指标达到极小。这是一维寻优问题，有很多现成的优化方法可用，如分数法、0.618 法、抛物线法和立方近似法等。式(6-3)表明迭代是沿着梯度 $\boldsymbol{g}^K$ 的负方向进行的。

(6) 计算是否满足如下指标：

$$\left|\frac{J(\boldsymbol{U}^{K+1}) - J(\boldsymbol{U}^K)}{J(\boldsymbol{U}^K)}\right| < \varepsilon \qquad (6-4)$$

式中，ε 是指定小量，若满足则停止计算，否则，令 $K=K+1$，转步骤(2)。另一停止计算的标准是

$$\|\boldsymbol{g}^K\|<\varepsilon \tag{6-5}$$

例 6-1 考虑如下一阶非线性状态方程：

$$\dot{x}=-x^2+u \qquad x(0)=10 \tag{6-6}$$

用梯度法寻找最优控制使如下指标最小：

$$J=\frac{1}{2}\int_0^1(x^2+u^2)\,\mathrm{d}t \tag{6-7}$$

解 哈密顿函数为

$$H=\frac{1}{2}(x^2+u^2)-\lambda x^2+\lambda u \tag{6-8}$$

协态方程为

$$\dot{\lambda}=-\frac{\partial H}{\partial x}=-x+2\lambda x \tag{6-9}$$

因 $x(1)$ 自由，由横截条件得

$$\lambda^0(1)=0 \tag{6-10}$$

(1) 选初始估计 $u^0(t)=0$。

(2) 将 $u^0(t)=0$ 代入状态方程(6-6)可得

$$\frac{\mathrm{d}x}{x^2}=-\mathrm{d}t \tag{6-11}$$

积分上式可得

$$-\frac{1}{x}=-t+c \tag{6-12}$$

代入初始条件：$t=0, x(0)=10$，确定积分常数

$$c=-\frac{1}{10} \tag{6-13}$$

代入式(6-12)即可得

$$x(t)=x^0(t)=\frac{10}{10t+1} \tag{6-14}$$

(3) 将 $x^0(t)$ 代入协态方程(6-9)，且由边界条件 $\lambda^0(1)=0$ 从 $t=1$ 倒向积分可得

$$\lambda^0(t)=\frac{1}{2}[1-(1+10t)^2/121] \quad \lambda^0(1)=0$$

(4) 因$\dfrac{\partial H}{\partial u}=u+\lambda$,则

$$\left(\frac{\partial H}{\partial u}\right)^0=\lambda^0(t)$$

(5) $u^1(t)=u^0(t)-\left(\dfrac{\partial H}{\partial u}\right)^0=-\dfrac{1}{2}[1-(1+10t)^2/121]$。

这里选步长因子 $\alpha^K=1$。如此继续下去,直至指标函数随迭代变化很小为止。

图 6-1 和图 6-2 所示为控制和状态的初始值和第一次迭代值,可以看到第一次迭代 $x(t)$ 就几乎收敛到最优值,$u^1(t)$ 与最优值还有差异,而且一般越接近最优值收敛越慢。

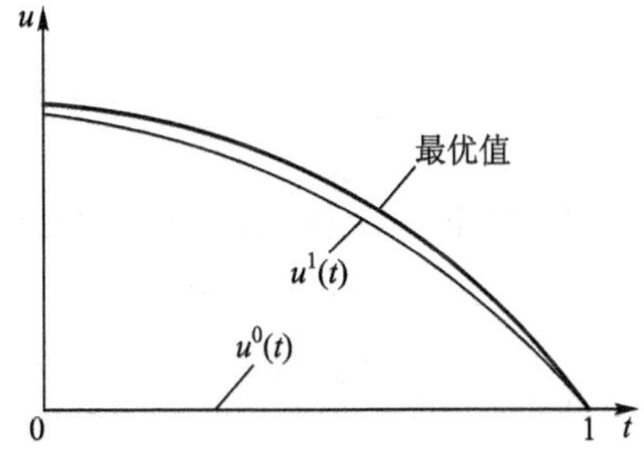

图 6-1 用梯度法寻找最优控制

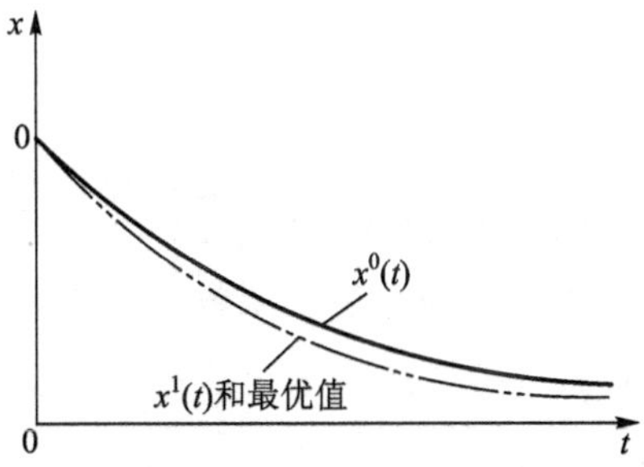

图 6-2 最优状态的求解

梯度法应用得比较多,它的优点是:简单,编制程序容易;计算稳定可靠。缺点是:在接近最优解时,迭代收敛很慢,为改善收敛性可用共轭梯度法和二阶变分法等;不能区分局部极小和全局极小;对控制变量受约束,终端状态受约束的情况不能直接处理。对于这种有约束的情况可用约束梯度法或惩罚函数法(代价函数法)加以处理。

约束梯度法可处理如下的不等式约束:

$$a_i\leqslant u_i(t)\leqslant b_i\quad i=1,2,\cdots,m \tag{6-15}$$

首先,对于任何控制 $\hat{\boldsymbol{u}}$,定义约束算子 C_u

$$u_i(t)=C_u\hat{u}_i(t)=\begin{cases}a_i & \hat{u}_i(t)\leqslant a_i\\ \hat{u}_i(t) & a_i<\hat{u}_i(t)<b_i\\ b_i & \hat{u}_i(t)\geqslant b_i\end{cases} \tag{6-16}$$

显然 $u_i(t)$,$i=1,2,\cdots,m$ 满足约束,即

$$u = C_u \hat{u} \tag{6-17}$$

满足约束,式中,$\boldsymbol{u} = [u_1 \cdots u_m]^{\mathrm{T}}$,$\hat{\boldsymbol{u}} = [\hat{u}_1 \cdots \hat{u}_m]^{\mathrm{T}}$。再由 $\hat{\boldsymbol{u}}$ 用无约束的梯度法求解,在每一次迭代中得出 $\hat{\boldsymbol{u}}$,然后用 $\boldsymbol{u} = C_u \hat{\boldsymbol{u}}$ 代替,再进行下一次迭代。

惩罚函数法可处理如下形式的约束:

$$g_i(\boldsymbol{X}, \boldsymbol{u}, t) \leqslant 0 \quad i = 1, 2, \cdots, q \tag{6-18}$$

$$h_i(\boldsymbol{X}(t_f), t_f) = 0 \quad i = 1, 2, \cdots, l \tag{6-19}$$

此时,将性能指标 $J(\boldsymbol{u})$ 增广为 $\overline{J}(\boldsymbol{u})$,即

$$\overline{J}(\boldsymbol{u}) = J(\boldsymbol{u}) + \mu \int_{t_0}^{t_f} \sum_{i=1}^{q} [g_i(\boldsymbol{X}, \boldsymbol{U}, t)]^2 \delta(g_i) \mathrm{d}t + \sum_{i=1}^{l} N_i [h_i(\boldsymbol{X}(t_f), t_f)]^2 \tag{6-20}$$

式中,$\mu > 0$,$N_i > 0$,且

$$\delta(g_i) = \begin{cases} 0 & g_i \leqslant 0 \\ 1 & g_i > 0 \end{cases} \tag{6-21}$$

显然,当满足约束时,$\overline{J}(\boldsymbol{u})$ 中后两项为 0;当不满足约束时,后两项将使 $\overline{J}(\boldsymbol{u})$ 增大,故称为惩罚函数。在迭代过程中,逐次增大 μ 和 N_i,显然当 μ 和 N_i 很大时,所求得的 $\overline{J}(\boldsymbol{u})$ 的无约束最优控制近似于 $J(\boldsymbol{u})$ 的有约束最优控制。

6.2.2 共轭梯度法

用共轭梯度法寻找最优控制时是沿着所谓共轭梯度向量的方向进行的。为了说明共轭梯度的意义,先从求函数极值问题的共轭梯度法开始,再推广到求泛函极值问题。

设 $F(\boldsymbol{X})$ 是定义在 $\mathbf{R}^n$ 空间中的二次指标函数

$$F(\boldsymbol{X}) = \frac{1}{2}(\boldsymbol{X}, \boldsymbol{Q}\boldsymbol{X}) + \boldsymbol{a}^{\mathrm{T}}\boldsymbol{X} + \boldsymbol{C} \tag{6-22}$$

式中,$\boldsymbol{X} = (x_1\ x_2 \cdots x_n)^{\mathrm{T}}$,$\boldsymbol{a}^{\mathrm{T}} = (a_1\ a_2 \cdots a_n)$,$C$ 为常数,$\boldsymbol{Q}$ 为正定阵。

$$(\boldsymbol{X}, \boldsymbol{Q}\boldsymbol{X}) = \boldsymbol{X}^{\mathrm{T}}\boldsymbol{Q}\boldsymbol{X} \tag{6-23}$$

是 $\boldsymbol{X}$ 和 $\boldsymbol{Q}\boldsymbol{X}$ 的内积。要求寻找 $\boldsymbol{X}$ 使 $F(\boldsymbol{X})$ 取极值。

定义 若 $\mathbf{R}^n$ 中两个向量 $\boldsymbol{X}$ 和 $\boldsymbol{Y}$ 满足

$$(\boldsymbol{X}, \boldsymbol{Q}\boldsymbol{Y}) = \boldsymbol{X}^{\mathrm{T}}\boldsymbol{Q}\boldsymbol{Y} = 0 \tag{6-24}$$

则称 $\boldsymbol{X}$ 和 $\boldsymbol{Y}$ 是 $\boldsymbol{Q}$ 共轭的。$\boldsymbol{Q} = \boldsymbol{I}$(单位阵)时,共轭就变为通常的正交。

设向量 $\boldsymbol{P}^K$,$K = 0, 1, 2, \cdots$ 是两两 $\boldsymbol{Q}$ 共轭的,以 $\boldsymbol{P}^K$ 为寻找方向,可得共轭梯度法的迭代寻优程序

$$X^{K+1}=X^K+\alpha^K P^K \tag{6-25}$$

与梯度法不同处仅在于用共轭梯度 P^K 代替负梯度 $-g^K=-(\partial F/\partial X)^K$。问题是如何产生共轭梯度方向 $P^K, K=0,1,2,\cdots$。

令 $P^0=-g^0$，即初始时共轭梯度与梯度方向相反、大小相等。以后的共轭梯度可用如下递归产生：

$$P^K=-g^K+\beta^K P^{K-1} \tag{6-26}$$

式中，β^K 的值由 P^K 和 P^{K-1} 对 Q 共轭的关系来确定，即

$$(P^K, QP^{K-1})=0 \tag{6-27}$$

将式(6-26)代入式(6-27)，得

$$\begin{aligned}(P^K, QP^{K-1})&=(-g^K+\beta^K P^{K-1}, QP^{K-1})\\&=-(g^K, QP^{K-1})+\beta^K(P^{K-1}, QP^{K-1})=0\end{aligned}$$

故

$$\beta^K=\frac{(g^K, QP^{K-1})}{(P^{K-1}, QP^{K-1})} \tag{6-28}$$

式中，β^K 称为共轭系数。

用式(6-28)计算 β^K 是不方便的，因为要用到二阶导数阵 Q。由式(6-22)和式(6-23)可知

$$Q=\left(\frac{\partial^2 F(X)}{\partial x_i \partial x_j}\right) \quad 1\leqslant i,j\leqslant n \tag{6-29}$$

式中，x_i，x_j 分别为 X 的第 i 个和第 j 个分量，右端表示由 Q 的第 i 行第 j 列元素构成的矩阵。计算这个二阶导数阵非常困难。因此，有必要推导不用 Q 来计算 β^K 的公式。在这个推导中要用到共轭梯度的如下性质：

性质 1 若 $\{P^0, P^1, \cdots, P^{n-1}\}$ 是 $\mathbf{R}^n$ 空间中彼此 Q 共轭的向量，则它们是线性独立的。

证明 用反证法。若不线性独立，则必存在不全为 0 的常数 $C_1, C_2, \cdots, C_{n-1}$，使

$$\sum_{i=0}^{n-1} C_i P^i=0 \tag{6-30}$$

式(6-30)左端各项对 QP^j 取内积后有

$$\sum_{i=0}^{n-1} C_i(P^i, QP^j)=C_j(P^j, QP^j)=0 \tag{6-31}$$

因为 Q 正定，式(6-31)对每个 P^j 成立，所以必须有 $C_j=0, j=0,1,2,\cdots,n-1$。

与假设矛盾,这说明 $\boldsymbol{P}^0,\boldsymbol{P}^1,\cdots,\boldsymbol{P}^{n-1}$ 是线性独立的,它们构成了 $\mathbf{R}^n$ 空间中的一组基向量。

按照这个性质,函数 $F(\boldsymbol{X})$ 的极小点 $\boldsymbol{X}=\boldsymbol{X}^*$ 可用这组基来表示,即

$$\boldsymbol{X}^* = \sum_{i=0}^{n-1} C_i\boldsymbol{P}^i \tag{6-32}$$

式中,$C_i, i=0,1,\cdots,n-1$ 可这样来求:作内积

$$(\boldsymbol{Q}\boldsymbol{X}^*,\boldsymbol{P}^K) = (\sum_{i=0}^{n-1} C_i\boldsymbol{Q}\boldsymbol{P}^i,\boldsymbol{P}^K) = C_K(\boldsymbol{Q}\boldsymbol{P}^K,\boldsymbol{P}^K)$$

从而

$$C_K = \frac{(\boldsymbol{Q}\boldsymbol{X}^*,\boldsymbol{P}^K)}{(\boldsymbol{Q}\boldsymbol{P}^K,\boldsymbol{P}^K)} \quad K=0,1,2,\cdots,n-1 \tag{6-33}$$

性质 2　如果 $\boldsymbol{g}^K=\left(\frac{\partial F}{\partial \boldsymbol{X}}\right)_K \neq 0$,则有

$$(\boldsymbol{P}^K,\boldsymbol{g}^{K+1})=0 \tag{6-34}$$

式中,$\left(\frac{\partial F}{\partial \boldsymbol{X}}\right)_K=\left(\frac{\partial F}{\partial \boldsymbol{X}}\right)_{\boldsymbol{X}=\boldsymbol{X}^K}$。式(6-34)说明,在 $\boldsymbol{X}=\boldsymbol{X}^{K+1}$ 处函数 $F(\boldsymbol{X})$ 的梯度 $\boldsymbol{g}^{K+1}$ 与前一步的寻找方向 $\boldsymbol{P}^K$ 必正交。

证明　若不然,设 $(\boldsymbol{P}^K,\boldsymbol{g}^{K+1})>0$。再设 $F(\boldsymbol{X}^K+\boldsymbol{\alpha}^K\boldsymbol{P}^K)=\min\limits_{\alpha>0}F(\boldsymbol{X}^K+\alpha\boldsymbol{P}^K)$,即 $\boldsymbol{\alpha}^K$ 是最优步长。在 $\boldsymbol{\alpha}^K$ 附近选 $\boldsymbol{\alpha}_0^K<\boldsymbol{\alpha}^K$,将 $F(\boldsymbol{X})$ 在 $\boldsymbol{X}=\boldsymbol{X}^{K+1}=\boldsymbol{X}^K+\boldsymbol{\alpha}^K\boldsymbol{P}^K$ 处展开,保留一阶项后,有

$$\begin{aligned}F(\boldsymbol{X}^K+\boldsymbol{\alpha}^K\boldsymbol{P}^K)-F(\boldsymbol{X}^K+\boldsymbol{\alpha}_0^K\boldsymbol{P}^K) &= \left(\frac{\partial F}{\partial \boldsymbol{X}}\right)_{K+1}^{\mathrm{T}}(\boldsymbol{\alpha}^K-\boldsymbol{\alpha}_0^K)\boldsymbol{P}^K \\ &= (\boldsymbol{\alpha}^K-\boldsymbol{\alpha}_0^K)(\boldsymbol{g}^{K+1})^{\mathrm{T}}\boldsymbol{P}^K \\ &= (\boldsymbol{\alpha}^K-\boldsymbol{\alpha}_0^K)(\boldsymbol{g}^{K+1},\boldsymbol{P}^K)>0\end{aligned} \tag{6-35}$$

这与 $F(\boldsymbol{X}^K+\boldsymbol{\alpha}^K\boldsymbol{P}^K)$ 为极小相矛盾。若设 $(\boldsymbol{P}^K,\boldsymbol{g}^{K+1})<0$,则可取 $\boldsymbol{\alpha}_0^K>\boldsymbol{\alpha}^K$,同样得出矛盾,于是必有式(6-34)成立。

性质 3　若 $\boldsymbol{g}^K=\left(\frac{\partial F}{\partial \boldsymbol{X}}\right)_K \neq 0$,则必有

$$(\boldsymbol{g}^K,\boldsymbol{P}^{j-1})=0 \quad 1\leqslant j\leqslant K \tag{6-36}$$

式(6-36)说明,$F(\boldsymbol{X})$ 在 $\boldsymbol{X}=\boldsymbol{X}^K$ 处的梯度 $\boldsymbol{g}^K$ 与以前各步的共轭梯度寻找方向都正交。

证明　重复使用

$$\boldsymbol{X}^K=\boldsymbol{X}^{K-1}+\boldsymbol{\alpha}^{K-1}\boldsymbol{P}^{K-1}$$

得到

$$X^K = X^j + \sum_{i=j}^{K-1} \alpha^i P^i \quad 0 \leqslant j \leqslant K-1 \tag{6-37}$$

由式(6－22)所假定的二次函数 $F(X)$，可得

$$g^K = \left(\frac{\partial F}{\partial X}\right)_K = a + QX^K \tag{6-38}$$

设 $X = X^*$ 为极小点，则

$$g(X^*) = a + QX^* = 0 \tag{6-39}$$

式(6－38)减去式(6－39)，得

$$g^K = Q(X^K - X^*) \tag{6-40}$$

式(6－37)代入式(6－40)，得

$$\begin{aligned} g^K &= QX^j + \sum_{i=j}^{K-1} Q\alpha^i P^i - QX^* \\ &= g^j + \sum_{i=j}^{K-1} Q\alpha^i P^i \quad 0 \leqslant j \leqslant K-1 \end{aligned} \tag{6-41}$$

式(6－41)两边对 P^{j-1} 作内积，得

$$(g^K, P^{j-1}) = (g^j, P^{j-1}) + \sum_{i=j}^{K-1} \alpha^i (QP^i, P^{j-1}) \tag{6-42}$$

由性质 2 知 $(g^j, P^{j-1}) = 0$，再由 $P^i, i=j,\cdots,k-1$ 与 P^{j-1} 是 Q 共轭的定义可知式(6－42)右端第二项也为 0，因此

$$(g^K, P^{j-1}) = 0 \quad 1 \leqslant j \leqslant K$$

式(6－36)得证。

如果取 $K = n$，则

$$(g^n, P^{j-1}) = 0 \quad 1 \leqslant j \leqslant n \tag{6-43}$$

但 $P^0, P^1, \cdots, P^{n-1}$ 是线性无关的，它们构成 $\mathbf{R}^n$ 中一组基，g^n 与所有基正交，而 $\mathbf{R}^n$ 中只有 n 个基，故 $g^n = 0$。这说明 X^n 处的梯度为 0，即 X^n 为二次函数 $F(X)$ 的极小点。

由此可见，在 $\mathbf{R}^n$ 空间中，对二次函数 $F(X)$ 用式(6－25)所示的共轭梯度法寻优，迭代至多 n 步就可达到极小点。如果一个算法能在有限步内求出二次函数的极小点，就称这个算法具有二阶收敛性或有限步收敛性。在实际计算时，由于舍入误差，总要多进行几步才能达到所需精度的结果，对于非二次的一般指标函数则更是如此。

性质 4 若 $\boldsymbol{g}^K=\left(\frac{\partial F}{\partial \boldsymbol{X}}\right)_K \neq 0$，则

$$(\boldsymbol{g}^K,\boldsymbol{g}^{K-1})=0 \quad K=1,2,\cdots \tag{6-44}$$

证明 由性质3和式(6-26)知

$$\begin{aligned}(\boldsymbol{g}^K,\boldsymbol{P}^{K-1})&=(\boldsymbol{g}^K,-\boldsymbol{g}^{K-1}+\beta^{K-1}\boldsymbol{P}^{K-2})\\&=-(\boldsymbol{g}^K,\boldsymbol{g}^{K-1})+\beta^{K-1}(\boldsymbol{g}^K,\boldsymbol{P}^{K-2})\\&=-(\boldsymbol{g}^K,\boldsymbol{g}^{K-1})=0\end{aligned}$$

式(6-44)得证。

下面根据这四个性质来推出 β^K 的一个简单的计算公式。在式(6-41)中令 $j=K-1$，可导出

$$\begin{aligned}(\boldsymbol{P}^K,\boldsymbol{g}^K)&=(\boldsymbol{P}^K,\boldsymbol{g}^{K-1}+\alpha^{K-1}\boldsymbol{Q}\boldsymbol{P}^{K-1})\\&=(\boldsymbol{P}^K,\boldsymbol{g}^{K-1})+\alpha^{K-1}(\boldsymbol{P}^K,\boldsymbol{Q}\boldsymbol{P}^{K-1})=(\boldsymbol{P}^K,\boldsymbol{g}^{K-1})\\&=(-\boldsymbol{g}^K+\beta^K\boldsymbol{P}^{K-1},\boldsymbol{g}^{K-1})\\&=-(\boldsymbol{g}^K,\boldsymbol{g}^{K-1})+\beta^K(\boldsymbol{P}^{K-1},\boldsymbol{g}^{K-1})\end{aligned}$$

由性质4知 $(\boldsymbol{g}^K,\boldsymbol{g}^{K-1})=0$，因此得

$$\beta^K=\frac{(\boldsymbol{P}^K,\boldsymbol{g}^K)}{(\boldsymbol{P}^{K-1},\boldsymbol{g}^{K-1})} \tag{6-45}$$

再利用式(6-26)，可得

$$\beta^K=\frac{(-\boldsymbol{g}^K+\beta^K\boldsymbol{P}^{K-1},\boldsymbol{g}^K)}{(-\boldsymbol{g}^{K-1}+\beta^{K-1}\boldsymbol{P}^{K-2},\boldsymbol{g}^{K-1})}=\frac{-(\boldsymbol{g}^K,\boldsymbol{g}^K)+\beta^K(\boldsymbol{P}^{K-1},\boldsymbol{g}^K)}{-(\boldsymbol{g}^{K-1},\boldsymbol{g}^{K-1})+\beta^{K-1}(\boldsymbol{P}^{K-2},\boldsymbol{g}^{K-1})}$$

由性质3，可得

$$\beta^K=\frac{(\boldsymbol{g}^K,\boldsymbol{g}^K)}{(\boldsymbol{g}^{K-1},\boldsymbol{g}^{K-1})}=\frac{\|\boldsymbol{g}^K\|^2}{\|\boldsymbol{g}^{K-1}\|^2} \tag{6-46}$$

用式(6-46)计算 β^K，只用到 $F(\boldsymbol{X})$ 在 $\boldsymbol{X}^K$ 和 $\boldsymbol{X}^{K-1}$ 两处的梯度，因此非常方便。式(6-46)对二次函数是精确的，对非二次函数，它只是一个近似公式。

将共轭梯度法求 $F(\boldsymbol{X})$ 的极小解的算式归纳如下：

(1) 算梯度 $\boldsymbol{g}^K=\left(\frac{\partial F}{\partial \boldsymbol{X}}\right)_K$。

(2) 算共轭系数 $\beta^K=\|\boldsymbol{g}^K\|^2\Big/\|\boldsymbol{g}^{K-1}\|^2$，$\beta^0=0$。

(3) 算共轭梯度 $\boldsymbol{P}^K=-\boldsymbol{g}^K+\beta^K\boldsymbol{P}^{K-1}$，$\boldsymbol{P}^0=-g^0$。

(4) 递推逼近极值点解 $\boldsymbol{X}^{K+1}=\boldsymbol{X}^K+\alpha^K\boldsymbol{P}^K$，式中，$\alpha^K$ 用一维寻优决定。

前面已说过，最优控制计算的直接法是用迭代方法逐步改善控制量 $\boldsymbol{u}(t)$，

使它最后满足哈密顿函数 H 取极小的必要条件。故梯度向量为

$$\boldsymbol{g}^K = \boldsymbol{g}^K(t) = \left(\frac{\partial H}{\partial \boldsymbol{u}}\right)_{\boldsymbol{u}(t)=\boldsymbol{u}^K(t)} \triangleq \left(\frac{\partial H}{\partial \boldsymbol{u}}\right)_K \tag{6-47}$$

式中,梯度向量 $\boldsymbol{g}^K(t)$ 是时间的函数,向量时间函数的内积定义为

$$(\boldsymbol{g}^K(t), \boldsymbol{g}^K(t)) \triangleq \int_{t_0}^{t_f} (\boldsymbol{g}^K(t))^{\mathrm{T}} \boldsymbol{g}^K(t)\,\mathrm{d}t = \|\boldsymbol{g}^K(t)\|^2 \tag{6-48}$$

除了这些以外,其他在形式上与求函数极值的共轭梯度法一样。

共轭梯度法求最优控制步骤如下:

(1) 设已求出第 K 步估计的控制函数 $\boldsymbol{u}^K(t)$, $\boldsymbol{u}^0(t)$ 可任选。

(2) 以 $\boldsymbol{X}(t_0)$ 为初值,从 t_0 到 t_f 积分状态方程,得出状态轨迹 $\boldsymbol{X}^K(t)$。

(3) 以 $\boldsymbol{\lambda}(t_f)$ 为终值,从 t_f 到 t_0 反向积分协态方程,求得协态轨迹 $\boldsymbol{\lambda}^K(t)$。

(4) 计算梯度向量 $\boldsymbol{g}^K = \left(\frac{\partial H}{\partial \boldsymbol{u}}\right)_{\boldsymbol{u}=\boldsymbol{u}^k}$。

(5) 计算共轭系数

$$\beta^K = \frac{\|\boldsymbol{g}^K(t)\|^2}{\|\boldsymbol{g}^{K-1}(t)\|^2} \quad K=0\ 时, \beta^0 = 0 \tag{6-49}$$

(6) 计算共轭梯度

$$\boldsymbol{P}^K = -\boldsymbol{g}^K + \beta^K \boldsymbol{P}^{K-1} \quad K=0\ 时, \boldsymbol{P}^0 = -\boldsymbol{g}^0 \tag{6-50}$$

(7) 计算控制函数

$$\boldsymbol{u}^{K+1}(t) = \boldsymbol{u}^K(t) + \alpha^K \boldsymbol{P}^K \tag{6-51}$$

用一维寻优决定 α^K,即

$$J = (\boldsymbol{u}^K + \alpha^K \boldsymbol{P}^K) = \min_{\alpha>0} J(\boldsymbol{u}^K + \alpha \boldsymbol{P}^K) \tag{6-52}$$

(8) 当满足如下不等式

$$\left|\frac{J(\boldsymbol{u}^{K+1}) - J(\boldsymbol{u}^K)}{J(\boldsymbol{u}^K)}\right| < \varepsilon \tag{6-53}$$

停止计算。否则令 $K=K+1$,回到步骤(2)。

例 6-2 已知目标函数为

$$J = f(\boldsymbol{x}) = \frac{3}{2}x_1^2 + \frac{1}{2}x_2^2 - x_1x_2 - 2x_1 \tag{6-54}$$

给定的初始点为 $\boldsymbol{x}^0 = [-2 \quad 4]^{\mathrm{T}}$,试用共轭梯度法求目标函数 $f(\boldsymbol{x})$ 的极小值点。

解 目标函数的梯度为

$$\boldsymbol{g} = \left(\frac{\partial F}{\partial \boldsymbol{X}}\right) = \begin{bmatrix} 3x_1 - x_2 - 2 \\ x_2 - x_1 \end{bmatrix} \tag{6-55}$$

则初始点 $\boldsymbol{x}^0=[-2\quad 4]^{\mathrm{T}}$ 时目标函数的梯度为

$$\boldsymbol{g}^0=\left(\frac{\partial F}{\partial \boldsymbol{X}}\right)_0=\begin{bmatrix}-12\\6\end{bmatrix} \tag{6-56}$$

取共轭梯度为

$$\boldsymbol{p}^0=-\boldsymbol{g}^0=\begin{bmatrix}12\\-6\end{bmatrix} \tag{6-57}$$

从 $\boldsymbol{x}^0$ 出发，沿方向 $\boldsymbol{p}^0$ 做一维搜索，求最优步长，满足

$$f(\boldsymbol{x}^0+\alpha^0\boldsymbol{p}^0)=\min f(\boldsymbol{x}^0+\alpha\boldsymbol{p}^0) \tag{6-58}$$

$$\boldsymbol{x}^1=\boldsymbol{x}^0+\alpha^0\boldsymbol{p}^0=\begin{bmatrix}-2\\4\end{bmatrix}+\alpha^0\begin{bmatrix}12\\-6\end{bmatrix}=\begin{bmatrix}-2+12\alpha^0\\4-6\alpha^0\end{bmatrix} \tag{6-59}$$

将式(6-59)代入 $f(\boldsymbol{x})$ 得

$$\begin{aligned}f(\boldsymbol{x}^1)&=\frac{3}{2}(-2+12\alpha^0)^2+\frac{1}{2}(4-6\alpha^0)^2\\&\quad-(-2+12\alpha^0)(4-6\alpha^0)-2(-2+12\alpha^0)\\&=306(\alpha^0)^2-180\alpha^0+26\end{aligned} \tag{6-60}$$

对式(6-60)求导得

$$f'(\boldsymbol{x}^1)=612\alpha^0-180=0 \tag{6-61}$$

α^0 最优值为 $\alpha^0=\frac{5}{17}$。

有

$$\boldsymbol{x}^1=\boldsymbol{x}^0+\alpha^0\boldsymbol{p}^0=\begin{bmatrix}-2\\4\end{bmatrix}+\frac{5}{17}\begin{bmatrix}12\\-6\end{bmatrix}=\frac{1}{17}\begin{bmatrix}26\\38\end{bmatrix} \tag{6-62}$$

$\boldsymbol{x}^1$ 点的梯度为

$$\boldsymbol{g}^1=\left(\frac{\partial F}{\partial \boldsymbol{X}}\right)_1=\begin{bmatrix}\frac{6}{17}\\[2mm]\frac{12}{17}\end{bmatrix} \tag{6-63}$$

由式(6-49)算得共轭系数

$$\beta^1=\frac{\|\boldsymbol{g}^1(t)\|^2}{\|\boldsymbol{g}^0(t)\|^2}=\frac{\left(\frac{6}{17}\right)^2+\left(\frac{12}{17}\right)^2}{12^2+(-6)^2}=\frac{1}{289}$$

则 $\boldsymbol{x}^1$ 点的共轭梯度为

$$p^1 = -g^1 + \beta^1 p^0 = \frac{1}{289}\begin{bmatrix} -90 \\ -210 \end{bmatrix}$$

同理,从 x^1 出发,沿共轭梯度 p^1 做一维搜索,求得最优的 $\alpha^1 = \frac{17}{10}$。

因此

$$x^2 = x^1 + \alpha^1 p^1 = \frac{1}{17}\begin{bmatrix} 26 \\ 38 \end{bmatrix} + \frac{17}{10} \times \frac{1}{289}\begin{bmatrix} -90 \\ -210 \end{bmatrix} = \begin{bmatrix} 1 \\ 1 \end{bmatrix}$$

$$g^2 = \left(\frac{\partial F}{\partial X}\right)_2 = \begin{bmatrix} 0 \\ 0 \end{bmatrix}$$

由此可见,在 x^2 点的梯度为 0,说明 x^2 点即为最优点,且最小值为 -1。这个例子只要两步迭代即可得到最优解。一般说来,共轭梯度法比梯度法收敛快,但接近最优解后收敛性仍是较慢的。一个补救办法是重新启动,即找出几个共轭梯度方向 $P^0, P^1, \cdots, P^{n-1}$ 后,令 $P^n = -g^n$,再用式(6-50)重新迭代,寻找共轭梯度方向。

对以上问题也可以采用 MATLAB 优化工具箱中提供的无约束非线性优化函数 fminsearch( )或 fminunc( )来求解,两个函数的用法类似,但算法不同。fminsearch( )函数是基于直接搜索法实现的,而 fminunc( )是基于梯度法实现的。

针对例 6-2 的问题,首先根据给定函数编写如下 MATLAB 代码:

```
****************** MATLAB 程序 *****************
function f = myfunex6_2(x)
f = 3/2 * x(1)^2 + 1/2 * x(2)^2 - x(1) * x(2) - 2 * x(1);
************************************************
```

然后根据求解无约束非线性优化问题函数 fminunc( )来求解该函数的极小点和极小值。

```
****************** MATLAB 程序 *****************
x0 = [ -2,4];
[x,Jmin] = fminunc('myfunex6_2 ',x0);
************************************************
```

运行结果如下:

```
x =
    1.000 0
    1.000 0
```

```
Jmin =
    -1.000
```

优化结果表明,目标函数的极小点为 $x=[1\quad 1]^{\mathrm{T}}$,极小值为 $J=-1$。

6.3 间 接 法

6.3.1 边界迭代法

边界迭代法的特点是逐步改善对缺少的初始条件的估计,以满足规定的边界条件。它的原理如下:利用哈密顿函数 H 取极小的方法

$$\frac{\partial H(\boldsymbol{X},\boldsymbol{U},\lambda,t)}{\partial \boldsymbol{U}}=0$$

可解出 $\boldsymbol{U}$,将它表示为 $\boldsymbol{X}$ 和 λ 的函数,即

$$\boldsymbol{U}=\boldsymbol{U}(\boldsymbol{X},\boldsymbol{\lambda},t) \tag{6-64}$$

将所求得的 $\boldsymbol{U}=\boldsymbol{U}(\boldsymbol{X},\boldsymbol{\lambda},t)$ 代入正则方程(6-1),消去正则方程中的 $\boldsymbol{U}$。再引入增广状态 $\boldsymbol{Y}(t)\in\mathbf{R}^{2n}$

$$\boldsymbol{Y}(t)\triangleq\begin{bmatrix}\boldsymbol{X}(t)\\ \boldsymbol{\lambda}(t)\end{bmatrix} \tag{6-65}$$

则正则方程(6-1)可写成

$$\dot{\boldsymbol{Y}}=\boldsymbol{g}(\boldsymbol{Y},t) \tag{6-66}$$

式中,$\boldsymbol{g}$ 一般是非线性向量函数。设式(6-65)有 n 个已知初始条件 $\boldsymbol{X}(t_0)=\boldsymbol{X}_0$,$n$ 个终端条件已知,设为 $x_i(t_{\mathrm{f}})(i=1,\cdots,q)$ 和 $\lambda_i(t_{\mathrm{f}})(i=q+1,\cdots,n)$,这是混合式的两点边值条件,用边界迭代法也很易处理。定义

$$\boldsymbol{Z}(t)\triangleq[x_1(t),\cdots,x_q(t),\lambda_{q+1}(t),\cdots,\lambda_n(t)]^{\mathrm{T}} \tag{6-67}$$

显然,$\boldsymbol{Z}(t_{\mathrm{f}})$ 是已知的,设 $\boldsymbol{Z}(t_{\mathrm{f}})=\boldsymbol{Z}_{\mathrm{f}}$。

设由 $\boldsymbol{X}(t_0)$、$\boldsymbol{\lambda}(t_0)$ 出发积分正则方程(6-66),求得解 $\boldsymbol{Y}(t)$,从中抽出 n 个分量构成 $\boldsymbol{Z}(t)$。显然 $\boldsymbol{Z}(t_{\mathrm{f}})$ 的值将随 $\boldsymbol{\lambda}(t_0)$ 而变化,记成

$$\boldsymbol{Z}(t_{\mathrm{f}})=\boldsymbol{\Psi}[\boldsymbol{\lambda}(t_0)] \tag{6-68}$$

因 $\boldsymbol{\lambda}(t_0)$ 未知,用一个估计值 $\hat{\boldsymbol{\lambda}}(t_0)$ 得到的解为

$$\hat{\boldsymbol{Z}}(t_{\mathrm{f}})=\boldsymbol{\Psi}[\hat{\boldsymbol{\lambda}}(t_0)] \tag{6-69}$$

因 $\hat{\boldsymbol{\lambda}}(t_0)$ 估计得不一定准确,故 $\hat{\boldsymbol{Z}}(t_{\mathrm{f}})$ 一般不等于给定值 $\boldsymbol{Z}_{\mathrm{f}}$。

将式(6-68)在$\boldsymbol{\lambda}(t_0)=\hat{\boldsymbol{\lambda}}(t_0)$处展开为泰勒级数,保留一次项,得

$$\boldsymbol{Z}(t_f)=\boldsymbol{\Psi}[\hat{\boldsymbol{\lambda}}(t_0)]+\frac{\partial\boldsymbol{\Psi}}{\partial\boldsymbol{\lambda}^{\mathrm{T}}(t_0)}[\boldsymbol{\lambda}(t_0)-\hat{\boldsymbol{\lambda}}(t_0)] \tag{6-70}$$

式中,$\partial\boldsymbol{\Psi}/\partial\boldsymbol{\lambda}^{\mathrm{T}}$是$n\times n$维矩阵,称为敏感矩阵或转移矩阵。

$$\frac{\partial\boldsymbol{\Psi}}{\partial\boldsymbol{\lambda}^{\mathrm{T}}(t_0)}=\left[\frac{\partial\boldsymbol{Z}_i(t_f)}{\partial\boldsymbol{\lambda}_j(t_0)}\right]_{\boldsymbol{\lambda}_j(t_0)=\hat{\boldsymbol{\lambda}}_j(t_0)} \tag{6-71}$$

式中,$\partial\boldsymbol{Z}_i(t_f)/\partial\boldsymbol{\lambda}_j(t_0)$是$\partial\boldsymbol{\Psi}/\partial\boldsymbol{\lambda}$的第$i$行,第$j$列元素。式(6-71)右端表示由第$i$行第$j$列元素构成的矩阵。

由式(6-69)和式(6-70)可得

$$\boldsymbol{\lambda}(t_0)=\hat{\boldsymbol{\lambda}}(t_0)+\left(\frac{\partial\boldsymbol{\Psi}}{\partial\boldsymbol{\lambda}^{\mathrm{T}}(t_0)}\right)^{-1}(\boldsymbol{Z}(t_f)-\hat{\boldsymbol{Z}}(t_f)) \tag{6-72}$$

因$\boldsymbol{\Psi}$一般是非线性函数,式(6-72)是一个近似式,为了求得正确的$\boldsymbol{\lambda}(t_0)$,要用迭代求解。令$\hat{\boldsymbol{\lambda}}^K(t_0)$是第$K$步的估值,则根据式(6-72)可得到如下迭代格式

$$\hat{\boldsymbol{\lambda}}^{K+1}(t_0)=\hat{\boldsymbol{\lambda}}^K(t_0)+\beta\left(\frac{\partial\boldsymbol{\Psi}}{\partial\boldsymbol{\lambda}^{\mathrm{T}}(t_0)}\right)_K^{-1}(\boldsymbol{Z}(t_f)-\hat{\boldsymbol{Z}}^K(t_f)) \tag{6-73}$$

式中,$\boldsymbol{K}$是迭代次数,β是松弛因子,$0\leqslant\beta\leqslant1$,$\beta$可改善收敛性,收敛到最后时,将$\beta$取为1。在第$K$步,用$\hat{\boldsymbol{\lambda}}^K(t_0)$作为估值,积分正则方程,求得$\hat{\boldsymbol{Z}}^K(t_f)$,若

$$\|\boldsymbol{Z}(t_f)-\hat{\boldsymbol{Z}}^K(t_f)\|<\varepsilon \tag{6-74}$$

则停止计算。否则用$\hat{\boldsymbol{\lambda}}^K(t_0)$代替$\hat{\boldsymbol{\lambda}}^{K+1}(t_0)$,再积分正则方程,重复进行。式中,$\varepsilon$为指定的小值。

计算步骤如下:

(1) 由$\dfrac{\partial H}{\partial\boldsymbol{u}}=0$解出$\boldsymbol{u}=\boldsymbol{u}(\boldsymbol{X},\boldsymbol{\lambda},t)$,代入状态和协态方程。

(2) 设已求出$\boldsymbol{\lambda}(t_0)$的第$K$步估计值$\hat{\boldsymbol{\lambda}}^K(t_0)$和给定的$\boldsymbol{X}(t_0)$合在一起,从$t_0$到$t_f$积分正则方程,求出$\boldsymbol{X}^K(t)$,$\boldsymbol{\lambda}^K(t)$。抽出$n$个要求的分量的终值$\hat{\boldsymbol{Z}}^K(t_f)$,若$\|\boldsymbol{Z}(t_f)-\hat{\boldsymbol{Z}}^K(t_f)\|<\varepsilon$,停止计算,否则进行下一步。

(3) 求敏感矩阵$\dfrac{\partial\boldsymbol{\Psi}}{\partial\boldsymbol{\lambda}^{\mathrm{T}}}$。

(4) 按式(6-73)计算$\hat{\boldsymbol{\lambda}}^{K+1}(t_0)$。

(5) 令$K=K+1$回到步骤(2)。

这种方法的缺点如下：第一次估计 $\boldsymbol{\lambda}(t_0)$ 很困难；终端值对 $\boldsymbol{\lambda}(t_0)$ 非常敏感时，$\hat{\boldsymbol{Z}}(t_f)$ 与 $\boldsymbol{Z}(t_f)$ 相差很大，线性关系(6-70)不成立；敏感矩阵难以确定得很精确，对它求逆的运算也容易引入误差。

例 6-3　系统状态方程为

$$\dot{x}_1 = x_2 \qquad x_1(0) = -5 \tag{6-75}$$

$$\dot{x}_2 = -x_1 + 1.4x_2 - 0.14x_2^3 + 4u \qquad x_2(0) = -5 \tag{6-76}$$

性能指标为

$$J(u) = \int_0^{0.1} (x_1^2 + u^2)\mathrm{d}t \tag{6-77}$$

用边界迭代法寻找 $u(t)$，使 $J(u)$ 最小。

解　因终端 $x_1(0.1)$，$x_2(0.1)$ 自由，故

$$\lambda_1(0.1) = \lambda_2(0.1) = 0$$

设 $\lambda_1(t_0)$ 和 $\lambda_2(t_0)$ 的初始估计值为0，迭代结果如表 6-1 所列。可见在第7次迭代时，$\lambda_1(t_f)$、$\lambda_2(t_f)$ 已为0，满足了边界条件。

表 6-1　迭代结果

迭代次数	1	2	4	7	10
$\lambda_1(t_0)$	-1.050 00	-1.041 87	-1.044 01	-1.044 13	-1.044 13
$\lambda_2(t_0)$	-0.050 00	-0.044 15	-0.041 40	-0.041 14	-0.041 40
$\lambda_1(t_f)$	-0.007 11	0.001 83	0.000 13	0.000 00	0.000 00
$\lambda_2(t_f)$	-0.015 89	-0.005 66	0.000 00	0.000 00	0.000 00

6.3.2　拟线性化法

拟线性化法的特点是用迭代算法来改善对正则方程解的估计，使它逐步逼近正则方程的精确解。和前面一样，将正则方程写成

$$\dot{\boldsymbol{Y}} = \boldsymbol{g}(\boldsymbol{Y}, t) \tag{6-78}$$

$$\boldsymbol{Y} \triangleq \begin{bmatrix} \boldsymbol{X} \\ \lambda \end{bmatrix} \tag{6-79}$$

设已知 n 个初始条件 $\boldsymbol{X}(t_0) = \boldsymbol{X}_0$ 和 n 个终端条件 $\boldsymbol{\lambda}(t_f) = \boldsymbol{\lambda}_f$。拟线性化法将非线性两点边值问题转化为线性两点边值问题，因此变得容易求解。

设在迭代的第 K 步获得近似解 $\boldsymbol{Y}^K(t)$，将正则方程(6-78)在 $\boldsymbol{Y}^K(t)$ 展开，保留一次项，可得到 $K+1$ 步的近似解 $\boldsymbol{Y}^{K+1}$，有

$$\dot{\boldsymbol{Y}}^{K+1}=\boldsymbol{g}(Y^{K},t)+\left(\frac{\partial \boldsymbol{g}}{\partial \boldsymbol{Y}}\right)_{K}(Y^{K+1}-Y^{K}) \qquad K=0,1,\cdots \tag{6-80}$$

满足给定边界条件

$$Y_j^{K+1}(t_0)=\boldsymbol{X}_j(t_0)=\boldsymbol{X}_{j0} \qquad j=1,2\cdots,n \tag{6-81}$$

$$Y_j^{K+1}(t_f)=\boldsymbol{\lambda}_j(t_f)=\boldsymbol{\lambda}_{jf} \qquad j=n+1,\ n+2,\cdots,2n \tag{6-82}$$

式(6-80)可写成如下线性非齐次方程：

$$\dot{\boldsymbol{Y}}^{K+1}=\left(\frac{\partial \boldsymbol{g}}{\partial \boldsymbol{Y}}\right)_{K}\boldsymbol{Y}^{K+1}+\left[\boldsymbol{g}(\boldsymbol{Y}^{K},t)-\left(\frac{\partial \boldsymbol{g}}{\partial \boldsymbol{Y}}\right)_{K}\boldsymbol{Y}^{K}\right] \tag{6-83}$$

或

$$\dot{\boldsymbol{Y}}^{K+1}=\boldsymbol{A}_K(t)\boldsymbol{Y}^{K+1}+\boldsymbol{v}_K(t) \tag{6-84}$$

式中，

$$\boldsymbol{A}_K(t)=\left(\frac{\partial \boldsymbol{g}}{\partial \boldsymbol{Y}}\right)_{K} \tag{6-85}$$

是 $2n\times 2n$ 的系统矩阵，

$$\boldsymbol{v}_K(t)=\left[\boldsymbol{g}(\boldsymbol{Y}^{K},t)-\left(\frac{\partial \boldsymbol{g}}{\partial \boldsymbol{Y}}\right)_{K}\boldsymbol{Y}^{K}\right] \tag{6-86}$$

是 $n\times 1$ 驱动函数向量。式(6-84)是线性微分方程，由给定的 $2n$ 个边界条件可确定其通解的 $2n$ 个未知常数，故解 $\boldsymbol{Y}^{K+1}(t)$ 可完全被确定。

当满足

$$\left|Y_i^{K+1}(t)-Y_i^{K}(t)\right|\leqslant \boldsymbol{\varepsilon}_i \qquad i=1,2,\cdots,2n \tag{6-87}$$

可停止计算。

例 6-4 系统方程为

$$\dot{x}=-x^2+u \qquad x(0)=10 \tag{6-88}$$

性能指标为

$$J=\frac{1}{2}\int_0^1(x^2+u^2)\,\mathrm{d}t \tag{6-89}$$

用拟线性化法求 $u(t)$，使 J 最小。

解 哈密顿函数为

$$H=\frac{1}{2}(x^2+u^2)+\lambda(-x^2+u) \tag{6-90}$$

$$\frac{\partial H}{\partial u}=u+\lambda=0$$

$$u=-\lambda \tag{6-91}$$

上式代入状态方程后得到

$$\dot{x} = -x^2 - \lambda \qquad x(0) = 10 \tag{6-92}$$

$$\dot{\lambda} = -\frac{\partial H}{\partial \boldsymbol{X}} = -x + 2\lambda x \qquad \lambda(1) = \frac{\partial \boldsymbol{\Phi}}{\partial \boldsymbol{X}(1)} = 0 \tag{6-93}$$

或写成

$$\dot{\boldsymbol{Y}} = \begin{bmatrix} \dot{x} \\ \dot{\lambda} \end{bmatrix} = \begin{bmatrix} -x^2 - \lambda \\ -x + 2\lambda x \end{bmatrix} \tag{6-94}$$

式(6-94)与式(6-78)对照可知

$$\boldsymbol{g}(\boldsymbol{Y}, t) = \begin{bmatrix} g_1 \\ g_2 \end{bmatrix} = \begin{bmatrix} -x^2 - \lambda \\ -x + 2\lambda x \end{bmatrix} \tag{6-95}$$

根据式(6-85)、式(6-86)可得

$$\boldsymbol{A}_K(t) = \left(\frac{\partial \boldsymbol{g}}{\partial \boldsymbol{Y}}\right)_K = \begin{bmatrix} \partial g_1/\partial x & \partial g_1/\partial \lambda \\ \partial g_2/\partial x & \partial g_2/\partial \lambda \end{bmatrix}_K = \begin{bmatrix} -2x^K & -1 \\ 2\lambda^K - 1 & 2x^K \end{bmatrix} \tag{6-96}$$

$$\begin{aligned} \boldsymbol{v}_K(t) &= [\boldsymbol{g}(\boldsymbol{Y}^K, t)] - \left[\left(\frac{\partial \boldsymbol{g}}{\partial \boldsymbol{Y}}\right)_K \boldsymbol{Y}^K\right] \\ &= \begin{bmatrix} -(x^K)^2 - \lambda^K \\ -x^K + 2\lambda^K x^K \end{bmatrix} - \begin{bmatrix} -2x^K & -1 \\ 2\lambda^K - 1 & 2x^K \end{bmatrix} \begin{bmatrix} x^K \\ \lambda^K \end{bmatrix} \\ &= \begin{bmatrix} (x^K)^2 \\ -2\lambda^K x^K \end{bmatrix} \end{aligned} \tag{6-97}$$

于是线性化后的正则方程(6-84)中的系数阵 $\boldsymbol{A}_K(t)$ 和驱动项 $\boldsymbol{v}_K(t)$ 都已确定，解这个非齐次时变微分方程，并用边界条件 $x^{K+1}(0) = 10$ 和 $\lambda^{K+1}(1) = 0$ 以决定通解中的未定常数，就完全确定了 $\boldsymbol{Y}^{K+1}(t)$，这就完成了一次迭代。当满足式(6-87)时，停止计算，求解结束。

6.4 小结

最优控制的计算方法可分为直接法和间接法两大类。直接法的特点是，在每步迭代中并不满足哈密顿函数 H 取极小的必要条件，只是在迭代终了才满足这个条件；另外积分状态方程时是从 t_0 到 t_f，而积分协态方程时是从 t_f 到 t_0。由于状态和协态的稳定性是相反的，这种双向积分，可使最优化过程非常稳定。但在远离最优解时收敛速度快，在接近最优解时收敛得慢。间接法的特点是，在每

步迭代中都满足 H 取极小的必要条件；另外，它同时从一个方向（从 t_0 到 t_f 或从 t_f 到 t_0）积分状态和协态方程。由于状态和协态的稳定性相反，这就使得对边界条件的初始估计非常敏感。尤其当终端时刻远远大于系统的最小时间常数时，收敛性可能很差。

习　　题

1. 已知给定一阶系统 $\dot{x} = -x + 1.5u, x(0) = 5$，试用梯度法求最优控制 u，使得性能指标 $J = \frac{1}{2}\int_0^2 (x^2 + u^2)\mathrm{d}t$ 最小。

2. 设给定一阶系统 $\dot{x} = -2x + u, x(0) = 1$，试用共轭梯度法求解最优控制 u，使得性能指标 $J = \frac{1}{2}x^2(2) + \frac{1}{2}\int_0^2 u^2\mathrm{d}t$ 最小。

3. 设给定二阶系统及初始条件为

$$\dot{x}_1 = x_2, x_1(0) = 2$$

$$\dot{x}_2 = -x_1 + u, x_2(0) = 0$$

性能指标为

$$J = 2x_1^2(2) + \frac{1}{2}\int_0^2 u^2\mathrm{d}t$$

试用边界迭代法求解最优控制 u，使得 J 最小。

4. 系统方程为 $\dot{x} = -x^2 + 2u, x(0) = 5$，性能指标为

$$J = \int_0^1 (x^2 + 2u^2)\mathrm{d}t$$

试用拟线性化法求最优控制 $u(t)$，使 J 最小。

第7章　随机最优控制

前几章中,讨论了系统不存在随机干扰情况下的最优控制问题。但是,实际系统无法避免随机干扰。本章研究随机干扰作用下系统的最优控制问题,即要同时考虑干扰的最优估计和最优控制。为简化问题,仅讨论系统是线性的、指标函数是二次型的以及随机干扰是高斯分布噪声情况下的最优控制问题,即所谓LQG问题(Linear Quadratic Gaussian Problem)。在这种情况下,可将最优控制问题和状态变量的最优估计问题分开来讨论。本章将介绍著名的分离定理,根据分离定理,可以在设计控制器时直接利用系统状态变量。而在研究状态变量的最优估计时,则可假定控制信号是已知的确定性函数。最后将控制规律中的状态变量用其估计值代替,就得到了随机线性系统的最优控制。

7.1　分离定理与离散系统的随机线性控制器

已知确定性线性二次型最优控制的结论如下:

线性离散系统状态方程

$$\boldsymbol{X}(k+1)=\boldsymbol{A}(k)\boldsymbol{X}(k)+\boldsymbol{B}(k)\boldsymbol{U}(k) \tag{7-1}$$

二次型性能指标

$$J=\frac{1}{2}\boldsymbol{X}^{\mathrm{T}}(N)\boldsymbol{P}(N)\boldsymbol{X}(N)+\frac{1}{2}\sum_{k=0}^{N-1}\left[\boldsymbol{X}^{\mathrm{T}}(k)\boldsymbol{Q}(k)\boldsymbol{X}(k)+\boldsymbol{U}^{\mathrm{T}}(k)\boldsymbol{R}(k)\boldsymbol{U}(k)\right] \tag{7-2}$$

式中,$\boldsymbol{P}(N)$,$\boldsymbol{Q}(k)$为半正定加权阵,$\boldsymbol{R}(k)$为正定加权阵。最优控制为

$$\boldsymbol{U}(k)=-\left[\boldsymbol{R}(k)+\boldsymbol{B}^{\mathrm{T}}(k)\boldsymbol{K}(k+1)\boldsymbol{R}(k)\right]^{-1}\boldsymbol{B}^{\mathrm{T}}(k)\boldsymbol{K}(k+1)\boldsymbol{A}(k)\boldsymbol{X}(k) \tag{7-3}$$

式中,$\boldsymbol{K}(k)$满足矩阵黎卡提差分方程

$$\begin{aligned}\boldsymbol{K}(k)=&\boldsymbol{Q}(k)+\boldsymbol{A}^{\mathrm{T}}(k)\boldsymbol{K}(k+1)\boldsymbol{A}(k)-\boldsymbol{A}^{\mathrm{T}}(k)\boldsymbol{K}(k+1)\boldsymbol{B}(k)\cdot\\&\left[\boldsymbol{R}(k)+\boldsymbol{B}^{\mathrm{T}}(k)\boldsymbol{K}(k+1)\boldsymbol{B}(k)\right]^{-1}\boldsymbol{B}^{\mathrm{T}}(k)\boldsymbol{K}(k+1)\boldsymbol{A}(k)\end{aligned} \tag{7-4}$$

$$\boldsymbol{K}(N)=\boldsymbol{P}(N) \tag{7-5}$$

在随机系统中,上面的方程表示为

$$X(k)=X_k \quad U(k)=U_k \quad A(k)=\boldsymbol{\Phi}_{k+1,k} \quad B(k)=\boldsymbol{\Gamma}(k)$$

$$P(N)=P_N \quad Q(k)=\overline{Q}_k \quad R(k)=\overline{R}_k \quad K(k)=\overline{K}_k \tag{7-6}$$

则

$$X_{k+1}=\boldsymbol{\Phi}_{k+1,k}X_k+\boldsymbol{\Gamma}_kU_k \tag{7-7}$$

$$J=\frac{1}{2}X_N^{\mathrm{T}}P_NX_N+\frac{1}{2}\sum_{K=0}^{N-1}[X_k^{\mathrm{T}}\overline{Q}_kX_k+U_k^{\mathrm{T}}\overline{R}_kU_k] \tag{7-8}$$

$$U_k=-[\overline{R}_k+\boldsymbol{\Gamma}_k\overline{K}_{k+1}\overline{R}_k]^{-1}\boldsymbol{\Gamma}_k{}^{\mathrm{T}}\overline{K}_{k+1}\boldsymbol{\Phi}_{k+1,k}X_k \tag{7-9}$$

令

$$\boldsymbol{\Lambda}_{k+1}=[\overline{R}_k+\boldsymbol{\Gamma}_k\overline{K}_{k+1}\overline{R}_k]^{-1}\boldsymbol{\Gamma}_k{}^{\mathrm{T}}\overline{K}_{k+1} \tag{7-10}$$

式中,$\overline{K}_k$满足如下矩阵黎卡提差分方程:

$$\overline{K}_k=\overline{Q}_k+\boldsymbol{\Phi}_{k+1,k}^{\mathrm{T}}\overline{K}_{k+1}\boldsymbol{\Phi}_{k+1,k}-\boldsymbol{\Phi}_{k+1,k}^{\mathrm{T}}\overline{K}_{k+1}\boldsymbol{\Gamma}_k[\overline{R}_k+\boldsymbol{\Gamma}_k{}^{\mathrm{T}}\overline{K}_{k+1}\boldsymbol{\Gamma}_k]^{-1}\boldsymbol{\Gamma}_k{}^{\mathrm{T}}\overline{K}_{k+1}\boldsymbol{\Phi}_{k+1,k} \tag{7-11}$$

$$\overline{K}_N=P_N \tag{7-12}$$

所以

$$U_k=-\boldsymbol{\Lambda}_{k+1}\boldsymbol{\Phi}_{k+1,k}X_k \tag{7-13}$$

用 W_k,V_k表示零均值高斯分布的白噪声,满足

$$E[W_k]=0 \qquad E[W_kW_j{}^{\mathrm{T}}]=Q_k\boldsymbol{\delta}_{kj}$$

$$E[V_k]=0 \qquad E[V_kV_j^{\mathrm{T}}]=R_k\boldsymbol{\delta}_{kj}$$

$$E[W_kV_j^{\mathrm{T}}]=0 \tag{7-14}$$

随机线性系统的状态方程和测量方程为

$$X_{k+1}=\boldsymbol{\Phi}_{k+1,k}X_k+\boldsymbol{\Gamma}_kU_k+W_k \tag{7-15}$$

$$Z_{k+1}=H_{k+1}X_{k+1}+V_{k+1} \tag{7-16}$$

对于这样一类线性随机系统,在设计最优反馈控制时,由于状态向量 X_k的随机性,式(7-8)所表示的性能指标也是随机变量,直接考虑它的最小化问题是没有意义的。将式(7-8)的数学期望作为随机最优控制的指标函数并省去$\frac{1}{2}$这个因子,有

$$\begin{aligned} J&=E\{X_N^{\mathrm{T}}P_NX_N+\sum_{k=0}^{N-1}(X_k^{\mathrm{T}}\overline{Q}_kX_k+U_k^{\mathrm{T}}\overline{R}_kU_k)\} \\ &=E\{\sum_{k=0}^{N}(X_k^{\mathrm{T}}\overline{Q}_kX_k+U_{k-1}^{\mathrm{T}}\overline{R}_{k-1}U_{k-1})\} \end{aligned} \tag{7-17}$$

式中,

$$\overline{Q}_N = P_N \tag{7-18}$$

注意，为了与噪声方差阵符号区分，式中将加权阵改为 $\overline{Q}_k,\overline{R}_k$。

这一问题可用动态规划的最优性原理来求解。从最后的区间反向依次计算 U_{N-1}、U_{N-2}、…、U_0。

1. 一步问题

首先考虑从采样时刻 $k=N-1$ 到终止时刻 $k=N$ 的最优控制 U_{N-1}，使这一步的指标函数为最小，即

$$J_1^* = \min_{U_{N-1}} E\{X_N^{\mathrm{T}}\overline{Q}_N X_N + U_{N-1}^{\mathrm{T}}\overline{R}_{N-1}U_{N-1}\} \tag{7-19}$$

将 $k=N-1$ 时的状态转移方程(7-15)代入式(7-19)，消去 X_N 后得到

$$\begin{aligned} J_1^* = \min_{U_{N-1}} E\{&(\boldsymbol{\Phi}_{N,N-1}X_{N-1} + \boldsymbol{\Gamma}_{N-1}U_{N-1} + W_{N-1})^{\mathrm{T}} \cdot \\ &\overline{Q}_N(\boldsymbol{\Phi}_{N,N-1}X_{N-1} + \boldsymbol{\Gamma}_{N-1}U_{N-1} + W_{N-1}) + U_{N-1}^{\mathrm{T}}\overline{R}_{N-1}U_{N-1}\} \end{aligned} \tag{7-20}$$

将式(7-20)展开(为简明起见，暂时不写下标)得

$$\begin{aligned} J_1^* = \min_{U_{N-1}} E\{&X^{\mathrm{T}}\boldsymbol{\Phi}^{\mathrm{T}}\overline{Q}\boldsymbol{\Phi}X + X^{\mathrm{T}}\boldsymbol{\Phi}^{\mathrm{T}}\overline{Q}\boldsymbol{\Gamma}U + X^{\mathrm{T}}\boldsymbol{\Phi}^{\mathrm{T}}\overline{Q}W \\ &+ W^{\mathrm{T}}\overline{Q}\boldsymbol{\Phi}X + W^{\mathrm{T}}\overline{Q}\boldsymbol{\Gamma}U + W^{\mathrm{T}}\overline{Q}W + U^{\mathrm{T}}\boldsymbol{\Gamma}^{\mathrm{T}}\overline{Q}\boldsymbol{\Phi}X \\ &+ U^{\mathrm{T}}\boldsymbol{\Gamma}^{\mathrm{T}}\overline{Q}W + U^{\mathrm{T}}(\boldsymbol{\Gamma}^{\mathrm{T}}\overline{Q}\boldsymbol{\Gamma} + \overline{R})U\} \end{aligned} \tag{7-21}$$

由于其中每一项均为标量，并且 $\overline{Q}$ 是对称阵，于是

$$\begin{aligned} J_1^* = \min_{U_{N-1}} E\{&X^{\mathrm{T}}\boldsymbol{\Phi}^{\mathrm{T}}\overline{Q}\boldsymbol{\Phi}X + 2X^{\mathrm{T}}\boldsymbol{\Phi}^{\mathrm{T}}\overline{Q}\boldsymbol{\Gamma}U \\ &+ 2X^{\mathrm{T}}\boldsymbol{\Phi}^{\mathrm{T}}\overline{Q}W + 2W^{\mathrm{T}}\overline{Q}\boldsymbol{\Gamma}U + W^{\mathrm{T}}\overline{Q}W + U^{\mathrm{T}}(\boldsymbol{\Gamma}^{\mathrm{T}}\overline{Q}\boldsymbol{\Gamma} + \overline{R})U\} \end{aligned} \tag{7-22}$$

由式(7-15)可知 X_k 只与 W_{k-1}、W_{k-2}、…、W_0 有关而与 W_k 无关，并且 W_k 是零均值的，所以式(7-22)中第三项和第四项的均值为0。又因为所求控制量所依据的信息只有系统过去的输出量(状态变量不能直接测量)和初始状态的均值，即

$$U_k = f_k(Z^k, m_0)$$

式中，$m_0 = E[X_0]$，

$$Z^k \triangleq (Z_1, Z_2, \cdots, Z_k)^{\mathrm{T}} \tag{7-23}$$

根据 W_k 与 Z^k 和 X_0 的随机独立性，可知 U_k 与 W_k 也是独立的，所以式(7-20)中第四项的均值也为0。至此 J_1^* 化为(恢复下标)

$$\begin{aligned} J_1^* = \min_{U_{N-1}} E\{&X_{N-1}^{\mathrm{T}}\boldsymbol{\Phi}_{N,N-1}^{\mathrm{T}}\overline{Q}_N\boldsymbol{\Phi}_{N,N-1}X_{N-1} + 2X_{N-1}^{\mathrm{T}}\boldsymbol{\Phi}_{N,N-1}^{\mathrm{T}}\overline{Q}_N\boldsymbol{\Gamma}_{N-1}U_{N-1} \\ &+ W_{N-1}^{\mathrm{T}}\overline{Q}_N W_{N-1} + U_{N-1}^{\mathrm{T}}(\boldsymbol{\Gamma}_{N-1}^{\mathrm{T}}\overline{Q}_N\boldsymbol{\Gamma}_{N-1} + \overline{R}_{N-1})U_{N-1}\} \end{aligned} \tag{7-24}$$

根据条件概率的定义可知

$$E[\boldsymbol{\xi}]=E_{\eta}[E_{\xi}(\boldsymbol{\xi}\mid\boldsymbol{\eta})] \tag{7-25}$$

于是式(7-24)可进一步化为

$$\begin{aligned}J_1^*=\min_{\boldsymbol{U}_{N-1}}E\{E[&\boldsymbol{X}_{N-1}^{\mathrm{T}}\boldsymbol{\Phi}_{N,N-1}^{\mathrm{T}}\overline{\boldsymbol{Q}}_N\boldsymbol{\Phi}_{N,N-1}\boldsymbol{X}_{N-1}+2\boldsymbol{X}_{N-1}^{\mathrm{T}}\boldsymbol{\Phi}_{N,N-1}^{\mathrm{T}}\overline{\boldsymbol{Q}}_N\boldsymbol{\Gamma}_{N-1}\boldsymbol{U}_{N-1}\\&+\boldsymbol{W}_{N-1}^{\mathrm{T}}\overline{\boldsymbol{Q}}_N\boldsymbol{W}_{N-1}+\boldsymbol{U}_{N-1}^{\mathrm{T}}(\boldsymbol{\Gamma}_{N-1}^{\mathrm{T}}\overline{\boldsymbol{Q}}_N\boldsymbol{\Gamma}_{N-1}+\overline{\boldsymbol{R}}_{N-1})\boldsymbol{U}_{N-1}\mid\boldsymbol{Z}^{N-1},m_0]\}\end{aligned} \tag{7-26}$$

由于 m_0 非随机,所以式(7-26)外层数学期望只是对 $\boldsymbol{Z}^{N-1}$ 取的,为了找到 $\boldsymbol{U}_{N-1}$ 使 J_1 最小,这等价于使式(7-26)内层的条件数学期望最小。此时假定 $\boldsymbol{Z}^{N-1}$ 给定,而 $\boldsymbol{U}_{N-1}$ 是 $\boldsymbol{Z}^{N-1}$ 的确定性函数,因此 $\boldsymbol{U}_{N-1}$ 与求内层条件数学期望无关,即有

$$E[2\boldsymbol{X}_{N-1}^{\mathrm{T}}\boldsymbol{\Phi}_{N,N-1}^{\mathrm{T}}\overline{\boldsymbol{Q}}_N\boldsymbol{\Gamma}_{N-1}\boldsymbol{U}_{N-1}\mid\boldsymbol{Z}^{N-1},m_0]=2E[\boldsymbol{X}_{N-1}^{\mathrm{T}}\mid\boldsymbol{Z}^{N-1},m_0]\boldsymbol{\Phi}_{N,N-1}^{\mathrm{T}}\overline{\boldsymbol{Q}}_N\boldsymbol{\Gamma}_{N-1}\boldsymbol{U}_{N-1}$$

且有

$$E[\boldsymbol{U}_{N-1}^{\mathrm{T}}(\boldsymbol{\Gamma}_{N-1}^{\mathrm{T}}\overline{\boldsymbol{Q}}_N\boldsymbol{\Gamma}_{N-1}+\overline{\boldsymbol{R}}_N)\boldsymbol{U}_{N-1}\mid\boldsymbol{Z}^{N-1},m_0]=\boldsymbol{U}_{N-1}^{\mathrm{T}}(\boldsymbol{\Gamma}_{N-1}^{\mathrm{T}}\overline{\boldsymbol{Q}}_N\boldsymbol{\Gamma}_{N-1}+\overline{\boldsymbol{R}}_{N-1})\boldsymbol{U}_{N-1}$$

然后,将这些与 $\boldsymbol{U}_{N-1}$ 有关的项对 $\boldsymbol{U}_{N-1}$ 求导并令其等于0,即

$$\begin{aligned}\frac{\partial}{\partial\boldsymbol{U}_{N-1}}\{&2E[\boldsymbol{X}_{N-1}^{\mathrm{T}}\mid\boldsymbol{Z}^{N-1},m_0]\boldsymbol{\Phi}_{N,N-1}^{\mathrm{T}}\overline{\boldsymbol{Q}}_N\boldsymbol{\Gamma}_{N-1}\boldsymbol{U}_{N-1}\\&+\boldsymbol{U}_{N-1}^{\mathrm{T}}(\boldsymbol{\Gamma}_{N-1}^{\mathrm{T}}\overline{\boldsymbol{Q}}_N\boldsymbol{\Gamma}_{N-1}+\overline{\boldsymbol{R}}_{N-1})\boldsymbol{U}_{N-1}\}=0\end{aligned}$$

利用标量对向量的求导公式,可得

$$2\boldsymbol{\Gamma}_{N-1}^{\mathrm{T}}\overline{\boldsymbol{Q}}_N\boldsymbol{\Phi}_{N,N-1}E[\boldsymbol{X}_{N-1}\mid\boldsymbol{Z}^{N-1},m_0]+2(\boldsymbol{\Gamma}_{N-1}^{\mathrm{T}}\overline{\boldsymbol{Q}}_N\boldsymbol{\Gamma}_{N-1}+\overline{\boldsymbol{R}}_{N-1})\boldsymbol{U}_{N-1}=0$$

由此解出最优控制 $\boldsymbol{U}_{N-1}$ 为

$$\boldsymbol{U}_{N-1}=-(\boldsymbol{\Gamma}_{N-1}^{\mathrm{T}}\overline{\boldsymbol{Q}}_N\boldsymbol{\Gamma}_{N-1}+\overline{\boldsymbol{R}}_{N-1})^{-1}\boldsymbol{\Gamma}_{N-1}^{\mathrm{T}}\overline{\boldsymbol{Q}}_N\boldsymbol{\Phi}_{N,N-1}E[\boldsymbol{X}_{N-1}\mid\boldsymbol{Z}^{N-1},m_0] \tag{7-27}$$

最小方差估计即条件均值,在高斯分布情况下,线性最小方差估计即最小方差估计,因为卡尔曼滤波值是线性最小方差估计,所以滤波值 $\hat{\boldsymbol{X}}_{N-1}$ 就是条件均值,即

$$E[\boldsymbol{X}_{N-1}\mid\boldsymbol{Z}^{N-1},m_0]=\hat{\boldsymbol{X}}_{N-1} \tag{7-28}$$

于是式(7-27)可化为

$$\boldsymbol{U}_{N-1}=-(\boldsymbol{\Gamma}_{N-1}^{\mathrm{T}}\overline{\boldsymbol{Q}}_N\boldsymbol{\Gamma}_{N-1}+\overline{\boldsymbol{R}}_{N-1})^{-1}\boldsymbol{\Gamma}_{N-1}^{\mathrm{T}}\overline{\boldsymbol{Q}}_N\boldsymbol{\Phi}_{N,N-1}\hat{\boldsymbol{X}}_{N-1} \tag{7-29}$$

将式(7-29)与确定性最优控制的解式(7-13)(令 $k=N-1$)对照,并注意式(7-12)即 $\overline{\boldsymbol{Q}}_N=\boldsymbol{P}_N=\overline{\boldsymbol{K}}_N$,可见两者形式完全一样,只是将 $\hat{\boldsymbol{X}}_{N-1}$ 代替 $\boldsymbol{X}_{N-1}$ 而已。式(7-29)还可简化为

$$\boldsymbol{U}_{N-1}=-\boldsymbol{\Lambda}_N\boldsymbol{\Phi}_{N,N-1}\hat{\boldsymbol{X}}_{N-1} \tag{7-30}$$

式中，

$$\boldsymbol{\Lambda}_N=(\boldsymbol{\Gamma}_{N-1}^{\mathrm{T}}\overline{\boldsymbol{Q}}_N\boldsymbol{\Gamma}_{N-1}+\overline{\boldsymbol{R}}_{N-1})^{-1}\boldsymbol{\Gamma}_{N-1}^{\mathrm{T}}\overline{\boldsymbol{Q}}_N \tag{7-31}$$

下面来计算最后一段的最优指标值 J_1^*。将式(7-30)代入式(7-24)得

$$\begin{aligned}J_1^*=E\{&\boldsymbol{X}_{N-1}^{\mathrm{T}}\boldsymbol{\Phi}_{N,N-1}^{\mathrm{T}}\overline{\boldsymbol{Q}}_N\boldsymbol{\Phi}_{N,N-1}\boldsymbol{X}_{N-1}-2\boldsymbol{X}_{N-1}^{\mathrm{T}}\boldsymbol{\Phi}_{N,N-1}^{\mathrm{T}}\overline{\boldsymbol{Q}}_N\boldsymbol{\Gamma}_{N-1}\boldsymbol{\Lambda}_N\boldsymbol{\Phi}_{N,N-1}\hat{\boldsymbol{X}}_{N-1}\\&+\boldsymbol{W}_{N-1}^{\mathrm{T}}\overline{\boldsymbol{Q}}_N\boldsymbol{W}_{N-1}+\hat{\boldsymbol{X}}_{N-1}^{\mathrm{T}}\boldsymbol{\Phi}_{N,N-1}^{\mathrm{T}}\boldsymbol{\Lambda}_N^{\mathrm{T}}(\boldsymbol{\Gamma}_{N-1}^{\mathrm{T}}\overline{\boldsymbol{Q}}_N\boldsymbol{\Gamma}_{N-1}+\overline{\boldsymbol{R}}_{N-1})\boldsymbol{\Lambda}_N\boldsymbol{\Phi}_{N,N-1}\hat{\boldsymbol{X}}_{N-1}\}\end{aligned} \tag{7-32}$$

式(7-32)第二项可写成(略去下标)

$$\begin{aligned}-2\boldsymbol{X}^{\mathrm{T}}\boldsymbol{\Phi}^{\mathrm{T}}\overline{\boldsymbol{Q}}\boldsymbol{\Gamma}\boldsymbol{\Lambda}\boldsymbol{\Phi}\hat{\boldsymbol{X}}&=-2\boldsymbol{X}^{\mathrm{T}}\boldsymbol{\Phi}^{\mathrm{T}}\overline{\boldsymbol{Q}}\boldsymbol{\Gamma}(\boldsymbol{\Gamma}^{\mathrm{T}}\overline{\boldsymbol{Q}}\boldsymbol{\Gamma}+\overline{\boldsymbol{R}})^{-1}\boldsymbol{\Gamma}^{\mathrm{T}}\overline{\boldsymbol{Q}}\boldsymbol{\Phi}\hat{\boldsymbol{X}}\\&=-2\boldsymbol{X}^{\mathrm{T}}\boldsymbol{S}\hat{\boldsymbol{X}}\end{aligned} \tag{7-33}$$

式中，

$$\boldsymbol{S}=\boldsymbol{\Phi}^{\mathrm{T}}\overline{\boldsymbol{Q}}\boldsymbol{\Gamma}(\boldsymbol{\Gamma}^{\mathrm{T}}\overline{\boldsymbol{Q}}\boldsymbol{\Gamma}+\overline{\boldsymbol{R}})^{-1}\boldsymbol{\Gamma}^{\mathrm{T}}\overline{\boldsymbol{Q}}\boldsymbol{\Phi}=\boldsymbol{\Phi}^{\mathrm{T}}\overline{\boldsymbol{Q}}\boldsymbol{\Gamma}\boldsymbol{\Lambda}\Phi \tag{7-34}$$

是对称阵。式(7-32)第四项可写成

$$\begin{aligned}&\hat{\boldsymbol{X}}^{\mathrm{T}}\boldsymbol{\Phi}^{\mathrm{T}}\boldsymbol{\Lambda}^{\mathrm{T}}(\boldsymbol{\Gamma}^{\mathrm{T}}\overline{\boldsymbol{Q}}\boldsymbol{\Gamma}+\overline{\boldsymbol{R}})\boldsymbol{\Lambda}\boldsymbol{\Phi}\hat{\boldsymbol{X}}=\hat{\boldsymbol{X}}^{\mathrm{T}}\boldsymbol{\Phi}^{\mathrm{T}}\boldsymbol{Q}\boldsymbol{\Gamma}(\boldsymbol{\Gamma}^{\mathrm{T}}\overline{\boldsymbol{Q}}\boldsymbol{\Gamma}+\overline{\boldsymbol{R}})^{-1}(\boldsymbol{\Gamma}^{\mathrm{T}}\boldsymbol{Q}\boldsymbol{\Gamma}+\overline{\boldsymbol{R}})\\&(\boldsymbol{\Gamma}^{\mathrm{T}}\overline{\boldsymbol{Q}}\boldsymbol{\Gamma}+\overline{\boldsymbol{R}})^{-1}\boldsymbol{\Gamma}^{\mathrm{T}}\overline{\boldsymbol{Q}}\boldsymbol{\Phi}\hat{\boldsymbol{X}}=\hat{\boldsymbol{X}}^{\mathrm{T}}\boldsymbol{\Phi}^{\mathrm{T}}\overline{\boldsymbol{Q}}\boldsymbol{\Gamma}(\boldsymbol{\Gamma}^{\mathrm{T}}\overline{\boldsymbol{Q}}\boldsymbol{\Gamma}+\overline{\boldsymbol{R}})^{-1}\boldsymbol{\Gamma}^{\mathrm{T}}\boldsymbol{Q}\boldsymbol{\Phi}\hat{\boldsymbol{X}}=\hat{\boldsymbol{X}}^{\mathrm{T}}\boldsymbol{S}\hat{\boldsymbol{X}}\end{aligned} \tag{7-35}$$

而式(7-33)与式(7-35)相加得

$$\begin{aligned}-2\boldsymbol{X}^{\mathrm{T}}\boldsymbol{S}\hat{\boldsymbol{X}}+\hat{\boldsymbol{X}}^{\mathrm{T}}\boldsymbol{S}\hat{\boldsymbol{X}}&=(\hat{\boldsymbol{X}}-2\boldsymbol{X})^{\mathrm{T}}\boldsymbol{S}\hat{\boldsymbol{X}}=-(\tilde{\boldsymbol{X}}+\boldsymbol{X})^{\mathrm{T}}\boldsymbol{S}(\boldsymbol{X}-\tilde{\boldsymbol{X}})\\&=-\tilde{\boldsymbol{X}}^{\mathrm{T}}\boldsymbol{S}\boldsymbol{X}+\tilde{\boldsymbol{X}}^{\mathrm{T}}\boldsymbol{S}\tilde{\boldsymbol{X}}-\boldsymbol{X}^{\mathrm{T}}\boldsymbol{S}\boldsymbol{X}+\boldsymbol{X}^{\mathrm{T}}\boldsymbol{S}\tilde{\boldsymbol{X}}\\&=\tilde{\boldsymbol{X}}^{\mathrm{T}}\boldsymbol{S}\tilde{\boldsymbol{X}}-\boldsymbol{X}^{\mathrm{T}}\boldsymbol{S}\boldsymbol{X}\end{aligned} \tag{7-36}$$

式中，$\tilde{\boldsymbol{X}}=\boldsymbol{X}-\hat{\boldsymbol{X}}$。将式(7-33)~式(7-36)代入式(7-32)可得

$$J_1^*=E\{\boldsymbol{X}^{\mathrm{T}}\boldsymbol{\Phi}^{\mathrm{T}}\overline{\boldsymbol{Q}}\boldsymbol{\Phi}\boldsymbol{X}+\boldsymbol{W}^{\mathrm{T}}\overline{\boldsymbol{Q}}\boldsymbol{W}+\tilde{\boldsymbol{X}}^{\mathrm{T}}\boldsymbol{S}\tilde{\boldsymbol{X}}-\boldsymbol{X}^{\mathrm{T}}\boldsymbol{S}\boldsymbol{X}\}$$

利用式(7-34)合并同类项,并恢复下标,可得

$$J_1^*=E\{\boldsymbol{X}_{N-1}^{\mathrm{T}}\boldsymbol{\Phi}_{N,N-1}^{\mathrm{T}}\tilde{\boldsymbol{Q}}_N\boldsymbol{\Phi}_{N,N-1}\boldsymbol{X}_{N-1}\}+\alpha_{N-1} \tag{7-37}$$

式中，

$$\tilde{\boldsymbol{Q}}_N=\boldsymbol{Q}_N^0-\boldsymbol{Q}_N^0\boldsymbol{\Gamma}_{N-1}\boldsymbol{\Lambda}_N,\qquad \boldsymbol{Q}_N^0=\overline{\boldsymbol{Q}}_N \tag{7-38}$$

$$\alpha_{N-1}=E\{\boldsymbol{W}_{N-1}^{\mathrm{T}}\boldsymbol{Q}_N^0\boldsymbol{W}_{N-1}+\tilde{\boldsymbol{X}}_{N-1}^{\mathrm{T}}\boldsymbol{\Phi}_{N,N-1}^{\mathrm{T}}\boldsymbol{Q}_N^0\boldsymbol{\Gamma}_{N-1}\boldsymbol{\Lambda}_N\boldsymbol{\Phi}_{N,N-1}\tilde{\boldsymbol{X}}_{N-1}\} \tag{7-39}$$

式中，α_{N-1}反映了由动态噪声 $\boldsymbol{W}_{N-1}$和滤波误差 $\tilde{\boldsymbol{X}}_{N-1}$造成的指标函数的增加。在确定性最优控制中因 $\boldsymbol{Q}_N^0$为 0，这项将为 0。

2. 两步问题

接下来讨论最后两步的最优控制问题。根据动态规划最优化原则，可将最后两步的最优化指标表示为

$$J_2^* = \min_{\boldsymbol{U}_{N-2}} \{ E\{ \boldsymbol{X}_{N-1}^{\mathrm{T}} \overline{\boldsymbol{Q}}_{N-1} \boldsymbol{X}_{N-1} + \boldsymbol{U}_{N-2}^{\mathrm{T}} \overline{\boldsymbol{R}}_{N-2} \boldsymbol{U}_{N-2} \} + J_1^* \} \tag{7-40}$$

将一步最优化的结果式(7－37)代入式(7－40)，并注意到 α_{N-1}不受 $\boldsymbol{U}_{N-2}$的影响，可将它提到 min 号之外，即可得到

$$\begin{aligned} J_2^* &= \min_{\boldsymbol{U}_{N-2}} E\{ \boldsymbol{X}_{N-1}^{\mathrm{T}} \overline{\boldsymbol{Q}}_{N-1} \boldsymbol{X}_{N-1} + \boldsymbol{U}_{N-2}^{\mathrm{T}} \overline{\boldsymbol{R}}_{N-2} \boldsymbol{U}_{N-2} + \boldsymbol{X}_{N-1}^{\mathrm{T}} \boldsymbol{\Phi}_{N,N-1}^{\mathrm{T}} \tilde{\boldsymbol{Q}}_N \boldsymbol{\Phi}_{N,N-1} \boldsymbol{X}_{N-1} \} + \alpha_{N-1} \\ &= \min_{\boldsymbol{U}_{N-2}} E\{ \boldsymbol{X}_{N-1}^{\mathrm{T}} \boldsymbol{Q}_{N-1}^0 \boldsymbol{X}_{N-1} + \boldsymbol{U}_{N-2}^{\mathrm{T}} \overline{\boldsymbol{R}}_{N-2} \boldsymbol{U}_{N-2} \} + \alpha_{N-1} \end{aligned} \tag{7-41}$$

式中，

$$\boldsymbol{Q}_{N-1}^0 = \overline{\boldsymbol{Q}}_{N-1} + \boldsymbol{\Phi}_{N,N-1}^{\mathrm{T}} \tilde{\boldsymbol{Q}}_N \boldsymbol{\Phi}_{N,N-1} \tag{7-42}$$

将 J_2^*的表达式(7－41)与 J_1^*的表达式(7－19)相比，可见除 J_2^*中多一个常数项 α_{N-1}之外，两者形式完全相同，于是可重复一步最优化过程的步骤，得到如下的结果：

$$\boldsymbol{U}_{N-2} = -\boldsymbol{\Lambda}_{N-1} \boldsymbol{\Phi}_{N-1,N-2} \hat{\boldsymbol{X}}_{N-2} \tag{7-43}$$

$$\boldsymbol{\Lambda}_{N-1} = (\boldsymbol{\Gamma}_{N-2}^{\mathrm{T}} \boldsymbol{Q}_{N-1}^0 \boldsymbol{\Gamma}_{N-2} + \overline{\boldsymbol{R}}_{N-2})^{-1} \boldsymbol{\Gamma}_{N-2}^{\mathrm{T}} \boldsymbol{Q}_{N-1}^0 \tag{7-44}$$

$$\boldsymbol{Q}_{N-1}^0 = \overline{\boldsymbol{Q}}_{N-1} + \boldsymbol{\Phi}_{N,N-1}^{\mathrm{T}} \tilde{\boldsymbol{Q}}_N \boldsymbol{\Phi}_{N,N-1} \tag{7-45}$$

$$\tilde{\boldsymbol{Q}}_{N-1} = \boldsymbol{Q}_{N-1}^0 - \boldsymbol{Q}_{N-1}^0 \boldsymbol{\Gamma}_{N-2} \boldsymbol{\Lambda}_{N-1} \tag{7-46}$$

$$J_2^* = E\{ \boldsymbol{X}_{N-2}^{\mathrm{T}} \boldsymbol{\Phi}_{N-1,N-2}^{\mathrm{T}} \tilde{\boldsymbol{Q}}_{N-1} \boldsymbol{\Phi}_{N-1,N-2} \boldsymbol{X}_{N-2} \} + \alpha_{N-2} \tag{7-47}$$

$$\begin{aligned} \alpha_{N-2} &= \alpha_{N-1} + E\{ \boldsymbol{W}_{N-2}^{\mathrm{T}} \boldsymbol{Q}_{N-1}^0 \boldsymbol{W}_{N-1} + \tilde{\boldsymbol{X}}_{N-2}^{\mathrm{T}} \boldsymbol{\Phi}_{N-1,N-2}^{\mathrm{T}} \boldsymbol{Q}_{N-1}^0 \boldsymbol{T}_{N-2} \boldsymbol{\Lambda}_{N-1} \boldsymbol{\Phi}_{N-1,N-2} \tilde{\boldsymbol{X}}_{N-2} \} \\ &= E\{ \sum_{k=1}^{2} (\boldsymbol{W}_{N-k}^{\mathrm{T}} \boldsymbol{Q}_{N-k+1}^0 \boldsymbol{W}_{N-k} + \tilde{\boldsymbol{X}}_{N-k}^{\mathrm{T}} \boldsymbol{\Phi}_{N-k+1,N-k}^{\mathrm{T}} \boldsymbol{Q}_{N-k+1}^0 \boldsymbol{\Gamma}_{N-k} \boldsymbol{\Lambda}_{N-k+1} \cdot \\ &\quad \boldsymbol{\Phi}_{N-k+1,N-k} \tilde{\boldsymbol{X}}_{N-k}) \} \end{aligned} \tag{7-48}$$

3. 一般结果

类似于从一步问题至两步问题的推演过程，由后向前算第 $N-k$ 步(即由前向后算第 k 步)的最优指标为

$$J_{N-k} = \min_{U_k}\{E\{X_{k+1}^{\mathrm{T}}\overline{Q}_{k+1}X_{k+1} + U_k^{\mathrm{T}}\overline{R}_kU_k\} + J_{N-k-1}^*\} \tag{7-49}$$

采用数学归纳法即可得出如下的一般结果：

$$U_k = -\Lambda_{k+1}\Phi_{k+1,k}\hat{X}_k \tag{7-50}$$

$$\Lambda_{k+1} = (\Gamma_k^{\mathrm{T}}Q_{k+1}^0\Gamma_k + \overline{R}_k)^{-1}\Gamma_k^{\mathrm{T}}Q_{k+1}^0 \tag{7-51}$$

$$Q_{k+1}^0 = \overline{Q}_{k+1} + \Phi_{k+2,k+1}^{\mathrm{T}}\tilde{Q}_{k+2}\Phi_{k+2,k+1} \tag{7-52}$$

$$\tilde{Q}_{k+1} = Q_{k+1}^0 - Q_{k+1}^0\Gamma_k\Lambda_{k+1} \tag{7-53}$$

$$J_{N-k}^* = E\{X_k^{\mathrm{T}}\Phi_{k+1,k}\tilde{Q}_{k+1}\Phi_{k+1,k}X_k\} + \alpha_k$$

$$\alpha_k = E\left\{\sum_{j=1}^{N-k}(W_{N-j}^{\mathrm{T}}Q_{N-j+1}^0W_{N-j} + \tilde{X}_{N-j}^{\mathrm{T}}\Phi_{N-j+1,N-j}^{\mathrm{T}}Q_{N-j+1}^0\Gamma_{N-j}\Lambda_{N-j+1}\Phi_{N-j+1,N-j}\tilde{X}_{N-j})\right\} \tag{7-54}$$

将式(7－53)代入式(7－52)，并将下标 $k+1$ 改为 k，可得

$$Q_k^0 = \overline{Q}_k + \Phi_{k+1,k}^{\mathrm{T}}Q_{k+1}^0\Phi_{k+1,k} - \Phi_{k-1,k}^{\mathrm{T}}Q_{k+1}^0\Gamma_k(\Gamma_k^{\mathrm{T}}Q_{k+1}^0\Gamma_k + \overline{R}_k)^{-1}\Gamma_k^{\mathrm{T}}Q_{k+1}^0\Phi_{k+1,k} \tag{7-55}$$

式(7－55)就是 Q_K^0所满足的矩阵黎卡提方程。终端条件为

$$Q_N^0 = Q_N = P_N \tag{7-56}$$

现在将上面 LQG 问题的结果与确定性最优控制的结果对比，注意到 LQG 问题解中的 Q_K^0相当于确定性最优控制解中的 $\overline{K}_k$，于是两者解的形式完全相同，只是在 LQG 问题中用估计值 $\hat{X}_k$ 代替状态 X_k 而已。

于是，可以得到结论，对于线性高斯随机系统(7－15)和(7－16)的最优控制问题，就是要求找到一组最优控制量 $U_0, U_1, \cdots, U_{N-1}$ 使指标函数(7－17)取得极小值。对于这种 LQG 问题，最优控制规律可按确定性系统(7－7)来求，只是将状态变量的反馈改为状态变量估计值的反馈，即为分离定理。

将分离定理表达如下：

分离定理 对于由方程(7－15)、(7－16)以及指标函数(7－17)所描述的线性高斯随机控制系统，其最优控制为

$$U_k = -\Lambda_{k+1}\Phi_{k+1,k}\hat{X}_k \tag{7-57}$$

式中，$\hat{X}_k$是 X_k的最优线性滤波估计，Λ_{k+1}的求法与确定性系统的公式(7－10)相同。

利用分离定理的结论来设计线性随机系统的最优反馈控制器，框图如图 7－1所示，图中 Z^{-1}表示一步延迟，反馈增益阵为

$$L_k = \Lambda_{k+1} \Phi_{k+1,k} \tag{7-58}$$

它和滤波增益阵 K_k 都可预先离线计算出来。

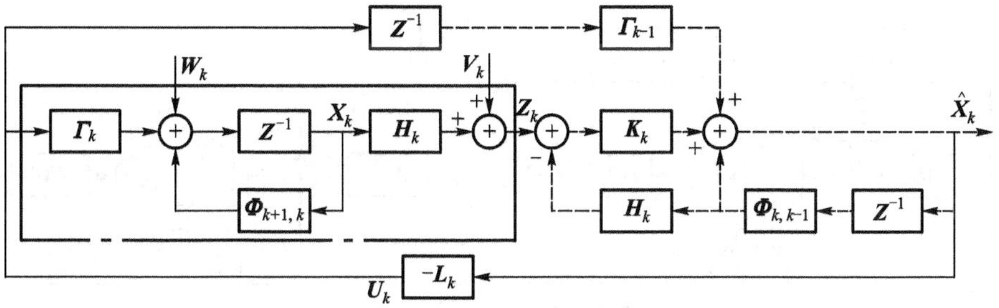

图 7-1 线性随机系统的最优反馈控制框图

7.2 连续系统的随机线性控制器

对于连续系统，此处不加证明地列出结果。设连续随机线性系统为

$$\dot{X}(t) = A(t)X(t) + B(t)U(t) + G(t)W(t) \tag{7-59}$$

$$Z(t) = H(t)X(t) + V(t) \tag{7-60}$$

式中，$W(t)$ 和 $V(t)$ 为零均值高斯白噪声，且

$$\left.\begin{aligned} &E[W(t)] = 0, \quad E[W(t)W^{\mathrm{T}}(\tau)] = Q(t)\delta(t-\tau) \\ &E[V(t)] = 0, \quad E[(V(t)V^{\mathrm{T}}(\tau)] = R(t)\delta(t-\tau) \end{aligned}\right\} \tag{7-61}$$

$$E[W(t)V^{\mathrm{T}}(\tau)] = 0 \tag{7-62}$$

指标函数为

$$J = E\{X^{\mathrm{T}}(t_{\mathrm{f}})PX(t_{\mathrm{f}}) + \int_{t_0}^{t_{\mathrm{f}}} [X^{\mathrm{T}}(t)\overline{Q}(t)X(t) + U^{\mathrm{T}}(t)\overline{R}(t)U(t)]\mathrm{d}t\} \tag{7-63}$$

式中，用 Q 和 R 表示噪声方差阵，为避免混淆将加权阵改为 $\overline{Q}$ 和 $\overline{R}$。

上述问题称为连续系统的线性高斯二次型问题(LQG 问题)。和离散的情况相同，根据分离定理，最优控制系统由两部分组成：一部分是确定性最优控制器；另一部分是与其串联的最优线性滤波器。最优控制可写成

$$U(t) = -L(t)\hat{X}(t) \tag{7-64}$$

反馈增益与确定性最优控制一样，即

$$L(t) = \overline{R}^{-1}(t)B^{\mathrm{T}}(t)K(t) \tag{7-65}$$

$K(t)$ 满足如下矩阵黎卡提微分方程：

$$\dot{\boldsymbol{K}}(t)=-\boldsymbol{K}(t)A(t)-\boldsymbol{A}^{\mathrm{T}}(t)\boldsymbol{K}(t)+\boldsymbol{K}(t)\boldsymbol{B}(t)\overline{\boldsymbol{R}}^{-1}(t)\boldsymbol{B}^{\mathrm{T}}(t)\boldsymbol{K}(t)-\overline{\boldsymbol{Q}}(t) \quad (7-66)$$

图 7－2 所示为连续随机线性系统最优控制框图。

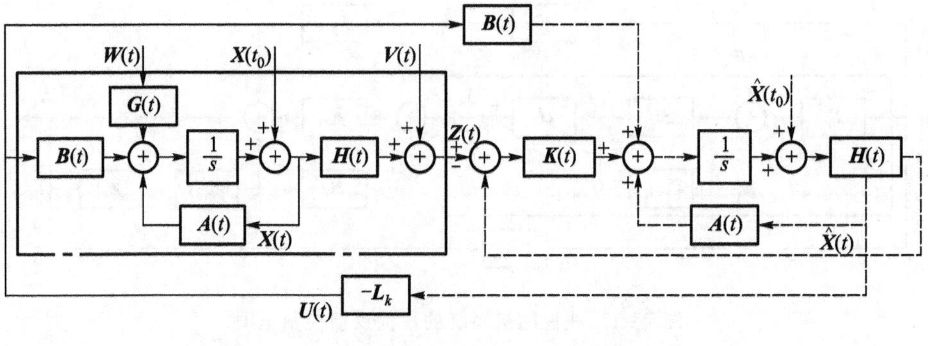

图 7－2 连续随机线性系统最优控制框图

例 7－1 汽车自动控制系统。汽车沿着道路上设置的制导电缆自动行驶，汽车偏移电缆的横向位移由传感器测出。图 7－3 是自动控制系统的原理方块图。图中 w 为作用在汽车上的干扰力(例如路面不平等引起)，u 为方向舵控制力，v 为传感器测量噪声，x 为汽车侧向位移。

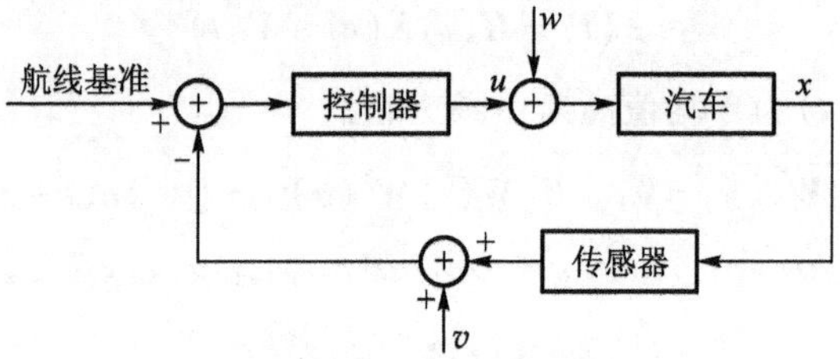

图 7－3 汽车制导方块图

1. 对象状态方程

汽车可看成纯惯性环节，其传递函数为

$$G_P(s)=\frac{X(s)}{U(s)}=\frac{Kv}{s^2} \quad (7-67)$$

令 $x_1=x, x_2=\dot{x}_1$，则汽车的状态方程为

$$\dot{\boldsymbol{X}}=\boldsymbol{AX}+\boldsymbol{BU}+\boldsymbol{W} \quad (7-68)$$

其中

$$\boldsymbol{A}=\begin{bmatrix}0 & 1\\ 0 & 0\end{bmatrix},\quad \boldsymbol{B}=\begin{bmatrix}O\\ K_V\end{bmatrix},\quad \boldsymbol{W}=\begin{bmatrix}O\\ w\end{bmatrix}$$

根据实例,干扰力 w 为服从正态分布的白噪声

$$E[\boldsymbol{W}(t)]=0,\quad E[\boldsymbol{W}(t)\boldsymbol{W}^{\mathrm{T}}(\tau)]=\boldsymbol{Q}\delta(t-\tau)$$

$$\boldsymbol{Q}=\begin{bmatrix}0 & 0\\ 0 & q\end{bmatrix}$$

其中,K_V和 q 为常数。

2. 量测方程

$$\boldsymbol{Z}=\boldsymbol{HX}+\boldsymbol{V} \tag{7-69}$$

其中,$\boldsymbol{H}=[1\quad 0]$,$\boldsymbol{V}$ 为正态分布的噪声,$E[\boldsymbol{V}(t)]=0$,$E[\boldsymbol{V}(t)\boldsymbol{V}^{\mathrm{T}}(\tau)]=r\delta(t-\tau)$ 且干扰 $\boldsymbol{W}$ 和测量噪声 $\boldsymbol{V}$ 不相关,即

$$E[\boldsymbol{V}(t)\boldsymbol{W}^{\mathrm{T}}(\tau)]=0$$

3. 性能指标

$$J=E\left[\int_0^\infty(ax_1^2+bu^2)\,\mathrm{d}t\right] \tag{7-70}$$

其中,第一项表示对汽车侧向位移的约束,第二项则表示对控制量 $\boldsymbol{U}$ 的约束。

4. 最优控制的设计

这是线性二次型高斯问题,可以应用分离定理。因不是无限长时间定常系统调节器问题,可以用稳态控制增益,即

$$u=-\boldsymbol{L}\hat{\boldsymbol{X}} \tag{7-71}$$

$$L=\overline{\boldsymbol{R}}^{-1}\boldsymbol{B}^{\mathrm{T}}K \tag{7-72}$$

其中,$\boldsymbol{K}$ 满足矩阵黎卡提代数方程

$$-\boldsymbol{KA}-\boldsymbol{A}^{\mathrm{T}}\boldsymbol{K}+\boldsymbol{KB}\overline{R}^{-1}\boldsymbol{B}^{\mathrm{T}}\boldsymbol{K}-\overline{\boldsymbol{Q}}=0 \tag{7-73}$$

其中,

$$\boldsymbol{A}=\begin{bmatrix}0 & 1\\ 0 & 0\end{bmatrix}\quad \boldsymbol{K}=\begin{bmatrix}K_{11} & K_{12}\\ K_{12} & K_{22}\end{bmatrix}\quad \overline{\boldsymbol{Q}}=\begin{bmatrix}a & 0\\ 0 & 0\end{bmatrix}\quad \boldsymbol{B}=\begin{bmatrix}0\\ K_V\end{bmatrix}\quad \overline{\boldsymbol{R}}=\boldsymbol{b}$$

将这些值代入黎卡提方程(7-73),得

$$-\begin{bmatrix}K_{11} & K_{12}\\ K_{12} & K_{22}\end{bmatrix}\begin{bmatrix}0 & 1\\ 0 & 0\end{bmatrix}-\begin{bmatrix}0 & 0\\ 1 & 0\end{bmatrix}\begin{bmatrix}K_{11} & K_{12}\\ K_{12} & K_{22}\end{bmatrix}+\begin{bmatrix}K_{11} & K_{12}\\ K_{12} & K_{22}\end{bmatrix}\begin{bmatrix}0\\ K_V\end{bmatrix}\frac{1}{b}$$

$$[0\quad K_V]\begin{bmatrix}K_{11} & K_{12}\\ K_{12} & K_{22}\end{bmatrix}-\begin{bmatrix}a & 0\\ 0 & 0\end{bmatrix}=0$$

由上式可得到三个方程式

$$\begin{cases} a = \frac{1}{b} K_V^2 K_{12}^2 \\ K_{11} = \frac{1}{b} K_V^2 K_{12} K_{22} \\ K_{12} = \frac{1}{2b} K_V^2 K_{22}^2 \end{cases}$$

可解得，$K_{11} = K_V^{\frac{1}{2}} a^{\frac{3}{4}} b^{\frac{1}{4}}$，$K_{12} = a^{\frac{1}{2}} b^{-\frac{1}{2}} K_V^{-\frac{1}{2}}$，$K_{22} = 2^{\frac{1}{2}} a^{\frac{1}{4}} b^{\frac{3}{4}} K_V^{-\frac{3}{2}}$

将上面求到的 $\boldsymbol{K}$ 代入(7-72)，可求得稳态增益阵为

$$\boldsymbol{L} = \left[\sqrt{\frac{a}{b}},\quad \sqrt{\frac{2}{K_V}} \sqrt[4]{\frac{a}{b}} \right] = [L_1, L_2]$$

于是由(7-71)得

$$u = -L_1 \hat{x}_1 - L_2 \hat{x}_2 = -\sqrt{\frac{a}{b}} \hat{x}_1 - \sqrt{\frac{2}{K_V}} \sqrt[4]{\frac{a}{b}} \hat{x}_2 \tag{7-74}$$

其中，滤波值由下面的卡尔曼滤波方程决定

$$\dot{\hat{\boldsymbol{X}}} = \boldsymbol{A}\hat{\boldsymbol{X}} + \boldsymbol{B}u + \boldsymbol{K}_C(\boldsymbol{Z} - \boldsymbol{H}\hat{\boldsymbol{X}}) \tag{7-75}$$

其中，稳态卡尔曼滤波增益 $\boldsymbol{K}_C$ 为

$$\boldsymbol{K}_C = \boldsymbol{P}\boldsymbol{H}^{\mathrm{T}}\boldsymbol{R}^{-1} \tag{7-76}$$

满足下面的矩阵黎卡提代数方程

$$\boldsymbol{A}\boldsymbol{P} + \boldsymbol{P}\boldsymbol{A}^{\mathrm{T}} + \boldsymbol{Q} - \boldsymbol{P}\boldsymbol{H}^{\mathrm{T}}\boldsymbol{R}^{-1}\boldsymbol{H}\boldsymbol{P} = 0 \tag{7-77}$$

其中

$$\boldsymbol{A} = \begin{bmatrix} 0 & 1 \\ 0 & 0 \end{bmatrix} \quad \boldsymbol{P} = \begin{bmatrix} P_{11} & P_{12} \\ P_{12} & P_{22} \end{bmatrix} \quad \boldsymbol{B} = \begin{bmatrix} 0 \\ K_V \end{bmatrix} \quad \boldsymbol{Q} = \begin{bmatrix} 0 & 0 \\ 0 & q_1 \end{bmatrix}$$

$$\boldsymbol{H} = [1, 0], \quad R = r_1, \quad \boldsymbol{K}_C = \begin{bmatrix} K_{C1} \\ K_{C2} \end{bmatrix}$$

由上面的值代入(7-77)求出 $\boldsymbol{P}$，将 $\boldsymbol{P}$ 代入(7-76)求出 $\boldsymbol{K}_C$，再代入(7-75)，可得

$$\dot{\hat{x}}_1 = -K_{C1}\hat{x}_1 + \hat{x}_2 + K_{C1}Z \tag{7-78}$$

$$\dot{\hat{x}}_2 = -2K_{C2}\hat{x}_1 + K_V u + K_{C2}Z \tag{7-79}$$

其中，

$$K_{C1} = \sqrt{2} \cdot \sqrt[4]{\frac{q_1}{r_1}}, \quad K_{C2} = \sqrt{\frac{q_1}{r_1}}$$

由(7 -78),(7 -79)解出 $\hat{x}_1,\hat{x}_2$,代入(7 -74)即可求出所需最优控制。

```
****************** MATLAB 程序 *****************
A = [0 1;0 0];
B = [0;1];
C = [1 0];
D = 0;
G = [0;1];
Q = diag([0.5 0]);
R = 1;
G0 = ss(A,B,C,D);
Xi = 4e-7;Theta = 1e-8;
W = [Q,zeros(2,1);zeros(1,2),R];
V = [Xi*G*G',zeros(2,1);zeros(1,2),Theta];
[a,b,c,d] = lqg(A,B,C,D,W,V);
Gc = zpk(ss(a,b,c,d));
************************************************
```

仿真结果如图 7 -4 所示。

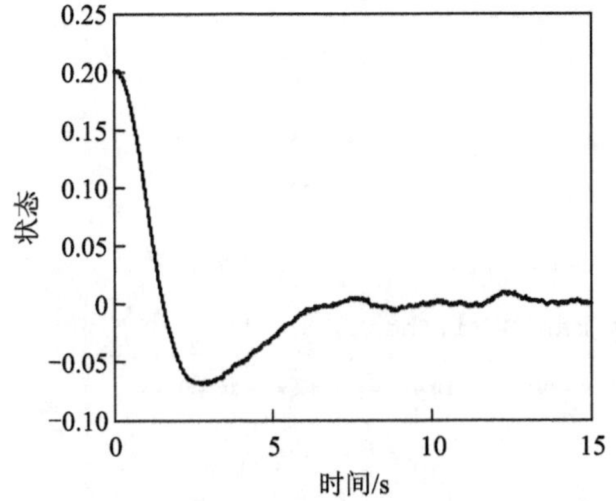

图 7 -4　系统的输出

例 7 -2　卫星天线跟踪系统的状态方程如下所示:

$$\begin{bmatrix} \dot{\theta} \\ \ddot{\theta} \end{bmatrix} = \begin{bmatrix} 0 & 1 \\ 0 & -0.1 \end{bmatrix} \begin{bmatrix} \theta \\ \dot{\theta} \end{bmatrix} + \begin{bmatrix} 0 \\ 0.001 \end{bmatrix} u(t) + \begin{bmatrix} 0 \\ 0.001 \end{bmatrix} w(t)$$

该系统受随机风干扰。式中,θ 为天线指向角误差,u 为控制力矩,风干扰为白噪

声信号，指向误差的量测方程为

$$m(t)=[1\quad 0]\begin{bmatrix}\theta\\ \dot{\theta}\end{bmatrix}+v(t)$$

式中，量测噪声为白噪声。系统的代价函数选为

$$J=E\left\{\int_0^{1\,000}q\theta^2(t)+ru^2(t)\mathrm{d}t\right\}$$

式中，$q=100$，$r=1$。控制系统的初值为 $\boldsymbol{X}(0)=[10\quad 0]^{\mathrm{T}}$。

根据分离定理，首先计算状态估计 $\hat{\boldsymbol{X}}$。根据卡尔曼滤波理论，卡尔曼滤波器的增益矩阵可以由下式得出

$$\boldsymbol{K}_C=\boldsymbol{PH}^{\mathrm{T}}\boldsymbol{R}^{-1}$$

式中，$\boldsymbol{P}$ 满足如下黎卡提代数方程：

$$\boldsymbol{AP}+\boldsymbol{PA}^{\mathrm{T}}+\boldsymbol{Q}-\boldsymbol{PH}^{\mathrm{T}}\boldsymbol{R}^{-1}\boldsymbol{HP}=0$$

在 MATLAB 控制系统工具箱中提供了一个 kalman( ) 函数来求取卡尔曼滤波器的 $\boldsymbol{K}_C$ 矩阵。程序代码如下：

```
****************** MATLAB 程序 *****************
A =[0 1;0 -0.1];
B =[0;0.001];
G =[0;0.001];
C =[1 0];
G = ss(A,[B G],C,0);
Xi =1e -3;Theta =1e -7;
[Gk,Kf,Pf] = kalman(G,Xi,Theta)
***********************************************
```

运行结果：

```
Kf =
     0.358 257 569 495 584
     0.064 174 243 050 441 7
Pf =
     3.582 575 694 955 84e -008     6.417 424 305 044 17e -009
     6.417 424 305 044 17e -009     2.940 833 264 451 43e -009
```

所以卡尔曼滤波增益 $\boldsymbol{K}_C=[0.36\quad 0.064]^{\mathrm{T}}$。

下面设计二次型最优控制器，易求得二次型稳态增益阵为 $\boldsymbol{L}=$

$[10.0\quad 73.2]^{\mathrm{T}}$。仿真结果如图 7－5 所示。

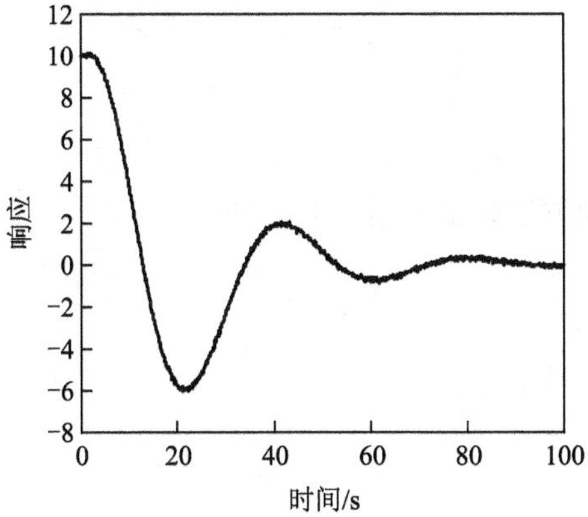

图 7－5 系统的输出结果

7.3 随机线性跟踪控制器的设计

除了前面讨论的调节器问题，实际工作中有时要求系统的输出跟踪一个随时间变化的指令信号，这种问题称为跟踪问题。制导系统和随动系统就可归入这类。本节讨论随机线性系统的跟踪器问题。

设系统的动态方程和量测方程为

$$\begin{cases}\boldsymbol{X}_{k+1}=\boldsymbol{\Phi}_{k+1,k}\boldsymbol{X}_k+\boldsymbol{\Gamma}_k\boldsymbol{U}_k+\boldsymbol{W}_k\\ \boldsymbol{Z}_k=\boldsymbol{H}_k\boldsymbol{X}_k+\boldsymbol{V}_k\end{cases}$$

另有一个输出方程为

$$\boldsymbol{C}_k=\boldsymbol{M}_k\boldsymbol{X}_k \tag{7-80}$$

式中，$\boldsymbol{X}_k$ 为 n 维，$\boldsymbol{U}_k$ 为 m 维，$\boldsymbol{Z}_k$ 为 q 维，$\boldsymbol{C}_k$ 为 s 维。要求 $\boldsymbol{C}_k$ 跟踪一个指令作用 $\boldsymbol{D}_k$。

性能指标为

$$J=E\left\{\sum_{k=1}^{N}\boldsymbol{e}_k^{\mathrm{T}}\overline{\boldsymbol{Q}}_k\boldsymbol{e}_k+\boldsymbol{U}_{k-1}^{\mathrm{T}}\overline{\boldsymbol{R}}_{k-1}\boldsymbol{U}_{k-1}\right\} \tag{7-81}$$

式中，

$$\boldsymbol{e}_k=\boldsymbol{D}_k-\boldsymbol{C}_k \tag{7-82}$$

为跟踪误差。

设指令作用 $\boldsymbol{D}_k$ 由另一个系统（如被跟踪的敌机）生成，其状态方程和量测方

程为

$$\begin{cases}\boldsymbol{Y}_{k+1}=\boldsymbol{\psi}_{k+1,k}\boldsymbol{Y}_k+\boldsymbol{B}_k\boldsymbol{\xi}_k\\ \boldsymbol{D}_k=\boldsymbol{N}_k\boldsymbol{Y}_k\end{cases} \tag{7-83}$$

式中,$\boldsymbol{\xi}_k$是白噪声。

一种基本的处理方法是引入增广状态向量

$$\boldsymbol{X}_k^a=\begin{bmatrix}\boldsymbol{X}_k\\ \boldsymbol{Y}_k\end{bmatrix} \tag{7-84}$$

和增广噪声向量

$$\boldsymbol{\xi}_k^a=\begin{bmatrix}\boldsymbol{W}_k\\ \boldsymbol{\xi}_k\end{bmatrix} \tag{7-85}$$

于是,关于$\boldsymbol{X}_k^a$的动态方程为

$$\boldsymbol{X}_{k+1}^a=\boldsymbol{\Phi}_{k+1,k}^a\boldsymbol{X}_k+\boldsymbol{\Gamma}_k^a\boldsymbol{U}_k+\boldsymbol{B}_k^a\boldsymbol{\xi}^a \tag{7-86}$$

式中,

$$\boldsymbol{\Phi}_{k+1,k}^a=\begin{bmatrix}\boldsymbol{\Phi}_{k+1,k} & 0\\ 0 & \boldsymbol{\psi}_{k+1,k}\end{bmatrix},\quad \boldsymbol{\Gamma}_k^a=\begin{bmatrix}\boldsymbol{\Gamma}_k\\ 0\end{bmatrix},\quad \boldsymbol{B}_k^a=\begin{bmatrix}\boldsymbol{I} & 0\\ 0 & B_k\end{bmatrix}$$

新的输出方程为

$$\boldsymbol{Z}_k^a=\boldsymbol{H}_k^a\boldsymbol{X}_k^a+\boldsymbol{F}_k^a\boldsymbol{V}_k \tag{7-87}$$

式中,

$$\boldsymbol{Z}_k^a=\begin{bmatrix}\boldsymbol{Z}_k\\ \boldsymbol{D}_k\end{bmatrix},\quad \boldsymbol{H}_k^a=\begin{bmatrix}\boldsymbol{H}_k & 0\\ 0 & \boldsymbol{N}_k\end{bmatrix},\quad \boldsymbol{F}_k^a=\begin{bmatrix}\boldsymbol{I}\\ 0\end{bmatrix}$$

用这些增广向量和增广矩阵来表示指标函数,有

$$\boldsymbol{e}_k=\boldsymbol{D}_k-\boldsymbol{C}_k=\boldsymbol{N}_k\boldsymbol{Y}_k-\boldsymbol{M}_k\boldsymbol{X}_k=[-\boldsymbol{M}_k,\boldsymbol{N}_k]\boldsymbol{X}_k^a$$

$$J=E\left\{\sum_{k=1}^{N}[(\boldsymbol{X}_k^a)^{\mathrm{T}}[-\boldsymbol{M}_k,\boldsymbol{N}_k]^{\mathrm{T}}\overline{\boldsymbol{Q}}_k[-\boldsymbol{M}_k,\boldsymbol{N}_k]\boldsymbol{X}_k^a+\boldsymbol{U}_{k-1}^{\mathrm{T}}\overline{\boldsymbol{R}}_{k-1}\boldsymbol{U}_{k-1}]\right\}$$

令

$$\boldsymbol{Q}_k=[-\boldsymbol{M}_k,\boldsymbol{N}_k]^{\mathrm{T}}\overline{\boldsymbol{Q}}_k[-\boldsymbol{M}_k,\boldsymbol{N}_k]$$

得

$$J=E\left\{\sum_{k=1}^{N}[(\boldsymbol{X}_k^a)^{\mathrm{T}}\boldsymbol{Q}_k\boldsymbol{X}_k^a+\boldsymbol{U}_{k-1}^{\mathrm{T}}\overline{\boldsymbol{R}}_{k-1}\boldsymbol{U}_{k-1}]\right\} \tag{7-88}$$

式(7-86)~式(7-88)组成了关于$\boldsymbol{X}_k^a$的 LQG 调节器问题。当$\boldsymbol{M}_k\equiv\boldsymbol{I},\boldsymbol{N}_k\equiv0$,

就化为关于 $\boldsymbol{X}_k$ 的 LQG 调节器问题。

在设计这个增广系统的最优控制时，仍可采用分离定理的结论。不过此时的状态估计是对增广状态 $\boldsymbol{X}_k^a$ 的估计，它是由 $\hat{\boldsymbol{X}}_k$ 和 $\hat{\boldsymbol{Y}}_k$ 组成的向量。将 $\hat{\boldsymbol{X}}_k$ 和 $\hat{\boldsymbol{Y}}_k$ 反馈即可构成最优跟踪控制系统，其结构图如图 7－6 所示。

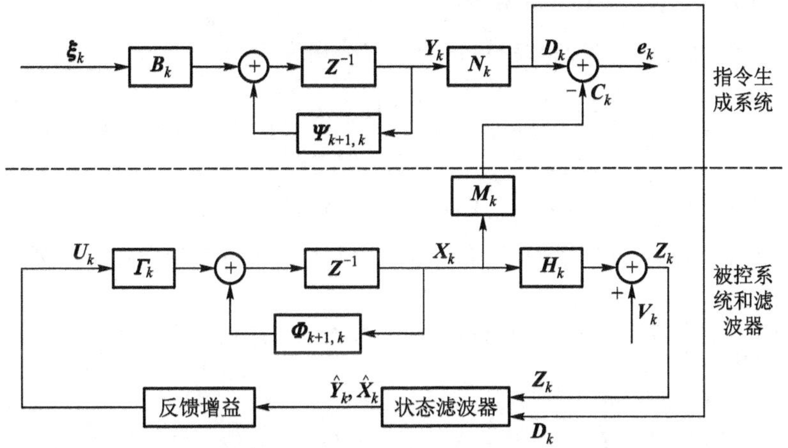

图 7－6　随机线性跟踪器原理图

7.4　小　　结

LQG 问题即线性系统、二次型指标、高斯分布噪声情况下的最优调节器问题，在随机系统最优控制上应用得比较成熟。根据分离定理，可将 LQG 分成两部分，即根据确定性系统求出最优反馈控制律，再由某种滤波器测定最优状态的估计值，将这个状态估计值代替状态变量本身，就得到了最优反馈控制。离散系统的分离定理可以用动态规划中的最优性原理证明，还可用极大值原理来证明分离定理。随机线性系统的最优跟踪器的设计问题可以用增广状态的方法化为调节器问题，因此设计方法与 LQG 问题是类似的。

习　　题

1. 设随机系统为

$$\boldsymbol{x}(k)=\boldsymbol{x}(k-1)+2\boldsymbol{u}(k-1)+\boldsymbol{w}(k-1)$$

$$\boldsymbol{z}(k)=\boldsymbol{x}(k)+v(k)$$

式中，$\boldsymbol{w}(k)$ 和 $v(k)$ 为互不相关的零均值正态白噪声序列，$\boldsymbol{w}(k)\sim N(0,25)$，

$v(k) \sim N(0,15)$，它们均与 $N(\mu_0,100)$ 的初始状态 $x(0)$ 不相关，试根据量测值 $z(1)$、$z(2)$，求使得目标泛函

$$J = E\left\{x^2(3) + \sum_{k=0}^{2} u^2(k)\right\}$$

达到最小值的最优控制，并计算 $\min J$。

2. 设随机系统的状态方程和量测方程分别为

$$\boldsymbol{X}(k) = \begin{bmatrix} 1 & 1 \\ 0 & 1 \end{bmatrix} \boldsymbol{X}(k-1) + \begin{bmatrix} k-1 & 1 \\ 1 & k-1 \end{bmatrix} \boldsymbol{U}(k-1) + \boldsymbol{w}(k-1)$$

$$z(k) = [1 \quad 0]\boldsymbol{X}(k) + v(k),\ k = 1,2,\cdots$$

式中，$\{\boldsymbol{w}(k)\}$ 和 $\{v(k)\}$ 为两个互不相关的零均值正态平稳白噪声序列，方差为 $\boldsymbol{Q}(k) = \begin{bmatrix} 1 & 0 \\ 0 & 2 \end{bmatrix}$，$\boldsymbol{R}(k) = 1$。又设初始状态 $\boldsymbol{X}(0)$ 为正态随机向量，均值 $\boldsymbol{\mu}_0 = \begin{bmatrix} \mu_{01} \\ \mu_{02} \end{bmatrix}$，方差矩阵 $\boldsymbol{P}_0 = \boldsymbol{I} = \begin{bmatrix} 1 & 0 \\ 0 & 1 \end{bmatrix}$，$\boldsymbol{X}(0)$ 与 $\boldsymbol{w}(k)$ 和 $v(k)$ 均不相关，若以 $z(1)$，$z(2)$，…表示测量值，试求使目标泛函

$$J = E\left\{x_2^2(3) + \sum_{k=0}^{2} [x_1^2(k) + u_1^2(k) + u_2^2(k)]\right\}$$

达到最小值的最优控制，并求出 $\min J$。

3. 设随机系统方程为

$$\boldsymbol{X}(k) = \boldsymbol{\Phi}(k,k-1)\boldsymbol{X}(k-1) + \boldsymbol{B}(k-1)\boldsymbol{u}(k-1)$$

$$\boldsymbol{z}(k) = \boldsymbol{X}(k) + v(k)$$

式中，$\boldsymbol{X}(k)$ 为 n 维状态向量，$\boldsymbol{u}(k)$ 为 n 维控制向量，$\boldsymbol{B}(k)$ 为 n 阶非奇异方阵 $(k = 0,1,2,\cdots,N)$，$\boldsymbol{X}(0) = \boldsymbol{N}(0,P_0)$，$\{v(k)\}$ 为与 $\boldsymbol{X}(0)$ 不相关的正态白噪声序列，$E[v(k)] = 0$，$E[v(k)v^{\mathrm{T}}(k)] = \boldsymbol{R}(k) > 0$，目标泛函为 $J = E\left\{\sum_{k=1}^{N} [\boldsymbol{X}^{\mathrm{T}}(k)\boldsymbol{A}(k)\boldsymbol{X}(k)]\right\}$，式中，$\boldsymbol{A}(k) > 0$。

（1）试求最小化 J 的最优控制及 $\min J$。

（2）证明系统按最优控制方案运行时，滤波值为增益矩阵与量测值之积，即 $\hat{\boldsymbol{X}}(k) = \boldsymbol{K}(k)\boldsymbol{z}(k)$。

（3）当系统进行最优运行时，证明对状态一步预测的误差等于系统（距原

点)的误差,即 $\tilde{\boldsymbol{X}}(k+1|k)=\boldsymbol{X}(k+1)$。

4. 利用上题结果,对一阶随机系统

$$\boldsymbol{x}(k+1)=2\boldsymbol{x}(k)+\boldsymbol{u}(k)$$

$$\boldsymbol{z}(k)=\boldsymbol{x}(k)+v(k)$$

式中,$v(k)$为 $N(0,5)$的白噪声序列,$\boldsymbol{x}(0)\sim N(0,5)$,且 $\boldsymbol{x}(0)$与$v(k)$($k=0,1,2,\cdots$)不相关,求使 $J=E[\boldsymbol{x}(2)]^2$ 为最小的最优控制以及有关的卡尔曼滤波值和 $\min J$。

第 8 章　奇异最优控制

奇异最优控制问题是在如下情况下产生的:对于任何最优控制问题,无论是奇异的还是非奇异的,使得哈密顿函数 H 取极值的弧被定义为极值弧。如果此极值弧不能使控制量表示成状态变量和协状态变量的函数,那么问题就是奇异的。下面具体分析奇异最优控制问题。

8.1　奇异最优控制的提出

在研究时间最短和燃料最少的最优控制问题时就会涉及奇异解问题,在时间最短最优控制问题中,应用庞特里亚金极小值原理可得

$$u_j^*(t) = -\operatorname{sgn}[q_j(t)], \quad j=1,2,\cdots,r, \quad t\in[t_0,t_f] \tag{8-1}$$

在正常情况下,函数 $q_j(t)$ 在控制区间 $[t_0,t_f]$ 中只有有限个零值点。控制变量在其约束的边界上取值,得到的最优控制为 Bang - Bang(砰砰)控制。但在奇异情况下,至少有一个函数 $q_j(t)$ 在某一区间 $[t_1,t_2]\subset[t_0,t_f]$ 上恒等于 0。

在线性二次型性能指标最优控制问题中也有类似的奇异情况。可以将性能指标中的被积函数取为 $\boldsymbol{X}^{\mathrm{T}}\boldsymbol{QX}+\boldsymbol{U}^{\mathrm{T}}\boldsymbol{RU}$。其中 $\boldsymbol{U}^{\mathrm{T}}\boldsymbol{RU}$ 项的出现体现了对控制变量的约束,可以使最优控制 $\boldsymbol{U}^*$ 的值在合理的范围内。如果直接规定控制变量满足如下不等式约束:

$$|u_j|\leqslant 1, \quad j=1,2,\cdots,r \tag{8-2}$$

这时就没有必要在性能指标中出现 $\boldsymbol{U}^{\mathrm{T}}\boldsymbol{RU}$ 这项了。此类问题与规范调节器的差别在于控制的不等式约束,且 $\boldsymbol{R}=\boldsymbol{0}$。哈密顿函数 H 也是控制变量 $\boldsymbol{U}$ 的线性函数。若在控制区间 $[t_0,t_f]$ 上,$H=\boldsymbol{B}^{\mathrm{T}}\boldsymbol{\lambda}$ 只存在有限个零值点,则是砰砰控制。如果在某一控制区间 $[t_1,t_2]\subset[t_0,t_f]$ 上满足 $H=\boldsymbol{B}^{\mathrm{T}}\boldsymbol{\lambda}=0$,那么,控制变量在控制边界内取值总满足极小值原理。但是,由极小值原理同样很难解出最优控制的具体形式。考虑到上述线性二次型问题的最优控制,一般情况下是由砰砰控制和线性反馈控制两部分组成的。所以,对于一般的

Bolza 问题

$$
\begin{cases}
\dot{X} = f(X, U, t) \\
J = \phi(X(t_f), t_f) + \int_{t_0}^{t_f} F(X, U, t)\, dt \\
X(t_0) = X_0 \\
G(X(t_f), t_f) = 0 \\
U = \{u_j(\cdot) : u_j(t)\}\ \text{是分段连续函数,且} \\
|u_j(t)| \leqslant M < \infty,\ t \in [t_0, t_f],\ j = 1, 2, \cdots, r \\
t_0\ \text{给定},\ t_f\ \text{可以固定,也可以不固定}
\end{cases}
\tag{8-3}
$$

其哈密顿函数为

$$
H(X, U, \lambda, t) = F(X, U, t) + \lambda^T f(X, U, t) \tag{8-4}
$$

当控制变量在约束的边界范围内取值时,极值条件应为

$$
H_u = 0 \tag{8-5}
$$

$$
H_{uu} \geqslant 0 \tag{8-6}
$$

条件(8-6)常称为勒让德—克莱勃希条件(Legaudre-lebsch Condition)。若条件(8-6)只取严格的不等式符号,则称为强化的勒让德—克莱勃希条件。

如果在某一时间间隔$[t_1, t_2] \subset [t_0, t_f]$上,矩阵$H_{uu}$是奇异的,即

$$
\det(H_{uu}) = 0 \tag{8-7}
$$

或者H_{uu}是非负定的,不满足强化的勒让德—克莱勃希条件,则称 Bolza 问题为奇异的。此时的最优控制为奇异最优控制。与此对应的最优轨线部分称为奇异弧,$[t_1, t_2]$则称为奇异区间。

8.2 奇异线性二次型最优控制

把奇异和线性二次型这两个概念结合在一起就得到了奇异线性二次型问题这个概念。一个奇异线性二次型问题的奇异性等价于性能指标中的被积函数$X^T Q X + U^T R U$中矩阵R的奇异性。奇异线性二次型问题可以是直接提出的,也可以作为对一般的最优控制问题应用二次变分原理的结果而产生的。

奇异二次型最优控制是一类常见的最优化奇异解问题,该问题可以用数学语言描述如下:

考虑线性受控系统

$$\dot{X}(t)=A(t)X(t)+B(t)U(t) \tag{8-8}$$

系数矩阵 A，B 是具有适当维数的常数矩阵。控制变量受如下不等式约束：

$$|u_j(t)|\leqslant 1,\quad j=1,2,\cdots,r \tag{8-9}$$

性能指标仅取为状态的二次型，即

$$J=\frac{1}{2}X^{\mathrm{T}}PX+\frac{1}{2}\int_{t_0}^{t_f}[X^{\mathrm{T}}QX]\mathrm{d}t \tag{8-10}$$

假定其中的加权阵 P 和 Q 都是非负定对称阵。

哈密顿函数 H 为 U 的线性函数，即

$$H=\frac{1}{2}X^{\mathrm{T}}QX+\lambda^{\mathrm{T}}(AX+BU) \tag{8-11}$$

根据极小值原理可知，在正常弧段上最优控制具有砰砰形式，即

$$u^*=-\mathrm{sgn}\{B^{\mathrm{T}}\lambda\} \tag{8-12}$$

协态方程与边界条件为

$$\dot{\lambda}=-\frac{\partial H}{\partial X}=-[QX+A^{\mathrm{T}}\lambda],\quad \lambda(T)=PX(T) \tag{8-13}$$

的解。

若存在奇异解，则在奇异弧段上有下式成立

$$\frac{\partial H}{\partial U}=B^{\mathrm{T}}\lambda\equiv 0 \tag{8-14}$$

$$\frac{\partial^2 H}{\partial U^2}=0 \tag{8-15}$$

这时，控制满足极小值原理，但是，由极小值原理解不出最优控制的具体形式，需要用其他方法来计算奇异弧。

假设在某区间 $[t_1,t_2]\subset[t_0,t_f]$ 上存在奇异最优控制，则式(8-14)的关系在此区间上必然存在，进而必须满足 $\frac{\partial H}{\partial U}$ 的各阶导数为0的附加条件，由此条件可以得到奇异最优控制。

实际上，上述问题的奇异弧段必满足

$$\frac{\mathrm{d}}{\mathrm{d}t}\left(\frac{\partial H}{\partial U}\right)=\frac{\mathrm{d}}{\mathrm{d}t}(B^{\mathrm{T}}\lambda)=-B^{\mathrm{T}}(QX+A^{\mathrm{T}}\lambda)=0 \tag{8-16}$$

$$\frac{\mathrm{d}^2}{\mathrm{d}t^2}\left(\frac{\partial H}{\partial U}\right)=\frac{\mathrm{d}}{\mathrm{d}t}[-B^{\mathrm{T}}(QX+A^{\mathrm{T}}\lambda)]=-B^{\mathrm{T}}[QAX+QBU-A^{\mathrm{T}}QX-A^{\mathrm{T}}A^{\mathrm{T}}\lambda]=0 \tag{8-17}$$

假设 $\boldsymbol{B}^{\mathrm{T}}\boldsymbol{Q}\boldsymbol{B}$ 是非奇异阵，否则，奇异控制不存在。解得

$$\boldsymbol{U}=-(\boldsymbol{B}^{\mathrm{T}}\boldsymbol{Q}\boldsymbol{B})^{-1}\boldsymbol{B}^{\mathrm{T}}[(\boldsymbol{Q}\boldsymbol{A}-\boldsymbol{A}^{\mathrm{T}}\boldsymbol{Q})\boldsymbol{X}-\boldsymbol{A}^{\mathrm{T}}\boldsymbol{A}^{\mathrm{T}}\boldsymbol{\lambda}] \tag{8-18}$$

式(8－18)表明，若存在奇异解，则奇异解必具有式(8－18)的形式。将式(8－18)和式(8－8)、式(8－13)联立求解两点边值问题，可求出最优奇异弧段及其上的奇异最优控制。

若哈密顿函数 H 不显含 t，且末端时间 T 未定，由极小值原理可知，沿最优轨迹哈密顿函数值恒等于0，即

$$H\equiv 0 \tag{8-19}$$

式(8－14)、式(8－16)和式(8－19)共 $2r+1$ 个标量方程，它们共同决定 $2n$ 维 $(\boldsymbol{X},\boldsymbol{\lambda})$ 空间中的 $2(n-r)-1$ 维的超曲面。因为奇异弧上的各点 $(\boldsymbol{X},\boldsymbol{\lambda})$ 满足上述 $2r+1$ 个方程，因此，若最优奇异弧存在，必在由上述 $2r+1$ 个方程所决定的超曲面上，此超曲面称为奇异超曲面。

例　已知二阶受控系统

$$\begin{aligned}\dot{x}_1&=x_2(t)+u(t)\\ \dot{x}_2&=-u(t)\end{aligned} \tag{8-20}$$

标量约束满足如下不等式约束：

$$|u(t)|\leqslant 1 \tag{8-21}$$

试求系统(8－20)由已知初态 $x_1(0)=x_{10}, x_2(0)=x_{20}$ 转移到坐标原点。且使性能指标

$$J=\frac{1}{2}\int_0^{\mathrm{T}} x_1^2(t)\,\mathrm{d}t \tag{8-22}$$

为极小的最优控制。

解　哈密顿函数为

$$H=\frac{1}{2}x_1^2+\lambda_1(x_2+u)-\lambda_2 u \tag{8-23}$$

由极小值原理可知，正常弧段上的最优控制为砰砰形式，即

$$u^*=-\operatorname{sgn}\{\lambda_1-\lambda_2\} \tag{8-24}$$

相应的最优控制轨线(砰砰弧段)满足如下的规范方程：

$$\begin{cases}\dot{x}_1=x_2-\operatorname{sgn}\{\lambda_1-\lambda_2\}\\ \dot{x}_2=\operatorname{sgn}\{\lambda_1-\lambda_2\}\\ \dot{\lambda}_1=-x_1\\ \dot{\lambda}_2=-\lambda_1\end{cases} \tag{8-25}$$

因为 H 曲线可能依赖于 u,所以可能存在奇异弧,满足

$$\frac{\partial H}{\partial u}=\lambda_1-\lambda_2=0 \tag{8-26}$$

$$\frac{\mathrm{d}}{\mathrm{d}t}\left(\frac{\partial H}{\partial u}\right)=\dot{\lambda}_1-\dot{\lambda}_2=-x_1+\lambda_1=0 \tag{8-27}$$

$$H=\frac{1}{2}x_1^2+\lambda_1x_2+(\lambda_1-\lambda_2)u=C(\text{常数}) \tag{8-28}$$

当 T 是给定的有限时间,C 为某一常数。若 T 自由时,则 $C=0$,由式(8-26)~式(8-28)解得

$$\frac{1}{2}x_1^2+x_1x_2=C \tag{8-29}$$

式(8-29)表示一个单参数的双曲线族。如果存在奇异弧,它必是某一特定双曲线的一部分。

现在进一步利用条件

$$\frac{\mathrm{d}^2}{\mathrm{d}t^2}\left(\frac{\partial H}{\partial u}\right)=-\dot{x}_1+\dot{\lambda}_1=-x_2-u-x_1=0 \tag{8-30}$$

解得

$$u=-(x_1+x_2) \tag{8-31}$$

即奇异弧上的最优控制,它是状态的线性反馈。

现在讨论如下两种情况:

(1) T 为给定的有限值,式(8-29)中的常数 C 是取决于初态的非零值。这时,奇异弧是双曲线。它不通过原点,因此,不是最优轨线的最后一段弧线。典型的最优轨线由如下三段组成:

① 第一段控制取其边界值 ±1,将系统转移到奇异弧上。

② 第二段采用状态的线性反馈控制律(8-31),系统沿着双曲线奇异弧运动。

③ 第三段是再一次应用 $u=\mp1$,使系统沿着砰砰弧转移到坐标原点。

下面讨论一种控制不受约束的特殊情况(图8-1)。这时,第一段是脉冲控制(控制的幅度为无穷大,持续时间为无穷小)。脉冲控制所对应的轨线可由式(8-32)定出

$$\frac{\mathrm{d}x_2}{\mathrm{d}x_1}=-\frac{u}{x_2+u}$$

$$\lim_{u\to\infty}\frac{\mathrm{d}x_2}{\mathrm{d}x_1}=-1$$

$$\lim_{u \to -\infty} \frac{\mathrm{d}x_2}{\mathrm{d}x_1} = -1 \tag{8-32}$$

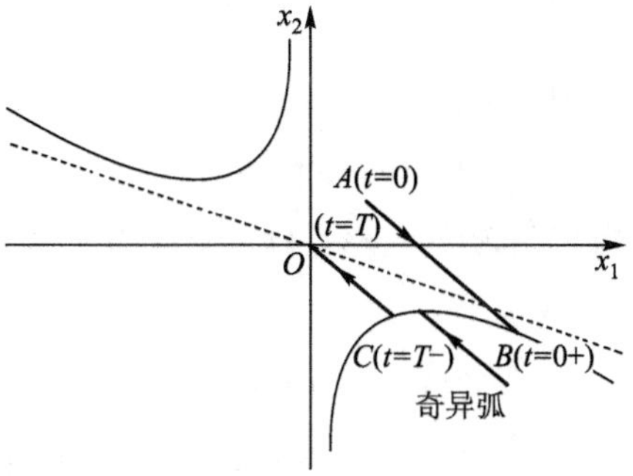

图 8-1 最优轨线

在 $x_1 - x_2$ 相平面上，这是一条斜率为 -1 的直线。正的脉冲控制导致状态向右下方移动，而负的脉冲控制会使状态向左上方转移。因此，假如已知的初态为图 8-1 中的 A 点，则最优轨线 $ABCO$ 如图 8-1 所示。利用脉冲函数的控制，系统的状态沿 $(x_1 + x_2)$ 等于常数的直线瞬时地由 A 转移到 B 点。在奇异弧上，使用式(8-31)的控制律，由状态方程解得

$$x_1(t) = x_1(0_+)\mathrm{e}^{-t} \tag{8-33}$$

x_1 的大小随时间按指数规律减小，状态按着箭头所示的方向沿奇异弧变化，当 $t = T$ 时到达直线 $x_1 + x_2 = 0$。此后，再用一个负脉冲控制，系统瞬时地转移到原点。

控制过程要在规定时间 T 完成，即要求沿奇异弧在 $t = T$ 时刻到达直线 $x_1 + x_2 = 0$，由此条件确定哈密顿函数 H 的常数值 C。这样，就从单参数曲线族式(8-29)中找出一个特定的奇异弧。设初态为 $x_1(0)$、$x_2(0)$。则由上述条件不难定出

$$H = -2D^2 \frac{\mathrm{e}^{-2T}}{(1 - \mathrm{e}^{-2T})^2} \tag{8-34}$$

式(8-37)中

$$D = x_1(0) + x_2(0)$$

并可求得第一段弧与奇异弧的交点为

$$x_1(0_+) = \frac{2C}{1 - \mathrm{e}^{-2T}}$$

$$x_2(0_+) = \frac{-C}{\tan HT} \tag{8-35}$$

(2) 若 T 不受限制，则奇异弧式(8-29)变为

$$\frac{1}{2}x_1^2 + x_1x_2 = x_1\left(\frac{1}{2}x_1 + x_2\right) = 0 \tag{8-36}$$

由此得两个可能的奇异弧段为

$$x_1 = 0, x_1 + 2x_2 = 0 \tag{8-37}$$

在弧线 $x_1 = 0$ 上，奇异弧控制为 $u = -x_2(t)$。由此得

$$x_1(t) = 0$$
$$x_2(t) = x_2(t_1)e^{(t-t_1)} \tag{8-38}$$

在弧线 $x_1(t) + 2x_2(t) = 0$ 上，奇异控制为 $u = x_2(t)$，由此得

$$x_1(t) = x_1(t_1) + [1 - e^{-(t-t_1)}]x_2(t_1)$$
$$x_2(t) = e^{-(t-t_1)}x_2(t_1)$$

式中，t_1是奇异弧起始时刻。

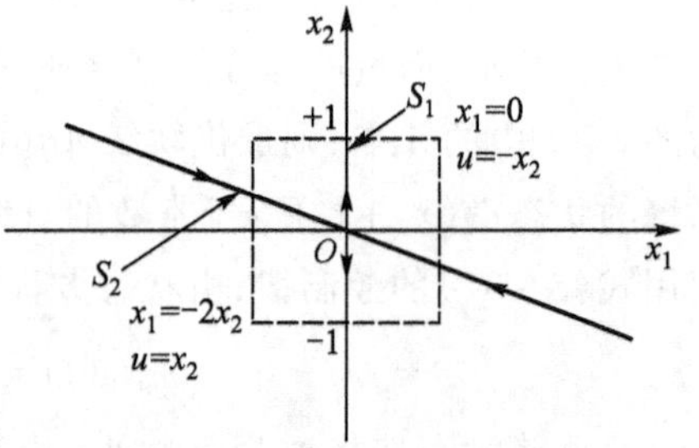

图 8-2 S_1和 S_2的范围

如果控制受式(8-21)约束，则奇异弧只能限制在图 8-2 所示的 S_1和 S_2的范围内。

将 S_1 和 S_2 上的控制 $u = -x_2$ 和 $u = +x_2$代入状态方程(8-20)，可以判定沿 S_1的运动是远离原点的，而沿 S_2的运动则指向原点。如果末态指定为坐标原点，S_1不能成为最优奇异弧。若初态落在弧线 S_2上，则沿 S_2从初态到原点这个弧段是最优轨线。

一般情况下，初态和末态可以是 $x_1 - x_2$相平面上的任何点，在这种情况下还不能预断最优解中是否包括奇异弧。然而，若末态指定为坐标原点，则对很多初态来说，最优控制既包括砰砰弧段，又包括奇异弧段。

例如初态点 A 为 $x_1(0) = 0, x_2(0) = -0.5$，原点为末态时，如图 8-3 所示，最优轨线的第一段是 $u = -1$ 的砰砰控制正常弧，直到该弧与 S_2相交(交点 B 为 $x(t_1) = -1 \quad x_2 = 0.5$)，此后改为奇异控制 $u = +x_2$，系统沿 S_2一直到达原点。相应的最优轨线为 ABO。

当初态远离原点时，比如，$x_1(0) = 0, x_2(0) < -1$，如图 8-3 所示的 C 点，前两段分别是 $u = -1, u = +1$ 的砰砰控制，最后一段是沿 S_2运动的奇异控制。显然，直线 S_2是正常弧段转为奇异弧的开关曲线，而由 $u = -1$ 转换到 $u = +1$ 的开关线可由 S_2倒推出来。除 S_2外，开关线的其他部分如图 8-3 虚线所示。典型的控制曲线如图 8-4所示。

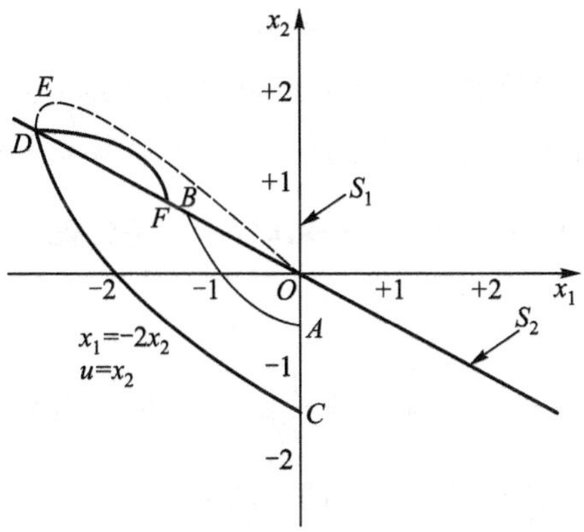

图 8－3 最优轨迹

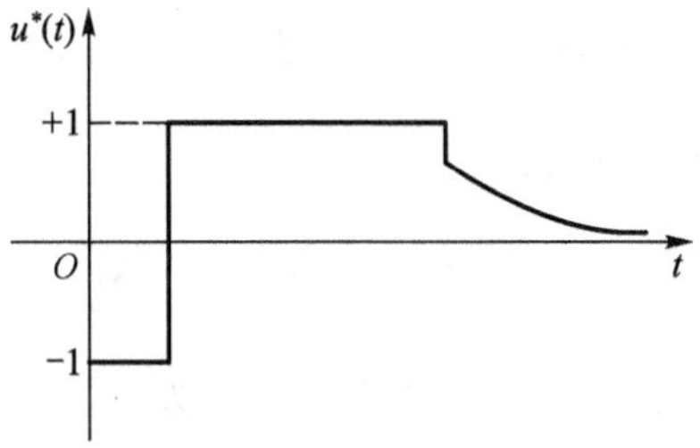

图 8－4 典型的控制曲线

综上所述,典型的最优控制包括砰砰控制和奇异控制两部分,前者的开关曲面是状态空间中的一个超曲面,一般情况下它不是线性的,然而,在原点附近有一部分超曲面是有界的奇异超曲面或者有界的超平面。

8.3 奇异最优控制的解法

求解奇异最优控制的算法有很多,其中较为成熟的方法是正则化方法,也就是利用摄动方法把一个奇异问题化成为相应的非奇异问题,这种摄动应使非奇异问题的解在某种意义上能逼近原来的奇异问题的解。所采用的正则化方法是一个很简单的方法,这就是在性能指标中的被积函数上加上一项$\frac{1}{2}\varepsilon_k \boldsymbol{u}^{\mathrm{T}}\boldsymbol{u}$,其中$\varepsilon_k$是一个正的小量,其效果是对最优性能指标做了一个微小摄动。下面介绍一下正则化方法。

如下的受控系统:

$$\begin{aligned} \dot{\boldsymbol{x}} &= \boldsymbol{f}_1(\boldsymbol{x},t) + \boldsymbol{f}_u(\boldsymbol{x},t)\boldsymbol{u} \\ \boldsymbol{x}(t_0) &= \boldsymbol{x}_0 \end{aligned} \tag{8-39}$$

式中,控制 $\boldsymbol{u}(t)$受不等式约束

$$|u_j(t)| \leqslant 1, \quad 对所有\ t \in [t_0, t_f], \quad j=1,2,\cdots,r \tag{8-40}$$

性能指标为

$$J[\boldsymbol{u}(\cdot)] = S(\boldsymbol{x}(t_f)) + \int_{t_0}^{t_f} L(\boldsymbol{x},t)\,\mathrm{d}t \tag{8-41}$$

式中,t_0, t_f已知。f_1, f_u, L 和 S 对每个自变量至少是一次连续可微的。问题是

选择满足约束式(8-40)的分段连续函数 $\boldsymbol{u}(\cdot)$,使 J 最小。

如无进一步的假设,这类问题的最优控制函数是由砰砰弧及奇异子弧所组成的。解正常最优控制问题,目前已有一些有效的计算方法。而计算奇异控制的方法的基本思想是在性能指标的被积函数中增加 $\frac{1}{2}\varepsilon_k\boldsymbol{u}^{\mathrm{T}}\boldsymbol{u}$ 项,将性能指标式(8-41)修改为

$$J[\boldsymbol{u}(\cdot),\varepsilon_k]=S(\boldsymbol{x}(t_{\mathrm{f}}))+\int_{t_0}^{t_{\mathrm{f}}}\left(L(\boldsymbol{x},t)+\frac{1}{2}\varepsilon_k\boldsymbol{u}^{\mathrm{T}}\boldsymbol{u}\right)\mathrm{d}t \tag{8-42}$$

问题就变成非奇异的了。然后利用解非奇异最优控制的算法来解修改后的非奇异问题。可以证明,当 $\lim\limits_{k\to\infty}\varepsilon_k=0$ 时,$J[\boldsymbol{u}(\cdot),\varepsilon_k]$ 将收敛于式(8-41)的最小值。采用此种方法并不需要预先知道是否有奇异弧、奇异弧的段数及所在位置。算法的步骤如下:

第一步:选择一个起始值 $\varepsilon_1>0$ 和一个标称控制函数 $\overline{\boldsymbol{u}}(\cdot)$。

第二步:解所得的正则问题($k=1$),得到最小化的控制函数 $\boldsymbol{u}_k(\cdot)$。

第三步:选择 $\varepsilon_{k+1}<\varepsilon_k\left(\text{例如 }\varepsilon_{k+1}=\frac{1}{10}\varepsilon_k\right)$,并令 $\overline{\boldsymbol{u}}_{k+1}(\cdot)=\boldsymbol{u}_k(\cdot)$,$k=k+1$,重复步骤二,直至 $\varepsilon_k<\sigma$ 停止运算,式中,σ 是一个预先规定的小正数。

剩下的问题需要证明算法的收敛性。为此,先做如下两个假设:

假设1:设 U 是定义在 $[t_0,t_{\mathrm{f}}]$ 上,且满足式(8-40)约束的 r 维分段连续函数集合,且

$$\inf_{\boldsymbol{u}(\cdot)}J[\boldsymbol{u}(\cdot)]=\min_{\boldsymbol{u}(\cdot)}J[\boldsymbol{u}(\cdot)]=\gamma_0 \tag{8-43}$$

该假设说明,式(8-41)性能指标 J 的下确界存在,且等于 J 的最小值 γ_0。

假设2:对于 $\boldsymbol{u}(\cdot)\in U$,有

$$\inf_{\boldsymbol{u}(\cdot)}J[\boldsymbol{u}(\cdot),\varepsilon_k]=J[\boldsymbol{u}^*(\cdot),\varepsilon_k] \tag{8-44}$$

式中,$\boldsymbol{u}^*(\cdot)$ 是使式(8-42)为最小的控制。

在上述两个假设的条件下,有如下收敛定理:

定理 对于任意正的序列 $\{\varepsilon_k\}$,$\varepsilon_k>\varepsilon_{k+1}>0$,且 $\lim\limits_{k\to\infty}\varepsilon_k=0$,那么在上述两个假设条件下,有

$$\lim_{k\to\infty}J[\boldsymbol{u}(\cdot),\varepsilon_k]=\gamma_0 \tag{8-45}$$

定理表明,当 k 趋于 ∞ 时,算法的解逐渐趋于原来奇异问题的解。实际上,ε_k 降低到足够小的数值时,可以得到原奇异解的一个相当好的近似。然而,当 ε_k 太小时,常常会造成数值计算上的困难,为克服此种困难,人们还提出了一些改

进的算法。除此之外,用广义梯度法和函数空间拟牛顿法计算奇异解也是可行的。

8.4 小　结

对于任何最优控制问题,无论是奇异的还是非奇异的,使得哈密顿函数 H 取极值的弧被定义为极值弧。如果此极值弧不能使控制向量表示成状态变量和协状态变量的函数,那么问题就是奇异的。

求解奇异最优控制比求解正常的最优控制问题要困难得多,因为只有极小值原理还算不出最优控制律的具体形式,以至于不得不另外寻找奇异弧的其他条件,弥补奇异情况下定解条件的不足。奇异解通常由正常弧和奇异弧组成。

求解奇异最优控制的正则化方法,也就是利用摄动方法把一个奇异问题化成为相应的非奇异问题,正则化方法是在性能指标中的被积函数中加上一项 $\frac{1}{2}\varepsilon_k \boldsymbol{u}^{\mathrm{T}}\boldsymbol{u}$,式中,$\varepsilon_k$是一个正的小量,其效果是对最优性能指标做了一个微小摄动,这种摄动应使非奇异问题的解在某种意义上能逼近原来的奇异问题的解。

习　题

1. 对于系统$\begin{bmatrix}\dot{x}_1\\ \dot{x}_2\end{bmatrix}=\begin{bmatrix}0 & 1\\ 0 & 0\end{bmatrix}\begin{bmatrix}x_1\\ x_2\end{bmatrix}+\begin{bmatrix}1\\ -1\end{bmatrix}\boldsymbol{u}$,求控制使性能指标 $J=\int_{t_0}^{t_f} x_1^2\mathrm{d}t$ 最小,且适合约束$|u|\leqslant 1$,并证明相应的可控性和可观测性条件得到满足。

2. 对于系统$\begin{bmatrix}\dot{x}_1\\ \dot{x}_2\\ \dot{x}_3\end{bmatrix}=\begin{bmatrix}0 & 1 & 0\\ 0 & 0 & 1\\ 0 & 0 & 0\end{bmatrix}\begin{bmatrix}x_1\\ x_2\\ x_3\end{bmatrix}+\begin{bmatrix}0\\ 0\\ 1\end{bmatrix}\boldsymbol{u}$,求控制使性能指标 $J=\int_{t_0}^{t_f}(x_1^2+x_2^2+x_3^2)\mathrm{d}t$ 最小,且适合约束$|\boldsymbol{u}|\leqslant 1$。

3. 已知二阶受控系统 $\dot{x}_1(t)=x_2(t)$, $\dot{x}_2(t)=u(t)$,试求系统由已知初态 $x_1(0)=0$,$x_2(0)=1$,且使性能指标 $J=\frac{1}{2}\int_0^{\frac{3}{2}\pi}[-x_1^2(t)+x_2^2(t)]\mathrm{d}t$ 为极小的最优控制,并判断奇异弧段是否是最优的,并给出奇异弧段是非最优解时的条件。

第 9 章　鲁棒控制与最优控制

由前面几章可知，最优控制规律的设计，要求必须能够得到系统的精确数学模型，否则，所谓的最优设计全部都是徒劳的。正因为在实际工程中，被控系统不确定性的存在，导致了人们对这一问题的重新认识。由此，引出了如何设计一个合理的控制器，当存在不确定性因素的情况下，使系统仍保持良好鲁棒性的问题。鲁棒控制设计的主要思想是在使系统对不确定性的响应的最大值尽量小的前提下，满足系统的性能指标，是一种针对"最坏情况"的最优控制。

9.1　预备知识

9.1.1　信号范数

时域信号 $u(t)$ 可理解为从 $(-\infty, +\infty)$ 到实数 $\mathbf{R}$ 的一个函数，设 $u(t)$ 是勒贝格可测函数，关于函数空间的一些定义如下：

定义 1　对于正数 $p \in [1, +\infty)$，元素 $u(\cdot)$ 为勒贝格可测函数，且满足

$$\int_{-\infty}^{+\infty} |u(t)|^p \mathrm{d}t < +\infty$$

的函数空间，称为 $L_p(-\infty, +\infty)$ 空间。

在 $L_p(-\infty, +\infty)$ 空间中，常用的函数空间有

$$L_1(-\infty, +\infty): \int_{-\infty}^{+\infty} |u(t)| \mathrm{d}t < +\infty$$

$$L_2(-\infty, +\infty): \int_{-\infty}^{+\infty} |u(t)|^2 \mathrm{d}t < +\infty$$

$$L_\infty(-\infty, +\infty): \underset{t \in (-\infty, +\infty)}{ess\ \sup} |u(t)| < +\infty$$

式中，$ess\ \sup$ 表示真上确界。所谓函数在点集 Q 上的真上确界是指它在 Q 中除某个 0 测度集外的上确界。对于连续函数，其上确界就是真上确界。

在 $L_p(-\infty, +\infty)$ 空间中，所有对 $t<0$ 除去在测度为 0 的集合上均为 0 的

函数的全体所构成的集合记为 $L_p[0,+\infty)$。$L_p[0,+\infty)$ 是 $L_p(-\infty,+\infty)$ 的一个闭空间。因为实际信号均满足 $t\geqslant 0$,所以这里讨论的信号均属于 $L_p[0,+\infty)$ 空间。需要说明的是:对于函数空间中的元素 $u(t)$ 可以是单个的函数,也可以是向量函数。

对于时域信号 $u(t)$,常用的范数有

$$1-\text{范数:}\quad \|u\|_1=\int_{-\infty}^{+\infty}|u(t)|\mathrm{d}t$$

$$2-\text{范数:}\quad \|u\|_2=\left(\int_{-\infty}^{+\infty}u^2(t)\mathrm{d}t\right)^{1/2}$$

$$\infty-\text{范数:}\quad \|u\|_\infty=\underset{t\in(-\infty,+\infty)}{ess\ \sup}|u(t)|$$

应当指出:2-范数的平方实际上是对信号能量的一种度量,而∞-范数则是对信号幅值上界的度量。因此,$L_2[0,+\infty)$ 中的信号属能量有限信号,如单位脉冲信号(幅值不受限);而 $L_\infty[0,+\infty)$ 中的信号则属于幅值有限信号,如单位阶跃信号(能量不受限)。可见,$L_2[0,+\infty)$ 和 $L_\infty[0,+\infty)$ 以及 $L_1[0,+\infty)$ 空间并不是完全等价的。

频域信号 $u(\mathrm{j}\omega)$ 可看成从 $\mathrm{j}\mathbf{R}\to\mathbf{C}$ 的函数,设 $u(\mathrm{j}\omega)$ 为勒贝格可测函数,则有如下定义。

定义 2 对于正数 $p\in[1,+\infty)$,元素在 $\mathrm{j}\mathbf{R}$ 上有定义,取值于复数域 $\mathbf{C}$ 的 $u(\cdot)$ 为勒贝格可测函数,且满足

$$\int_{-\infty}^{+\infty}|u(\mathrm{j}\omega)|^p\mathrm{d}\omega<+\infty$$

的空间,称 L_p 空间。常用的 L_p 空间有

$$L_2:\int_{-\infty}^{+\infty}|u(\mathrm{j}\omega)|^2\mathrm{d}\omega<+\infty$$

$$L_\infty:\underset{\omega\in\mathbf{R}}{ess\ \sup}|u(\mathrm{j}\omega)|<+\infty$$

对于频域信号 $u(\mathrm{j}\omega)$,常用范数有

$$2-\text{范数:}\quad \|u\|_2=\frac{1}{2\pi}\int_{-\infty}^{+\infty}|u(\mathrm{j}\omega)|^2\mathrm{d}\omega$$

$$=\frac{1}{2\pi}\int_{-\infty}^{+\infty}u^*(\mathrm{j}\omega)u(\mathrm{j}\omega)\mathrm{d}\omega$$

式中,$u^*(\mathrm{j}\omega)$ 是 $u(\mathrm{j}\omega)$ 的共轭转置。

$$\infty-\text{范数:}\quad \|u\|_\infty=\underset{\omega\in\mathbf{R}}{ess\ \sup}|u(\mathrm{j}\omega)|$$

由于实际中常遇到的频域信号都是 $\mathrm{j}\omega$ 的(真)实有理函数,因此,将 L_2 和 L_∞ 中

实有理函数的全体给出专门的记号,分别记做 $\mathbf{R}L_2$ 和 $\mathbf{R}L_\infty$,即

$$\mathbf{R}L_2 = \{u \mid u \in L_2, u \text{ 为 } j\omega \text{ 的实有理函数(向量)}\}$$

$$\mathbf{R}L_\infty = \{u \mid u \in L_\infty, u \text{ 为 } j\omega \text{ 的实有理函数(向量)}\}$$

由定义可知,$\mathbf{R}L_\infty$ 是在虚轴上无极点的真实有理函数(向量)的全体。

9.1.2　系统范数

本书中所讨论的系统,若没有特别说明,均是指时不变有限维因果系统。对于一个系统的作用,实际上可看成对信号进行某种变换。因此,可以将系统看成一种算子。关于算子,也就是指定义在两个函数空间之间的某种映射关系。这里主要将系统作为线性算子来处理。

对于线性算子 $\boldsymbol{G}$ 的范数 $\|\boldsymbol{G}\|$,可定义

$$\|\boldsymbol{G}\| = \sup_{u \neq 0} \frac{\|\boldsymbol{G}\boldsymbol{u}\|}{\|\boldsymbol{u}\|} = \sup_{\|u\|=1} \|\boldsymbol{G}\boldsymbol{u}\|$$

由该定义可知,系统的范数实际上是单变量增益(信号放大倍数)概念在多变量系统中的推广。

有了算子范数的概念,就可以将 L_∞ 和 H_∞ 扩展为有理函数矩阵空间,相应的实有理函数矩阵空间仍分别记为 $\mathbf{R}L_\infty$ 和 $\mathbf{R}H_\infty$。

9.2　LQR/LQG 问题与 H_2 最优控制问题

9.2.1　LQR 与 H_2 最优控制

一个反馈系统的性能可以用从扰动输入到参考输出之间的闭环增益来衡量。系统的 2 - 范数代表一个平均增益,可被用来作为一个最优控制问题的代价函数。当被控对象近似给定以后,关于 LQR 的最优控制问题也就是使闭环系统的 2 - 范数取最小值的最优问题。将 LQR 问题明确地叙述为一个系统的 2 - 范数最优化问题可以从另一个角度考察 LQR 问题,并且可以比较容易得到公式来描述系统的频域特性。

H_2 最优控制问题将为如下被控对象找到线性时不变控制器:

$$\dot{\boldsymbol{x}}(t) = \boldsymbol{A}\boldsymbol{x}(t) + [\boldsymbol{B}_u \quad \boldsymbol{I}] \begin{bmatrix} \boldsymbol{u}(t) \\ \boldsymbol{\omega}(t) \end{bmatrix}$$

$$\begin{bmatrix} \boldsymbol{m}(t) \\ \boldsymbol{y}_1(t) \\ \boldsymbol{u}_1(t) \end{bmatrix} = \begin{bmatrix} \boldsymbol{I} \\ \boldsymbol{Q}^{1/2} \\ 0 \end{bmatrix} \boldsymbol{x}(t) + \begin{bmatrix} 0 & 0 \\ 0 & 0 \\ \boldsymbol{R}^{1/2} & 0 \end{bmatrix} \begin{bmatrix} \boldsymbol{u}(t) \\ \boldsymbol{\omega}(t) \end{bmatrix}$$

使得由被控对象组成的闭环系统稳定，并且使得系统的 2－范数最小。

$$J_2 = \left[\int_0^{\infty} tr\{\boldsymbol{g}_{cl}^{T}(t)\boldsymbol{g}_{cl}(t)\}dt\right]^{\frac{1}{2}} = \|\boldsymbol{G}_{cl}\|_2$$

式中，$\boldsymbol{g}_{cl}(t)$是从扰动输入到参考输出之间的闭环系统的脉冲响应矩阵。上面所示系统的结构图如图 9－1 所示。符号 H_2源自全局稳定线性时不变系统的 hardy 空间(H)，下标 2 代表所应用的系统范数。

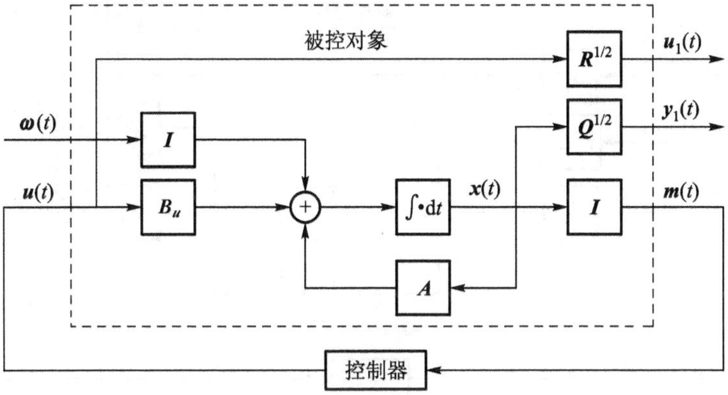

图 9－1 H_2最优控制方框图

H_2最优控制问题等价于稳态随机调节器。在这个情况下，最优反馈增益是时不变的，并使系统稳定。H_2最优控制问题和稳态随机调节器的等价性可以通过稳态参考输出的均方值来得出。

$$E\left\{\left[\boldsymbol{y}_1^{T}(\infty) \quad \boldsymbol{u}_1^{T}(\infty)\right]\begin{bmatrix}\boldsymbol{y}_1(\infty)\\ \boldsymbol{u}_1(\infty)\end{bmatrix}\right\} = E[\boldsymbol{x}^{T}(\infty)\boldsymbol{Q}\boldsymbol{x}(\infty) + \boldsymbol{u}^{T}(\infty)\boldsymbol{R}\boldsymbol{u}(\infty)]$$

上式就等于稳态随机调节器的指标函数。这个输出的均方值也能通过闭环系统的 2－范数来得到。

$$E\left\{\left[\boldsymbol{y}_1^{T}(\infty) \quad \boldsymbol{u}_1^{T}(\infty)\right]\begin{bmatrix}\boldsymbol{y}_1(\infty)\\ \boldsymbol{u}_1(\infty)\end{bmatrix}\right\} = \|\boldsymbol{G}_{cl}\|_2^2$$

通过这两个表达式，随机调节器的指标函数可以看做系统 2－范数的平方，即

$$J_{SR} = J_2^2$$

假设谱密度矩阵是单位阵。由于平方运算是单调的，使 J_{SR}最小的控制也使J_2取最小。这样，H_2最优反馈控制就等于状态反馈控制，其中，反馈增益是稳态随机调节器增益，或者等价为稳态 LQR 增益。

带有 LQR 反馈增益的状态反馈能使 H_2指标取最小。这些额外的结果使得

LQR 解在一个比较广阔的控制应用领域中变得非常有用。

9.2.2 LQG 与 H_2 最优控制

稳态线性二次型高斯最优控制问题等价于一个 H_2 最优控制问题。这个 H_2 最优控制问题按图 9-2 所示的方式给出。

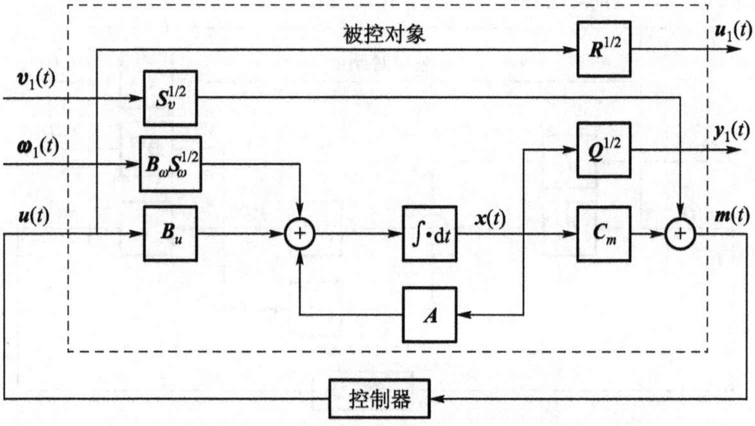

图 9-2 将 LQG 问题作为一个 H_2 最优控制问题

给出具有标称干扰输入和参考输出的被控对象

$$\dot{x}(t) = Ax(t) + \begin{bmatrix} B_u & B_\omega S_\omega^{\frac{1}{2}} & 0 \end{bmatrix} \begin{bmatrix} u(t) \\ \omega_1(t) \\ v_1(t) \end{bmatrix}$$

$$\begin{bmatrix} m(t) \\ y_1(t) \\ u_1(t) \end{bmatrix} = \begin{bmatrix} C_m \\ Q^{\frac{1}{2}} \\ 0 \end{bmatrix} x(\mathrm{t}) + \begin{bmatrix} 0 & 0 & S_v^{\frac{1}{2}} \\ 0 & 0 & 0 \\ R^{\frac{1}{2}} & 0 & 0 \end{bmatrix} \begin{bmatrix} u(t) \\ \omega_1(t) \\ v_1(t) \end{bmatrix}$$

找到一个反馈控制器,能够使闭环系统内稳定而且使闭环系统 2-范数取最小值

$$J_2 = \| G_{\mathrm{cl}} \|_2$$

为了表现出这种等价性,LQG 代价函数能用闭环系统 2-范数的形式写出,即

$$J = E[\, x^{\mathrm{T}}(\infty) Q x(\infty) + u^{\mathrm{T}}(\infty) R u(\infty) \,]$$

$$=E\left\{\left[\left(Q^{\frac{1}{2}}x(\infty)\right)^{T}\quad\left(R^{\frac{1}{2}}u(\infty)\right)^{T}\right]\begin{bmatrix}Q^{\frac{1}{2}}x(\infty)\\R^{\frac{1}{2}}u(\infty)\end{bmatrix}\right\}=\|G_{cl}\|_2^2$$

由于平方运算是单调的,使 LQG 代价函数最小等价于使闭环系统 2 - 范数最小。

LQG 问题的 H_2形式表明有可能通过不同的系统范数设计控制器。比如,下面将要介绍的无穷范数。

9.3 H_∞控制理论

9.3.1 概述

由于各种复杂因素的影响,控制系统本身存在着不确定性。这种不确定性包括数学模型自身的不确定性和外界干扰的不确定性。反馈控制可以克服或减小不确定性的影响,使系统达到要求的性能指标。但是,当系统存在不确定性影响时,所设计的反馈控制器能否使系统达到期望的指标要求,这是一个需要回答的问题。

20 世纪 30 年代开始发展起来的经典控制理论,利用幅频裕度和相频裕度的概念研究反馈系统,使设计的系统在一定范围内变化时能满足所要求的性能。由于充分大的增益裕度和相位裕度,使得系统在具有较大的对象模型摄动时,仍能保证系统性能,并具有抑制干扰的能力。因此,经典反馈控制本质上是鲁棒的,且方法简单、实用,直至今日,仍在工程设计中得到广泛应用。但是,其不足之处是无法直接用于多输入多输出(MIMO)系统。

20 世纪 60 年代,出现了现代控制理论,提出了许多新的控制理论与方法。这些方法在实际控制系统的设计中并未得到广泛的应用,主要原因是应用这些方法时忽略了对象的不确定性,并对存在的干扰信号做出了苛刻的要求,如 LQG 设计方法中要求干扰为高斯分布的白噪声,而在很多实际问题中,干扰的统计特性很难确定;此外,它还要求对象有精确的数学模型。这样,用 LQG 设计的系统,当有模型扰动时,就不能保证系统的鲁棒性。

针对现代控制理论存在的问题,1981 年,Zames 提出了著名的 H_∞ 控制思想。他针对一个具有有限功率谱干扰的单输入单输出系统的设计问题,引入了灵敏度函数的 H_∞ 范数作为目标函数,使干扰对系统的影响降到最低限度。

采用范数作为性能指标有如下优点:

(1) 可以处理 LQG 优化无法解决的变功率谱干扰下的系统控制问题。

(2) H_∞ 范数具有乘法性质 $\|\boldsymbol{PQ}\|_\infty \leqslant \|\boldsymbol{P}\|_\infty \|\boldsymbol{Q}\|_\infty$，这一性质对研究对象不确定影响下，系统的鲁棒稳定性问题相当重要。

经过30多年的发展，H_∞ 理论取得了大量的研究成果，并逐渐形成了完整的理论体系。由于它所表现出的固有特点，在鲁棒控制理论中占有重要位置，是一个十分活跃的研究领域。

9.3.2　H_∞ 标准问题

在基于 H_∞ 控制理论的控制系统设计中，无论是鲁棒稳定还是干扰抑制问题，都可以转化为求反馈控制器使闭环系统稳定且闭环传递函数阵的 H_∞ 范数最小或小于某一给定值。这种同一模式下的 H_∞ 优化问题，即称为 H_∞ 标准问题。下面就来介绍这种目前应用最广泛的 H_∞ 标准问题。

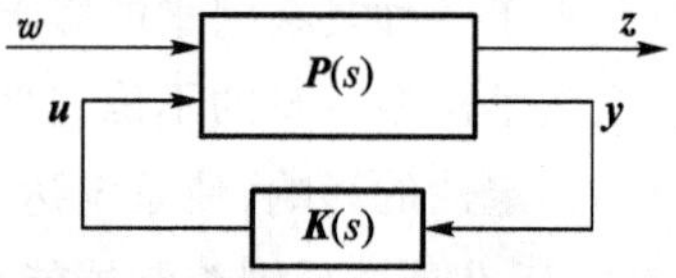

图9-3　H_∞ 标准控制问题

设线性定常系统如图9-3所示。其中，$z \in \mathbf{R}^m$ 表示输出信号，是应设计需要而定义的评价信号，$\boldsymbol{w} \in \mathbf{R}^p$ 表示外部干扰输入信号，包括干扰、噪声、参考输入等，是为了设计而定义的辅助信号，$\boldsymbol{u} \in \mathbf{R}^r$ 是控制输入信号，$\boldsymbol{y} \in \mathbf{R}^q$ 是测量信号，$\boldsymbol{P}(s)$ 表示广义被控对象，包括实际被控对象和为了描述设计指标而设定的加权函数，$\boldsymbol{K}(s)$ 表示所设计的控制器。

广义被控对象 $\boldsymbol{P}(s)$ 的状态方程描述为

$$\begin{aligned} \dot{\boldsymbol{x}} &= \boldsymbol{A}\boldsymbol{x} + \boldsymbol{B}_1\boldsymbol{w} + \boldsymbol{B}_2\boldsymbol{u} \\ \boldsymbol{z} &= \boldsymbol{C}_1\boldsymbol{x} + \boldsymbol{D}_{11}\boldsymbol{w} + \boldsymbol{D}_{12}\boldsymbol{u} \\ \boldsymbol{y} &= \boldsymbol{C}_2\boldsymbol{x} + \boldsymbol{D}_{21}\boldsymbol{w} + \boldsymbol{D}_{22}\boldsymbol{u} \end{aligned} \tag{9-1}$$

式中，$\boldsymbol{x} \in \mathbf{R}^n$ 表示状态向量，传递函数的形式为

$$\begin{aligned} \boldsymbol{P}(s) &= \begin{bmatrix} \boldsymbol{P}_{11} & \boldsymbol{P}_{12} \\ \boldsymbol{P}_{21} & \boldsymbol{P}_{22} \end{bmatrix} \\ &= \begin{bmatrix} \boldsymbol{D}_{11} & \boldsymbol{D}_{12} \\ \boldsymbol{D}_{21} & \boldsymbol{D}_{22} \end{bmatrix} + \begin{bmatrix} \boldsymbol{C}_1 \\ \boldsymbol{C}_2 \end{bmatrix} (s\boldsymbol{I} - \boldsymbol{A})^{-1} [\boldsymbol{B}_1 \quad \boldsymbol{B}_2] \\ &= \begin{bmatrix} \boldsymbol{A} & \boldsymbol{B}_1 & \boldsymbol{B}_2 \\ \boldsymbol{C}_1 & \boldsymbol{D}_{11} & \boldsymbol{D}_{12} \\ \boldsymbol{C}_2 & \boldsymbol{D}_{21} & \boldsymbol{D}_{22} \end{bmatrix} = \begin{bmatrix} \boldsymbol{A} & \boldsymbol{B} \\ \boldsymbol{C} & \boldsymbol{D} \end{bmatrix} \end{aligned} \tag{9-2}$$

输入输出描述为

$$\begin{bmatrix} z \\ y \end{bmatrix} = P\begin{bmatrix} w \\ u \end{bmatrix} = \begin{bmatrix} P_{11} & P_{12} \\ P_{21} & P_{22} \end{bmatrix}\begin{bmatrix} w \\ u \end{bmatrix} \tag{9-3}$$

控制器表述为

$$u = Ky \tag{9-4}$$

将式(9-4)代入式(9-3),消去 y,得到从w到 z 的闭环传递函数,即

$$F_l(P,K) = P_{11} + P_{12}K(I - P_{22}K)^{-1}P_{21} \tag{9-5}$$

由此,H_∞ 标准问题可表述如下:对于一个给定的广义被控对象 P,求取一个反馈控制器 K,使闭环系统内稳定,且使闭环传递函数 $F_l(P,K)$ 的 H_∞ 范数达到极小,即

$$\min_K \| F_l(P,K) \|_\infty \tag{9-6}$$

式(9-6)表示 H_∞ 最优控制问题。

对应于图 9-3 中的闭环系统内稳定是指当 $t \to +\infty$ 时,闭环系统的状态(原开环系统和动态补偿器的状态)趋于 0。

若给定 $\gamma > 0$,求取镇定反馈控制器 K,使得

$$\| F_l(P,K) \|_\infty < \gamma \tag{9-7}$$

则表示 H_∞ 次优控制问题。

9.3.3 不确定性系统的 H_∞ 控制

首先讨论鲁棒稳定性问题:对于 H_∞ 标准问题,基本框图如图 9-3 所示。但当被控对象 $P(s)$ 含有不确定性因素时,通过抽取不确定性部分 Δ 后,闭环系统有如图 9-4 所示结构。

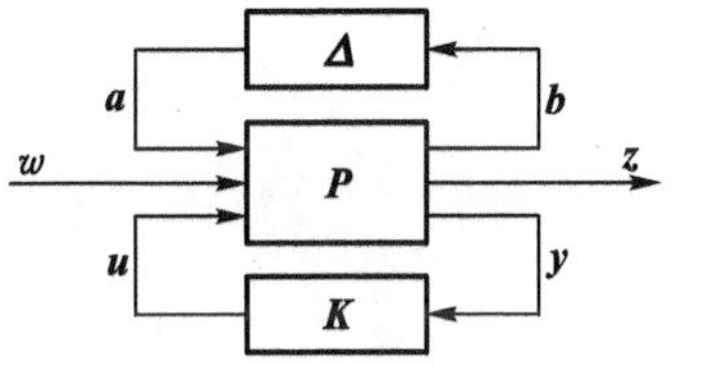

图 9-4 不确定性系统的 H_∞ 控制

$$\begin{bmatrix} b \\ z \\ y \end{bmatrix} = P\begin{bmatrix} a \\ w \\ u \end{bmatrix} \tag{9-8}$$

$$P = \begin{bmatrix} P_{11} & P_{12} & P_{13} \\ P_{21} & P_{22} & P_{23} \\ P_{31} & P_{32} & P_{33} \end{bmatrix} \tag{9-9}$$

$$a = \Delta b \tag{9-10}$$

$$u = Ky \tag{9-11}$$

(1) 考虑含加性不确定性,系统框图如图 9-5 所示,有

$$w = d$$

$$z = y = d + Wa + Gu$$

$$b = u$$

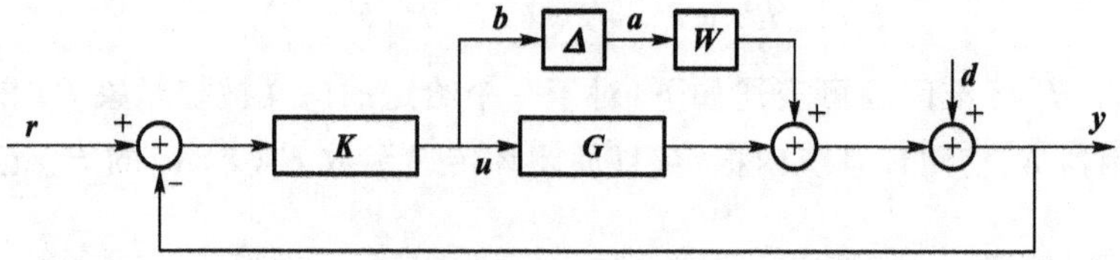

图 9-5 含加性不确定性和扰动的系统框图

与图 9-4 对应,则有

$$P = \begin{bmatrix} 0 & 0 & I \\ W & I & G \\ W & I & G \end{bmatrix}$$

(2) 考虑含乘性不确定性,系统框图如图 9-6 所示,有

$$w = d$$

$$z = y = d + Wa + Gu$$

$$b = Gu$$

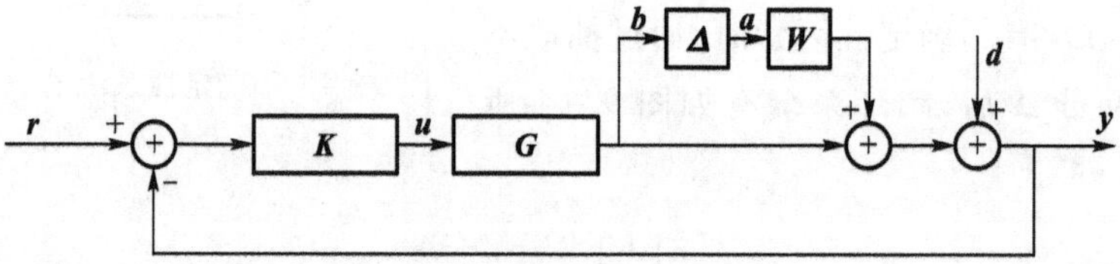

图 9-6 含乘性不确定性和扰动的系统框图

与图 9-4 对应,则有

$$P = \begin{bmatrix} 0 & 0 & G \\ W & I & G \\ W & I & G \end{bmatrix}$$

(3) 考虑含基于互质分解描述不确定性,系统框图如图 9-7 所示,有

$$w = d$$

$$z = y = d + M_1^{-1}Wa + N_1M_1^{-1}u$$

$$b_1 = M_1^{-1}Wa + N_1M_1^{-1}u = M_1^{-1}Wa + Gu$$

$$b_2 = u$$

与图 9 - 4 对应,则有

$$P = \begin{bmatrix} M_1^{-1}W & 0 & G \\ 0 & 0 & I \\ M_1^{-1}W & I & G \end{bmatrix}$$

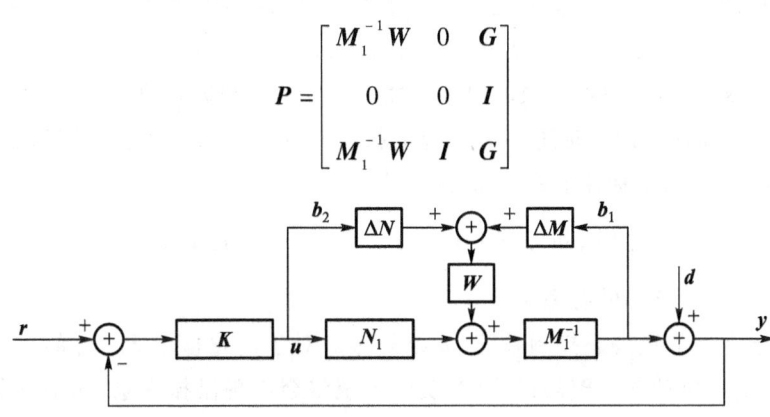

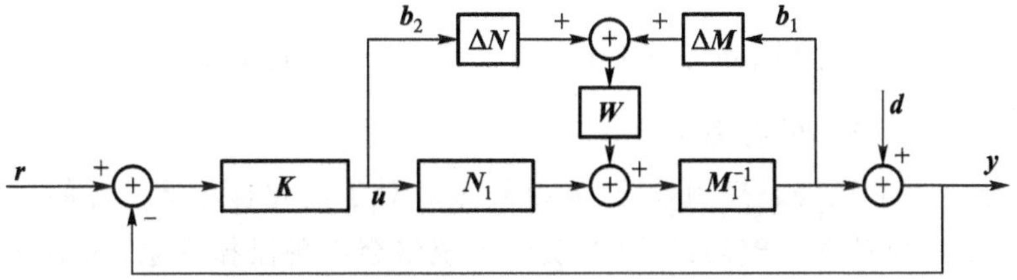

图 9 - 7　含基于互质分解描述不确定性和扰动的系统框图

综上所述,图 9 - 5 ~ 图 9 - 7 所述的各类不确定性系统的控制问题可以用图 9 - 4 所示的方式统一描述,从而转换成一般鲁棒控制问题。

结合式(9 - 8) ~ 式(9 - 10),有

$$\begin{bmatrix} z \\ y \end{bmatrix} = P_\Delta \begin{bmatrix} w \\ u \end{bmatrix} \tag{9-12}$$

$$P_\Delta = \begin{bmatrix} P_{\Delta 11} & P_{\Delta 12} \\ P_{\Delta 21} & P_{\Delta 22} \end{bmatrix} = \begin{bmatrix} P_{22} & P_{23} \\ P_{32} & P_{33} \end{bmatrix} + \begin{bmatrix} P_{21} \\ P_{31} \end{bmatrix} \Delta (I - P_{11}\Delta)^{-1} [P_{12} \quad P_{13}] \tag{9-13}$$

将式(9 - 11)代入式(9 - 12),得

$$z = T_{\Delta zw} w$$

式中,

$$T_{\Delta zw} = P_{\Delta 11} + P_{\Delta 12}K(I - P_{\Delta 22}K)^{-1}P_{\Delta 21} = F_l(P_\Delta, K)$$

式中,$P_{\Delta ij}(i,j=1,2)$由式(9 - 13)给出。$\Delta \in RH_\infty$,$\|\Delta\|_\infty \leqslant 1$。

不确定性系统的鲁棒稳定性问题,就是寻找反馈控制器 K,使得图 9 - 4 所示的闭环系统在任意有界稳定摄动 Δ 的作用下内稳定,且满足

$$\|F_l(P_\Delta, K)\|_\infty < \gamma \tag{9-14}$$

式中,$\gamma>0$ 是一个给定的常数。

下面举例说明这种鲁棒稳定设计问题可以通过设定 H_∞ 性能指标而实现。

设有如下一个人造卫星姿态控制的地面试验装置,该装置由于其太阳能电池板的柔韧性,无法将其作为刚体处理。对于该被控对象,设计如图 9-8 所示的反馈控制系统,进行卫星姿态控制。被控对象的数学模型为

$$\boldsymbol{P}(s) = \boldsymbol{P}_0(s) + \Delta\boldsymbol{P}(s)$$

式中,$\Delta\boldsymbol{P}(s)$是由于被控对象的柔性特性而产生的高频振动项。

在进行系统设计的时候,采用简化的数学模型 $\boldsymbol{P}_0(s)$,模型误差即为 $\Delta\boldsymbol{P}(s)$,假设 $\Delta\boldsymbol{P}(s)$的频率特性上界已知,即

$$|\Delta\boldsymbol{P}(\mathrm{j}w)| < |\boldsymbol{W}(\mathrm{j}w)| \qquad \forall w \in [0, +\infty)$$

式中,$\boldsymbol{W}(\mathrm{j}w)$为已知的有理函数。

对于上述卫星姿态控制系统,如果只考虑对于简化模型 $\boldsymbol{P}_0(s)$的系统稳定性,那么由于摄动项 $\Delta\boldsymbol{P}(s)$的影响,实际系统将会出现溢振现象,无法抑制卫星太阳能电池板在移动过程中出现的振动现象。因此,基于鲁棒稳定性的控制律设计,应该在设计的时候就考虑模型误差,这对工程实际具有很重要的意义。

上面的系统可以等价地表示为图 9-9,图中,$\boldsymbol{T}(s) = \dfrac{\boldsymbol{K}(s)}{1+\boldsymbol{P}_0(s)\boldsymbol{K}(s)}$。

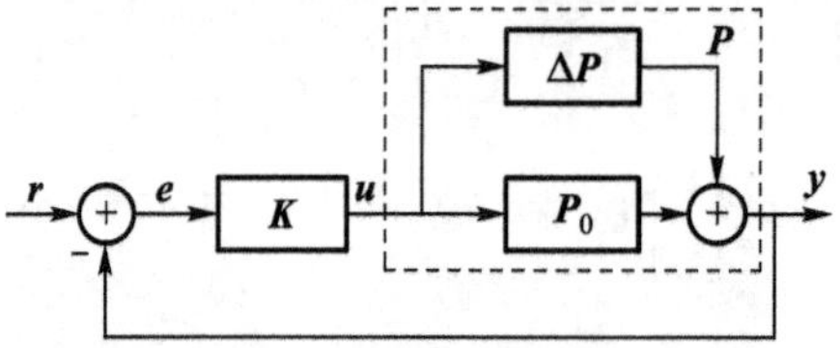

图 9-8 鲁棒控制系统

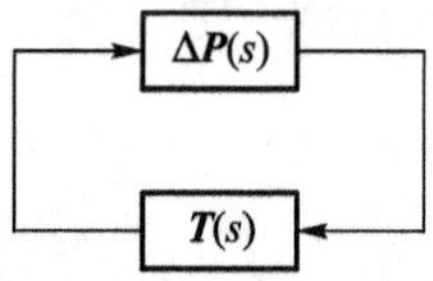

图 9-9 等价系统

如果 $\boldsymbol{T}(s)$是稳定的(即在 s 右半平面解析),那么根据 Nyquist 稳定判据可知,闭环系统对任意 $\Delta\boldsymbol{P}(s)$稳定的充分条件是

$$|\Delta\boldsymbol{P}(\mathrm{j}w)\boldsymbol{W}(\mathrm{j}w)| < 1 \qquad \forall w \in [0, +\infty)$$

即开环系统的 Nyquist 曲线位于单位圆内,不围绕 -1 点。

因此,如果设计控制器 $\boldsymbol{K}(s)$,使得 $\boldsymbol{T}(s)$等价于原系统 $\Delta\boldsymbol{P}(s)=0$ 的标称系统稳定,同时满足$\|\boldsymbol{T}(s)\boldsymbol{W}(s)\|_\infty < 1$,则系统鲁棒稳定。

所以,上述卫星姿态控制问题就可以描述为,对于标称模型 $\boldsymbol{P}_0(s)$和 $\boldsymbol{W}(s)$,设计如图 9-10 所示的反馈控制器 $\boldsymbol{K}(s)$,使得闭环系统稳定,同时满足 H_∞ 性能指标$\|\boldsymbol{T}_{zw}(s)\|_\infty < 1$,式中,$\boldsymbol{T}_{zw}(s)$表示由$\boldsymbol{w}$至 z 的闭环传递函数。

与鲁棒稳定性问题相对应的还有鲁棒性能问题。对于鲁棒性能问题可以归结为一类特殊的鲁棒稳定性问题。

令对任意有界稳定摄动 $\boldsymbol{\Delta}$,存在满足式(9－14)的控制器 $\boldsymbol{K}$,由式(9－8)～式(9－11)可得闭环控制系统为

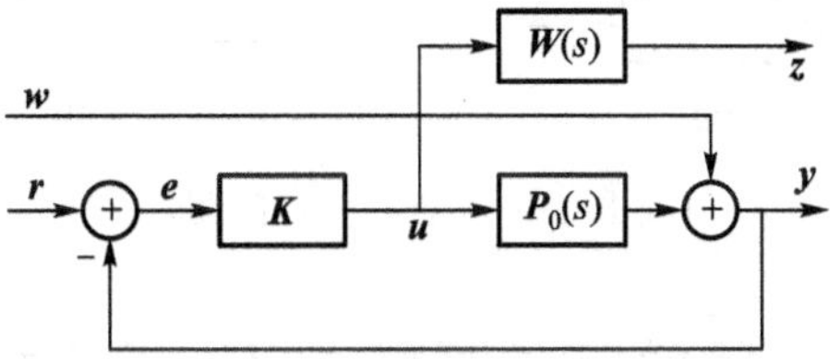

图 9－10 鲁棒稳定控制器设计

$$\begin{bmatrix} \boldsymbol{b} \\ \boldsymbol{z} \end{bmatrix} = \boldsymbol{P}_k \begin{bmatrix} \boldsymbol{a} \\ \boldsymbol{w} \end{bmatrix} \tag{9-15}$$

式中,

$$\boldsymbol{P}_k = \begin{bmatrix} \boldsymbol{P}_{k11} & \boldsymbol{P}_{k12} \\ \boldsymbol{P}_{k21} & \boldsymbol{P}_{k22} \end{bmatrix} = \begin{bmatrix} \boldsymbol{P}_{11} & \boldsymbol{P}_{12} \\ \boldsymbol{P}_{21} & \boldsymbol{P}_{22} \end{bmatrix} + \begin{bmatrix} \boldsymbol{P}_{13} \\ \boldsymbol{P}_{23} \end{bmatrix} \boldsymbol{K}(\boldsymbol{I} - \boldsymbol{P}_{33}\boldsymbol{K})^{-1}[\boldsymbol{P}_{31} \quad \boldsymbol{P}_{32}] \tag{9-16}$$

此时,式(9－14)意味着图 9－8 所示闭环系统由$\boldsymbol{w}$到 $\boldsymbol{z}$ 的传递关系对任意有界稳定摄动 $\boldsymbol{\Delta}$ 都是稳定的。

在不确定系统鲁棒稳定性分析中,依据小增益定理,鲁棒性能问题可归结于选择控制器 $\boldsymbol{K}$,使闭环系统对$\boldsymbol{w}$和 $\boldsymbol{z}$ 两端的任意有界稳定摄动 $\boldsymbol{\Delta}'$都稳定,如图 9－11(a)所示。

结合不确定性 $\boldsymbol{\Delta}$ 和有界稳定摄动 $\boldsymbol{\Delta}'$,则系统的鲁棒性能问题最终归结于选择控制器 $\boldsymbol{K}$,使该闭环系统对任意的 $\boldsymbol{\Delta}$ 和 $\boldsymbol{\Delta}'$皆稳定。

图 9－11(b)所示,将 $\boldsymbol{\Delta}$ 和 $\boldsymbol{\Delta}'$合并,则有

$$\boldsymbol{\Delta}_s = \begin{bmatrix} \boldsymbol{\Delta} & 0 \\ 0 & \boldsymbol{\Delta}' \end{bmatrix} \tag{9-17}$$

根据小增益理论,选取

$$\|\boldsymbol{P}_k\|_\infty < \gamma \tag{9-18}$$

式中,$\gamma > 0$ 是一个给定的常数。则图 9－11 所示系统是内稳定的。

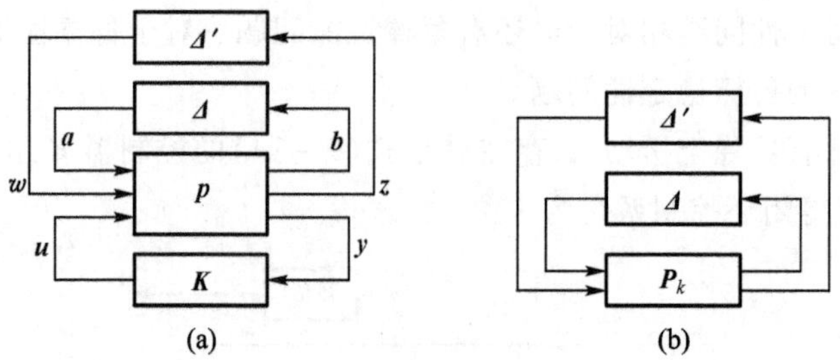

图 9-11 鲁棒性能问题

9.4 线性定常系统的 H_∞ 最优控制

9.4.1 概述

为了更好地理解 H_∞ 最优控制的设计思想，首先考察线性系统中的最优控制问题。

假设单输入线性系统状态方程如下：

$$\dot{\boldsymbol{x}} = \boldsymbol{A}\boldsymbol{x} + \boldsymbol{B}u \qquad \boldsymbol{x}(0) = \boldsymbol{x}_0 \tag{9-19}$$

式中，$\boldsymbol{x}(t) \in \mathbf{R}^n$ 为状态变量；$u \in \mathbf{R}$ 为控制输入；$\boldsymbol{A} \in \mathbf{R}^{n\times n}$，$\boldsymbol{B} \in \mathbf{R}^n$ 为定常矩阵。

对于被控对象，设计状态反馈控制器

$$u = \boldsymbol{K}\boldsymbol{x} \qquad \boldsymbol{K} \in \mathbf{R}^{1\times n}$$

使给定的二次型性能指标

$$J = \int_0^\infty \{\boldsymbol{x}^{\mathrm{T}}(t)\boldsymbol{Q}\boldsymbol{x}(t) + ru^2(t)\}\mathrm{d}t$$

达到最小，同时，使闭环系统渐近稳定，式中，$\boldsymbol{Q} \geqslant 0$ 为加权矩阵，$r > 0$ 为加权系数。

最优控制理论的结果表明，通过解适当的代数黎卡提方程，可以得到使 J 为最小的控制器 $\boldsymbol{K}$。但是在这个设计问题中，并没有考虑干扰的影响，即性能指标的最优性只有在被控对象完全可以由式(9-19)精确描述时才能得到实现。由于实际系统中存在干扰等不确定性，使得这种最优设计的结果在实际应用中效果不好。

为了克服这一点，在被控对象的模型中，加入干扰项，并考虑干扰对系统响应特性的影响。下面将分别讨论线性定常系统的 H_∞ 最优控制和次优控制问题。

考虑带外干扰的线性定常系统

$$
\begin{aligned}
\dot{\boldsymbol{x}} &= \boldsymbol{A}\boldsymbol{x} + \boldsymbol{B}_1\boldsymbol{w} + \boldsymbol{B}_2 u \\
z &= \boldsymbol{C}_1\boldsymbol{x} + \boldsymbol{D}_{11}\boldsymbol{w} + \boldsymbol{D}_{12} u \\
y &= \boldsymbol{C}_2\boldsymbol{x} + \boldsymbol{D}_{21}\boldsymbol{w}
\end{aligned}
\tag{9-20}
$$

式中,$\boldsymbol{x}\in\mathbf{R}^n$是状态,$u\in\mathbf{R}^{r_1}$是控制输入信号,$\boldsymbol{w}\in\mathbf{R}^{r_2}$是外干扰输入信号(辅助信号),$y\in\mathbf{R}^{m_1}$是测量输出信号,$z\in\mathbf{R}^{m_2}$是系统输出信号(评价信号),$\boldsymbol{A},\boldsymbol{B}_1,\boldsymbol{B}_2,\boldsymbol{C}_1,\boldsymbol{C}_2,\boldsymbol{D}_{11},\boldsymbol{D}_{12},\boldsymbol{D}_{21}$均为适当维数的常数阵。

系统(9-20)的H_∞最优控制问题是求控制量u,使得

(1) 闭环系统内稳定,即当$\boldsymbol{w}=0$时闭环系统

$$
\dot{\boldsymbol{x}} = \boldsymbol{A}\boldsymbol{x} + \boldsymbol{B}_2 u \tag{9-21}
$$

是渐近稳定的;

(2) 对于$\forall\boldsymbol{w}(t)\in L_2[0,+\infty)$,控制量$u$使得系统

$$
\begin{aligned}
\dot{\boldsymbol{x}} &= \boldsymbol{A}\boldsymbol{x} + \boldsymbol{B}_1\boldsymbol{w} + \boldsymbol{B}_2 u \qquad \boldsymbol{x}(0)=0 \\
z &= \boldsymbol{C}_1\boldsymbol{x} + \boldsymbol{D}_{11}\boldsymbol{w} + \boldsymbol{D}_{12} u
\end{aligned}
\tag{9-22}
$$

的输出满足不等式

$$
\int_0^{+\infty} z^{\mathrm{T}}(t)z(t)\,\mathrm{d}t \leqslant \ell_2 \int_0^{+\infty} \boldsymbol{w}^{\mathrm{T}}(t)\boldsymbol{w}(t)\,\mathrm{d}t \tag{9-23}
$$

式中,

$$
\ell_2 = \sup_{w(t)\in L_2[0,+\infty)} \frac{\displaystyle\int_0^{+\infty} z^{\mathrm{T}}(t)z(t)\,\mathrm{d}t}{\displaystyle\int_0^{+\infty} \boldsymbol{w}^{\mathrm{T}}(t)\boldsymbol{w}(t)\,\mathrm{d}t}
$$

不等式(9-23)是在所求控制量u作用下,闭环系统对外干扰抑制能力的一种度量,ℓ_2称为系统(9-20)的L_2-增益,它反映了带外干扰的闭环系统的输出能量对外干扰信号能量的衰减程度。控制量u可以是状态反馈(当全部状态可观测时)和观测输出的静态输出反馈,也可以是状态量和观测输出量的动态反馈。至于选择什么结构形式的控制器,要视系统的要求和实现的难易来选定。

在H_∞控制器设计中,将寻求满足上述条件(1)和(2)的控制量u的问题称为"最优问题",其中涉及求L_2-增益ℓ_2的问题。虽然从理论上讲,在一定条件下,可证明系统(9-20)的L_2-增益存在,但实际上却很难求得它。

因此,从工程实现考虑,在用H_∞控制方法求控制器时,常根据工程设计要求而采取给定增益γ_0的所谓"次优控制问题"。

H_∞控制设计的次优问题是指对于事先给定的$0<\gamma_0<+\infty$,寻求控制量u,

使得满足：

(1) 闭环系统内稳定，即当$\boldsymbol{w}=0$时，闭环系统(9-21)是渐近稳定的。

(2) 对$\forall \boldsymbol{w}(t)\in L_2[0,+\infty)$，控制量$u$使得系统(9-22)的系统输出具有如下性质：

$$\int_0^{+\infty} \boldsymbol{z}^{\mathrm{T}}(t)\boldsymbol{z}(t)\,\mathrm{d}t \leqslant \gamma_0 \int_0^{+\infty} \boldsymbol{w}^{\mathrm{T}}(t)\boldsymbol{w}(t)\,\mathrm{d}t$$

9.4.2 H_∞控制器求解

考察如下线性定常系统：

$$\dot{\boldsymbol{x}} = \boldsymbol{A}\boldsymbol{x} + \boldsymbol{B}\boldsymbol{w} \tag{9-24}$$

$$\boldsymbol{z} = \boldsymbol{C}\boldsymbol{x}$$

式中，$\boldsymbol{x}\in \mathbf{R}^n$是状态；$\boldsymbol{w}\in \mathbf{R}^{r_2}$是外干扰；$\boldsymbol{z}\in \mathbf{R}^{m_2}$是输出；$\boldsymbol{A}$、$\boldsymbol{B}$、$\boldsymbol{C}$为适当维数的常数阵。

其中的问题是：对于$\forall \boldsymbol{w}(t)\in L_2[0,+\infty)$，求使

$$\int_0^{+\infty} \boldsymbol{z}^{\mathrm{T}}(t)\boldsymbol{z}(t)\,\mathrm{d}t \leqslant \gamma_0 \int_0^{+\infty} \boldsymbol{w}^{\mathrm{T}}(t)\boldsymbol{w}(t)\,\mathrm{d}t \tag{9-25}$$

成立的$\boldsymbol{A}$、$\boldsymbol{B}$、$\boldsymbol{C}$应满足的关系，式中，$\boldsymbol{z}(t)$是在初态为$\boldsymbol{x}(0)=0$时对应于$\boldsymbol{w}(t)\in L_2[0,+\infty)$的系统(9-24)的输出。

令

$$J[\boldsymbol{w}(\cdot)] = \int_0^{+\infty} [\boldsymbol{z}^{\mathrm{T}}(t)\boldsymbol{z}(t) - \gamma_0\boldsymbol{w}^{\mathrm{T}}(t)\boldsymbol{w}(t)]\,\mathrm{d}t,\ \boldsymbol{w}(t)\in L_2[0,+\infty)$$

有如下的所谓“最优干扰问题”：

$$\dot{\boldsymbol{x}} = \boldsymbol{A}\boldsymbol{x} + \boldsymbol{B}\boldsymbol{w}$$

$$\boldsymbol{z} = \boldsymbol{C}\boldsymbol{x}$$

$$\max_{w(\cdot)\in L_2[0,+\infty)} J[\boldsymbol{w}(\cdot)] = \max_{w(\cdot)\in L_2[0,+\infty)} \int_0^{+\infty} [\boldsymbol{z}^{\mathrm{T}}(t)\boldsymbol{z}(t) - \gamma_0\boldsymbol{w}^{\mathrm{T}}(t)\boldsymbol{w}(t)]\,\mathrm{d}t$$

利用使性能指标取极大值的哈密顿—雅可比—贝尔曼方程，直接得$J[\boldsymbol{w}(\cdot)]$取极大值的$\boldsymbol{w}$为

$$\boldsymbol{w}^*(x) = \frac{1}{\gamma_0}\boldsymbol{B}^{\mathrm{T}}\boldsymbol{P}\boldsymbol{x}$$

而$\boldsymbol{P}$满足如下黎卡提代数方程：

$$\boldsymbol{P}\boldsymbol{A} + \boldsymbol{A}^{\mathrm{T}}\boldsymbol{P} + \boldsymbol{C}^{\mathrm{T}}\boldsymbol{C} + \frac{1}{\gamma_0}\boldsymbol{P}\boldsymbol{B}\boldsymbol{B}^{\mathrm{T}}\boldsymbol{P} = 0 \tag{9-26}$$

定理 1 给定线性定常系统(9-24),若$\boldsymbol{A}$、$\boldsymbol{B}$、$\boldsymbol{C}$使黎卡提代数方程(9-26)有正定对称解时,则对事先给定的正数γ_0有

$$\int_0^{+\infty} \boldsymbol{z}^{\mathrm{T}}(t)\boldsymbol{z}(t)\,\mathrm{d}t \leqslant \gamma_0 \int_0^{+\infty} \boldsymbol{w}^{\mathrm{T}}(t)\boldsymbol{w}(t)\,\mathrm{d}t,\ \forall \boldsymbol{w}(t) \in L_2[0,+\infty)$$

式中,$\boldsymbol{z}(t)$是在初态为$\boldsymbol{x}(0)=0$时对应于$\boldsymbol{w}(t)\in L_2[0,+\infty)$的系统输出。

下面继续讨论线性定常系统H_∞次优控制问题的求解。

为了简单起见,在系统(9-20)中设$\boldsymbol{D}_{11}=0$,$\boldsymbol{C}_1^{\mathrm{T}}\boldsymbol{D}_{12}=0$,$\boldsymbol{D}_{12}^{\mathrm{T}}\boldsymbol{D}_{12}\triangleq\boldsymbol{R}_2>0$,且$\boldsymbol{x}$和$\boldsymbol{w}$都可以观测。考虑此时系统(9-20)的$H_\infty$次优控制问题的解,即对系统

$$\begin{aligned}\dot{\boldsymbol{x}} &= \boldsymbol{A}\boldsymbol{x} + \boldsymbol{B}_1\boldsymbol{w} + \boldsymbol{B}_2\boldsymbol{u}\\ \boldsymbol{z} &= \boldsymbol{C}_1\boldsymbol{x} + \boldsymbol{D}_{12}\boldsymbol{u}\end{aligned} \tag{9-27}$$

讨论其H_∞次优问题的解。

给定正数$\gamma_0>0$,取性能指标为

$$\begin{aligned}J[\boldsymbol{u}(\cdot),\boldsymbol{w}(\cdot)] &= \int_0^{+\infty}[\boldsymbol{z}^{\mathrm{T}}(t)\boldsymbol{z}(t) - \gamma_0\boldsymbol{w}^{\mathrm{T}}(t)\boldsymbol{w}(t)]\,\mathrm{d}t\\ &= \int_0^{+\infty}[\boldsymbol{x}^{\mathrm{T}}(t)\boldsymbol{C}_1^{\mathrm{T}}\boldsymbol{C}_1\boldsymbol{x}(t) + \boldsymbol{u}^{\mathrm{T}}(t)\boldsymbol{R}_2\boldsymbol{u}(t) - \gamma_0\boldsymbol{w}^{\mathrm{T}}(t)\boldsymbol{w}(t)]\,\mathrm{d}t\end{aligned} \tag{9-28}$$

考察系统(9-27)及其性能指标(9-28),即

$$\begin{aligned}&\dot{\boldsymbol{x}} = \boldsymbol{A}\boldsymbol{x} + \boldsymbol{B}_1\boldsymbol{w} + \boldsymbol{B}_2\boldsymbol{u}\\ &\min_{\boldsymbol{u}(\cdot)}\max_{\boldsymbol{w}(\cdot)} J[\boldsymbol{u}(\cdot),\boldsymbol{w}(\cdot)]\end{aligned} \tag{9-29}$$

利用微分对策中的哈密顿—雅可比—依萨柯方程(HJI 方程),可得如下函数:

$$\boldsymbol{u}^*(x) = \boldsymbol{R}_2^{-1}\boldsymbol{B}_2^{\mathrm{T}}\boldsymbol{P}\boldsymbol{x}$$

$$\boldsymbol{w}^*(x) = \frac{1}{\gamma_0}\boldsymbol{B}_1^{\mathrm{T}}\boldsymbol{P}\boldsymbol{x}$$

使式(9-29)中的$J[\boldsymbol{u}(\cdot),\boldsymbol{w}(\cdot)]$达到极大极小。式中,$\boldsymbol{P}$满足如下黎卡提代数方程:

$$\boldsymbol{P}\boldsymbol{A} + \boldsymbol{A}^{\mathrm{T}}\boldsymbol{P} + \boldsymbol{C}_1^{\mathrm{T}}\boldsymbol{C}_1 + \frac{1}{\gamma_0}\boldsymbol{P}\boldsymbol{B}_1\boldsymbol{B}_1^{\mathrm{T}}\boldsymbol{P} - \boldsymbol{P}\boldsymbol{B}_2\boldsymbol{R}_2^{-1}\boldsymbol{B}_2^{\mathrm{T}}\boldsymbol{P} = 0 \tag{9-30}$$

定理 2 对于给定线性定常系统(9-27),当$(\boldsymbol{A},\boldsymbol{C}_1)$完全可观测时,其全状态信息情况下的$H_\infty$次优控制问题有解,即对给定正数$\gamma_0$,$\boldsymbol{u}^*(\boldsymbol{x}) = -\boldsymbol{R}_2^{-1}\boldsymbol{B}_2^{\mathrm{T}}\boldsymbol{P}^*\boldsymbol{x}$使得系统具有如下性质:

(1) 当$\boldsymbol{w}=0$时,闭环系统(9-27)渐近稳定。

(2) 对于给定的正数 γ_0, $\forall \boldsymbol{w}(t) \in L_2[0, +\infty)$ 皆有

$$\int_0^{+\infty} \boldsymbol{z}^{\mathrm{T}}(t)\boldsymbol{z}(t)\,\mathrm{d}t \leqslant \gamma_0 \int_0^{+\infty} \boldsymbol{w}^{\mathrm{T}}(t)\boldsymbol{w}(t)\,\mathrm{d}t$$

式中,$\boldsymbol{z}(t) \triangleq [\boldsymbol{C}_1 - \boldsymbol{D}_{12}\boldsymbol{R}_2^{-1}\boldsymbol{B}_2^{\mathrm{T}}\boldsymbol{P}^*]\boldsymbol{x}(t)$ 是式(9-27)的系统输出,$\boldsymbol{P}^*$ 是黎卡提代数方程(9-30)的正定对称解。

9.5 小结

本章介绍了一些常用的时域、频域信号的范数以及系统的范数。还介绍了LQR、LQG 问题与 H_2 最优控制问题的关系,从另一个角度考察了 LQR、LQG 问题,并且可以比较容易得到公式来描述系统的频域特性。介绍了 H_∞ 控制理论中 H_∞ 标准问题的提法,并简单介绍了鲁棒稳定问题和鲁棒性能问题与 H_∞ 标准问题的联系,以及如何将上述两个问题简化为 H_∞ 标准问题来求解。最后介绍了线性定常系统的 H_∞ 最优和次优控制问题的解法及其解存在时系统方程应满足的条件。

习题

1. 给定系统

$$\dot{\boldsymbol{x}}(t) = -3\boldsymbol{x}(t) + 2\boldsymbol{w}(t)$$

$$\boldsymbol{y}(t) = \boldsymbol{x}(t)$$

试求该系统的 2-范数和∞-范数。

2. 给定系统

$$\begin{bmatrix} \dot{x}_1(t) \\ \dot{x}_2(t) \end{bmatrix} = \begin{bmatrix} -1 & 2 \\ 0 & -3 \end{bmatrix}\begin{bmatrix} x_1(t) \\ x_2(t) \end{bmatrix} + \begin{bmatrix} 0 \\ 1 \end{bmatrix} w(t)$$

$$y(t) = [1 \quad 0]\begin{bmatrix} x_1(t) \\ x_2(t) \end{bmatrix}$$

试求该系统的 2-范数和∞-范数。

3. 二自由度控制系统问题。一般二自由度控制系统的结构图如图 9-12 所示。二自由度控制系统的特点如下:通过将参考输入直接前馈到控制输入端来加快信号跟踪响应。图 9-12 中 $\boldsymbol{w}$ 为干扰信号,$\boldsymbol{r}$ 为参考输入信号,$\boldsymbol{y}$ 为输出信号,且 $\boldsymbol{r}$,$\boldsymbol{y}$ 可量测,$\boldsymbol{w}$ 为干扰信号,$\boldsymbol{P}(s)$ 为被控对象,$\boldsymbol{K}(s)$ 为二自由度控制器,$\boldsymbol{u}$

为控制输入，且满足 $\boldsymbol{u}=\boldsymbol{K}(s)\begin{bmatrix}\boldsymbol{r}\\ \boldsymbol{y}\end{bmatrix}$。

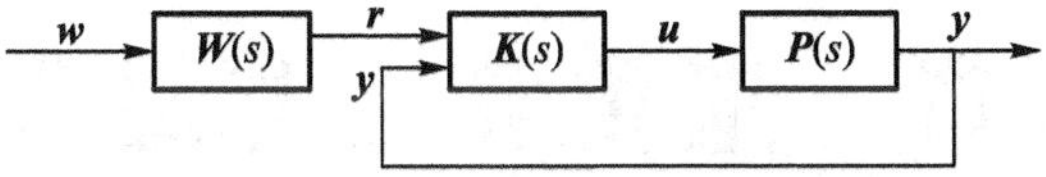

图 9-12　二自由度控制系统框图

现在的控制目的是尽量减小系统的跟踪误差，试通过合理选择输入输出变量，将二自由度控制系统转化为 H_∞ 标准问题，使得系统可通过求解 H_∞ 标准问题得到理想的控制器 $\boldsymbol{K}(s)$。

4. 鲁棒干扰抑制问题。设被控对象由如下状态方程描述：

$$\dot{\boldsymbol{x}}=\boldsymbol{A}\boldsymbol{x}+\boldsymbol{\Delta A}\boldsymbol{x}+\boldsymbol{B}_1\boldsymbol{w}+\boldsymbol{B}_2\boldsymbol{u}$$

式中，$\boldsymbol{u}$ 表示控制输入；$\boldsymbol{w}$ 表示有界干扰，且对于任意的 $T>0$ 是平方可积的。假设不确定性函数向量 $\Delta\boldsymbol{A}$ 属于某一给定的集合 Ω。

试设计适当的反馈控制律 $\boldsymbol{u}=\boldsymbol{K}\boldsymbol{x}$，使得 $\boldsymbol{x}=0$ 是系统的渐近稳定平衡点；同时，当有干扰 $\boldsymbol{w}$ 作用时，尽可能减少由干扰引起的状态调节误差。

（提示：选择如下的性能准则：

$$\max_{\Delta A\in\Omega}\int_0^T[\boldsymbol{x}^{\mathrm{T}}(t)\boldsymbol{Q}\boldsymbol{x}(t)+\boldsymbol{u}^{\mathrm{T}}(t)\boldsymbol{R}\boldsymbol{u}(t)]\mathrm{d}t\leqslant\gamma^2\int_0^T\boldsymbol{w}^{\mathrm{T}}(t)\boldsymbol{w}(t)\mathrm{d}t,\quad\forall\boldsymbol{w}(t)\in L_2[0,T)$$

式中，$\gamma>0$ 表示系统的干扰抑制能力；$\boldsymbol{Q}>0,\boldsymbol{R}\geqslant0$ 分别为加权阵，不难找到 $\boldsymbol{M}$，$\boldsymbol{N}$，使得 $\boldsymbol{Q}=\boldsymbol{M}^{\mathrm{T}}\boldsymbol{M},\boldsymbol{R}=\boldsymbol{N}^{\mathrm{T}}\boldsymbol{N}$，定义性能评价信号 $\boldsymbol{z}=\begin{bmatrix}\boldsymbol{M}\boldsymbol{x}\\ \boldsymbol{N}\boldsymbol{u}\end{bmatrix}=\begin{bmatrix}\boldsymbol{M}\\ 0\end{bmatrix}\boldsymbol{x}+\begin{bmatrix}0\\ \boldsymbol{N}\end{bmatrix}\boldsymbol{u}$，得到性能准则

$$\int_0^T\boldsymbol{z}^{\mathrm{T}}(t)\boldsymbol{z}(t)\mathrm{d}t\leqslant\gamma^2\int_0^T\boldsymbol{w}^{\mathrm{T}}(t)\boldsymbol{w}(t)\mathrm{d}t,\quad\forall\boldsymbol{w}(t)\in L_2[0,T)$$

由此通过本章所介绍的线性定常系统 H_∞ 最优控制问题的求解方法进行求解。）

第 10 章　遗传算法与最优控制

线性二次型最优控制是目前应用较为广泛的最优控制方法，其根据被控对象的线性数学模型，求解最优反馈控制律，使选定的二次型性能指标达到极值。线性二次型最优控制的控制性能与性能指标中加权阵 $\boldsymbol{Q}$、$\boldsymbol{R}$ 的选择密切相关，合理的加权阵可以使系统响应快速、平稳，而不合理的加权阵往往无法满足设计要求。

加权阵 $\boldsymbol{Q}$、$\boldsymbol{R}$ 的选择与控制性能之间尚未形成明确的对应关系，设计者为了获得理想的控制性能往往需要反复调整加权阵，反复地试凑不仅影响设计效率，而且不能保证选定的加权阵对应最优的控制性能。

本章首先介绍基于试凑计算的传统选择方法，而后重点介绍基于遗传算法的加权阵选择方法。后者可以利用计算机程序替代传统的反复试凑加权阵的过程，按照预定的控制性能指标完成加权阵的优化选择。这种方法可以降低设计结果对设计者经验的依赖，提高设计工作效率，获得良好的控制性能。

10.1　传统的加权阵选择方法

无限时间状态调节器的控制性能在很大程度上依赖于性能指标 J 中加权阵 $\boldsymbol{Q}$ 和 $\boldsymbol{R}$ 的选择，因此所谓的“最优”控制只是使 J 取最小值，并不能保证系统的性能在实用中最优。

目前加权阵 $\boldsymbol{Q}$ 和 $\boldsymbol{R}$ 的选择有如下两种方法：一种是基于试凑计算的传统选择方法，工作效率较低；另一种是基于遗传算法的加权阵选择方法，其利用计算机程序替代反复试凑加权阵的过程。本节详细介绍基于试凑计算的传统选择方法。

若已知系统中各状态变量和控制变量允许的最大值为 $x_{1\max}, x_{2\max}, \cdots, x_{n\max}$ 和 $u_{1\max}, u_{2\max}, \cdots, u_{m\max}$，则作为初始选择，可令

$$\boldsymbol{Q}=\begin{bmatrix}\frac{1}{x_{1\max}} & & & \\ & \frac{1}{x_{2\max}} & & \\ & & \ddots & \\ & & & \frac{1}{x_{n\max}}\end{bmatrix}$$

$$\boldsymbol{R}=\begin{bmatrix}\frac{1}{u_{1\max}} & & & \\ & \frac{1}{u_{2\max}} & & \\ & & \ddots & \\ & & & \frac{1}{u_{m\max}}\end{bmatrix}$$

然后,根据具体的求解结果继续进行调整,直至设计结果满意为止。

需要特别注意的是,加权阵应使得代价函数中各状态变量或控制变量的量级一致或大小接近,以便性能指标能够均衡地反映性能。例如,某个以速度和位置为状态变量的系统,速度变量的量级为位置的 0.01 倍,则速度变量的加权应为位置的 100^2 倍。

10.2 基于遗传算法的最优控制器设计

随着遗传算法的发展与成熟,反复试凑的过程可以通过计算机来完成,设计者首先编制程序,预先输入系统所受的约束与所关注的性能指标,通过遗传算法自动寻找合适的 $\boldsymbol{Q}$、$\boldsymbol{R}$ 阵。这个方法可以减少试凑次数,降低对设计人员经验的依赖,得到良好的控制效果。

下面首先简单地介绍遗传算法,而后以飞机纵向增稳系统的二次型最优状态调节器设计为例,介绍加权阵选择的具体方法。

遗传算法是模拟生物在自然界中遗传和进化过程而形成的一种自适应全局优化概率搜索算法。其基本思想如下:从代表优化问题解的一组初值开始进行搜索,这组解称为种群,种群由一定数量、基因编码的个体组成,每个个体称之为染色体。通过不同染色体的复制、交叉或变异产生新的个体,按照适者生存和优胜劣汰的原理,在每一代里根据问题域中个体的适应度大小挑选并淘汰个体,逐代演化计算出最优的近似解。多数遗传算法采用二进制定长编码和固定规模种群,主要形式为比例选择、单点杂交和位变异。算法构成要素由编码方法、适应度评价、遗传算子和运行参数四部分组成。

(1) 编码方法:遗传算法使用固定长度的二进制符号串来表示群体中的个体,如

$$x = 10\ 0110\ 1110\ 0110\ 0111$$

就可以表示一个个体,该个体的染色体长度为 $l = 18$。

(2) 适应度评价:遗传算法需要设计一个与目标函数有关的适应度函数来决定进化过程。对每个个体都要进行适应度评价,并按与个体适应度成比例的概率来决定当前群体中每个个体遗传到下一代群体中的机会。

(3) 遗传算子:遗传算法使用三种遗传算子,即选择算子、杂交算子和变异算子。

(4) 运行参数:遗传算法有下述4个运行参数需提前设定,即种群大小、遗传运算的终止演化次数、交叉概率和变异概率。需要说明的是,上述4个运行参数对遗传算法的求解结果和求解效率都有一定的影响,但目前尚无全面、合理的选择依据。

MATLAB 从 7.0 版本开始提供遗传算法直接搜索工具箱,后来又推出了全新的遗传算法直接搜索工具箱 2.0 版,可求解带有各种约束条件的最优化问题。其中,ga( )函数是遗传算法求解的主函数,其调用格式为

$$[x, f, flag, out] = ga(fun, n, opts)$$

$$[x, f, flag, out] = ga(fun, n, A, B, A_{eq}, B_{eq}, x_m, x_M, nfun, opts)$$

其中,fun 为描述目标函数的 MATLAB 函数,优化变量个数为 n,opts 为遗传算法控制选项,可以调用 gaoptimset( )函数设置各种选项。例如,Generations 属性可设定最大允许代数,InitialPopulation 属性可以设置初始种群,用 PopulationSize 属性可以给定种群的规模,SelectionFcn 属性可定义选择函数等。函数调用结束后,返回的 $\boldsymbol{x}$ 为搜索结果,若返回的 flag 大于 0,则表示求解成功。

例 采用遗传算法确定浅滩函数的最小值,函数由如下代码确定:

```
*************** MATLAB 程序 ***************
function f = shufcn(y)
for j =1:size(y,1)
    f(j) =0.0;
    x =y(j,:);
    temp1 =0;
    temp2 =0;
    x1 =x(1);
```

```
    x2 = x(2);
    for i = 1:5
        temp1 = temp1 + i. * cos((i + 1). * x1 + i);
        temp2 = temp2 + i. * cos((i + 1). * x2 + i);
    end
    f(j) = temp1. * temp2;
end
*******************************************
```

将该代码保存为“shufcn. m”文件并绘制函数图形，即在 MATLAB 命令窗口输入：

```
plotobjective(@ shufcn,[ -2 2; -2 2])
```

得到的图形如图 10－1 所示。

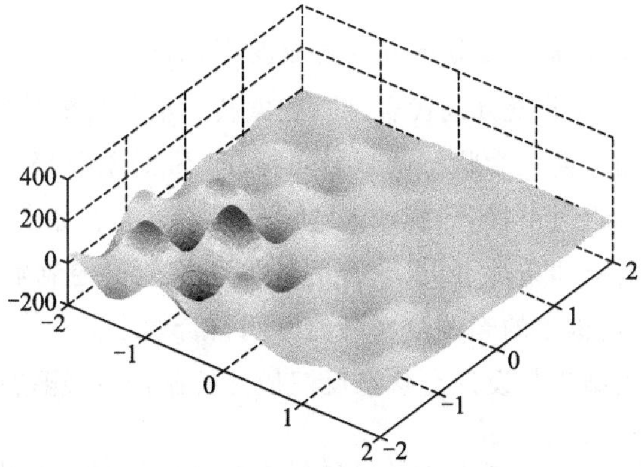

图 10－1 浅滩函数图形

之所以选择浅滩函数作为遗传算法寻优的目标，是因为该函数本身有很多数据“浅滩”，而使用传统方法计算最小值十分困难。下面介绍遗传算法寻找最小值的 MATLAB 实现。首先设定优化目标函数和优化问题的变量个数。在本例中，目标函数为 shufcn，变量个数为 2。在 MATLAB 命令窗口输入：

```
FitnessFunction = @ shufcn;
nvars = 2;
[x,Fval,exitflag,Output] = ga(FitnessFunction,nvars);
```

可得到最优解对应的自变量为[－1.448 23　－0.797 518]，最小值为－185.48。

下面以飞机增稳系统设计为例，说明如何通过遗传算法确定加权阵。条件如下：

(1) 飞机模型采用纵向小扰动线性化模型，其线性化平衡点处于飞行包线

内低空高速区域,具体模型如下:

$$\dot{x} = Ax + Bu$$

$$A = \begin{bmatrix} -0.0883 & 0.2843 & -3.3411 & -9.8088 \\ -0.0189 & -2.3743 & 318.60 & -0.1522 \\ -0.0003 & 0.0204 & -2.4512 & 0 \\ 0 & 0 & 1 & 0 \end{bmatrix}$$

$$B = \begin{bmatrix} 0.2399 & 35.7153 \\ -1.1783 & 0 \\ -0.5416 & 0 \\ 0 & 0 \end{bmatrix}$$

状态向量 $\boldsymbol{x} = [v, \alpha, q, \theta]^{\mathrm{T}}$,各分量分别为速度变化百分比、迎角、俯仰角速率、俯仰角;$\boldsymbol{u} = [\xi_p, \xi_T]^{\mathrm{T}}$,各分量分别代表升降舵偏转和油门杆的位置。

(2) 将控制问题简化为状态调节器问题,即不考虑指令输入。

(3) 仅考虑垂直风干扰,干扰加入方式为设定迎角初始条件为 5°。

设计目的为在上述条件下,求取合适的控制律使得控制输入不超过执行器位置极限,同时迎角输出的超调量和峰值时间符合要求。

采用线性二次型为其设计全状态反馈最优控制器,性能指标选取如下:

$$J = \frac{1}{2}\int_{t_0}^{t_f} [\boldsymbol{x}^{\mathrm{T}}(t)\boldsymbol{Q}(t)\boldsymbol{x}(t) + \boldsymbol{u}^{\mathrm{T}}(t)\boldsymbol{R}(t)\boldsymbol{u}(t)]\,\mathrm{d}t$$

由前面的章节可知,利用线性二次型理论求解反馈增益阵 $\boldsymbol{K}$ 时,设计得到的 $\boldsymbol{K}$ 阵未必满足设计者要求,针对此问题,考虑利用遗传算法优化($\boldsymbol{Q},\boldsymbol{R}$)阵取值以提高控制品质。

为了选出合适的($\boldsymbol{Q},\boldsymbol{R}$)阵,定义如下的遗传算法适应度函数:

$$J_{\text{fit}} = \frac{1}{\max(\boldsymbol{u}) + \sigma(\alpha) + t_p(\alpha)}$$

式中,$\max(\boldsymbol{u})$为升降舵控制输入的最大值,t_p和 $\sigma(\alpha)$分别为迎角输出的峰值时间和超调量(误差限取为 0.02)。

遗传算法优化控制律参数的一般流程图如图 10-2 所示。

应用遗传算法优化控制律的算法如下:

(1) 控制参数的编码:

取($\boldsymbol{Q},\boldsymbol{R}$)阵为如下形式:

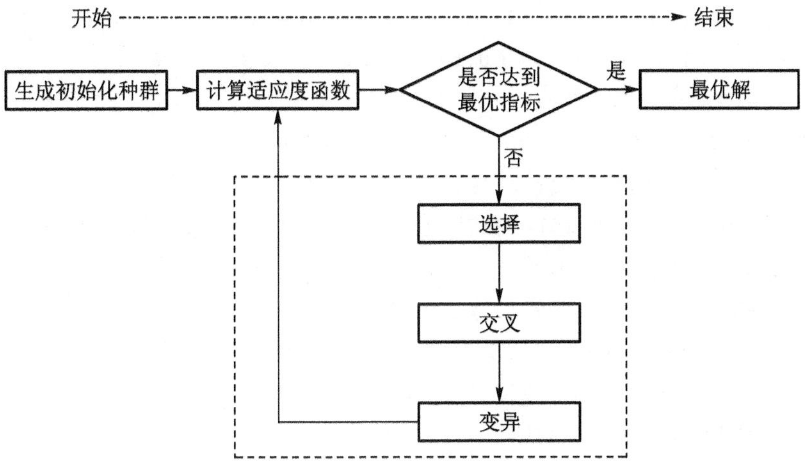

图 10-2 遗传算法参数寻优流程图

$$Q=\begin{bmatrix} c_1 & & & \\ & c_2 & & \\ & & c_3 & \\ & & & c_4 \end{bmatrix},\quad R=\begin{bmatrix} c_5 & \\ & c_6 \end{bmatrix}$$

设个体染色体为(c_1,c_2,c_3,c_4,c_5,c_6),采用浮点数编码,$c_k\in[0,1\ 000]$;

(2) 初始种群的选择:通过初步仿真确定可接受的参数(c_1,c_2,c_3,c_4,c_5,c_6),而后在此组数值附近生成初始种群,以缩小搜索空间,迅速搜索到最优解。

(3) 算法参数的设定:优化计算需要选定种群大小、交叉概率和变异概率。

① 种群数目会影响遗传算法的有效性,数目太小不能提供足够的采样点,导致优化解很差;而数目太大会增加计算量,延长收敛时间。本例种群数目取值为 80。

② 交叉概率控制着算法交叉操作的频率,其值过大会很快破坏掉具有高适应值的解;而过小会降低搜索效率。本例中取值为 MATLAB 的默认值。

③ 变异概率是增大种群多样性的一个重要因素,其值过小则无法产生新的基因;而过大会使遗传算法退化为随机搜索。本例中取值为 MATLAB 的默认值。

使用 MATLAB 编程,具体代码如下(需将下述函数存成相应文件而后再运行):

```
****************** MATLAB 程序 *****************
% 遗传算法适应度函数
function [sol,y] = ga_fit(x,options)
sol = x;
Q = [x(1) 0 0 0;0 x(2) 0 0;0 0 x(3) 0;0 0 0 x(4)];
R = [x(5) 0;0 x(6)];
```

```
A=[-0.088 3 0.284 3 -3.341 1 -9.808 8;-0.018 9 -2.374 3 318.601 0
    -0.152 2;… -0.000 3 0.020 4 -2.451 2 0;0 0 1.000 0];
B=[0.239 9  35.715 3; -1.178 3   0; -0.541 6   0;0   0]; % 状态空间模型
K=lqr(A,B,Q,R);                 % 解黎卡提方程
assignin('base','K',K);         % 定义参数 K
% optimal_flight.mdl 为控制系统 Simulink 仿真程序,请读者自行编写
[t_time,x_state,y_out] = sim('optimal_flight.mdl',[0,4]);% 仿真 4 s
[y1,y2]=perf(y_out(:,1),t_time);
[y3,y4]=perf_u(y_out(:,2),t_time);
y = -(abs(y1)+abs(y2)+5*abs(y3));
% 计算求输出超调和峰值时间
function [sigma,tp]=perf(y,t)
[mp,tf]=min(y);
cs=length(t);
yss=y(cs);
sigma=mp;
tp=t(tf);
% 计算升降舵输入超调和峰值时间
function [sigma,tp]=perf_u(y,t)
[mp,tf]=max(y);
cs=length(t);
yss=y(cs);
sigma=mp;
tp=t(tf);
*****************************************
```

在 MATLAB 命令窗口输入如下代码:

```
[result,endPop,bPop,traceInfo] = ga([0.1*[1 1 1 1 1 1]',1000*[1 1 1
1…1 1]'], 'ga_fit',[],[],[],['maxGenTerm'],[20]);
ga_fit(result(1:6));
```

经遗传算法优化,得到($\boldsymbol{Q}$,$\boldsymbol{R}$)阵为

$$\boldsymbol{Q}=\begin{bmatrix} 860.2 & & & \\ & 622.5 & & \\ & & 356.9 & \\ & & & 1\,000 \end{bmatrix},\quad \boldsymbol{R}=\begin{bmatrix} 109.9 & \\ & 341.2 \end{bmatrix}$$

相应的 $\boldsymbol{K}$ 阵为

$$K=\begin{bmatrix}0.0237 & -2.0692 & -41.0210 & -3.1861\\ 1.5852 & 0.0159 & 0.1650 & -0.2493\end{bmatrix}$$

为了说明遗传算法优化设计的有效性，取一组未经遗传优化的($\boldsymbol{Q}'$,$\boldsymbol{R}'$)阵为

$$\boldsymbol{Q}'=\begin{bmatrix}10 & & & \\ & 100 & & \\ & & 500 & \\ & & & 1\,000\end{bmatrix},\quad \boldsymbol{R}'=\begin{bmatrix}100 & \\ & 300\end{bmatrix}$$

相应的$\boldsymbol{K}'$阵为

$$\boldsymbol{K}'=\begin{bmatrix}0.0011 & -0.8079 & -25.2975 & -3.2463\\ 0.1801 & 0.0044 & 0.0469 & -0.2333\end{bmatrix}$$

仿真结果如图 10-3、图 10-4 所示。结果表明，应用遗传算法进行($\boldsymbol{Q}$,$\boldsymbol{R}$)阵选取能够达到较好的设计效果，避免了反复的试凑工作。

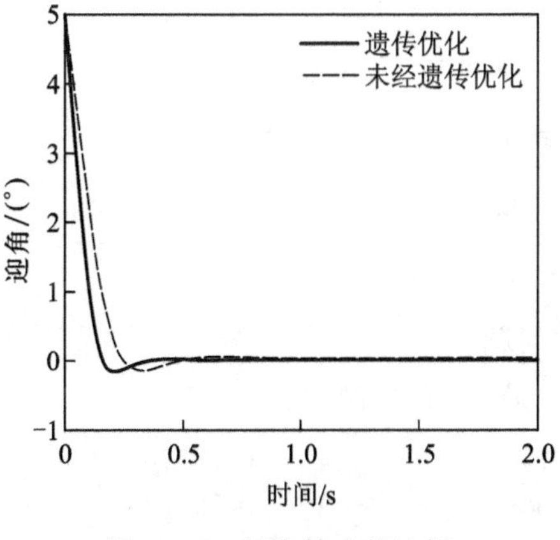

图 10-3　迎角输出的比较

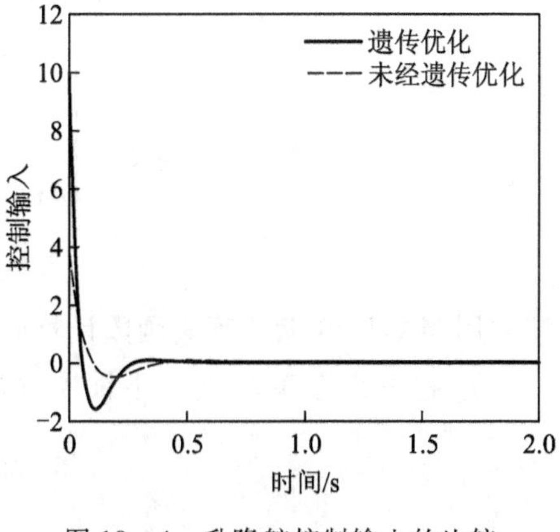

图 10-4　升降舵控制输入的比较

需要指出，本例的设计问题相对简单，对于特别复杂的设计问题，需对遗传算法做较大的改进才能够获得期望的全局最优解或次优解。此外，遗传算法的若干运行参数，如种群数量、交叉概率、变异概率等对寻优结果有一定影响，如果时间和计算量允许，设计人员可适当增大上述参数取值。

10.3 小　　结

本章首先介绍了基于试凑计算的加权阵选择方法，使读者对加权阵选择有

一些初步认识,而后重点介绍基于遗传算法的加权阵选择方法。这种方法可以利用计算机程序替代传统的反复试凑加权阵的过程,按照预定的控制性能指标完成加权阵的优化选择,可有效降低设计结果对设计者经验的依赖,提高设计工作效率,获得良好的控制性能。遗传算法具有完备的数学基础和 MATLAB 工具箱,在实际应用中设计者无需担负复杂的编程工作。本章介绍了 MATLAB 遗传算法与直接搜索工具箱(Genetic Algorithm and Direct Search Toolbox)的主要函数。熟练掌握这些函数的调用方式可有效地提高搜索效率,得到更为精确的解。

习 题

1. 考虑如下的一个简单一元函数最优化问题求解:

$$f(x)=x\sin(10\pi x)+2,\ x\in(-1,2)$$

试求出 $f(x)$ 取最大值时 x 的值。

2. 试求解如下线性规划问题:

$$\min(x_1+2x_2+3x_3)$$

$$x\ \text{s.t.}\begin{cases}-2x_1+x_2+x_3\leqslant 0\\ -x_1+x_2\geqslant -4\\ 4x_1-2x_2-3x_3=-6\\ x_1\geqslant 0,x_2\leqslant 0,x_3\geqslant 0\end{cases}$$

试采用 MATLAB 遗传算法函数计算此优化问题。

3. 利用遗传算法,为如下被控对象设计最优 PD 控制器:

$$G(s)=\frac{30}{s^2+as}$$

式中,$a\in[5,50]$。首先取 $a=5$,设计最优 PD 控制器,再取 $a=10,30$,观察控制效果。

4. 设重积分系统状态方程为

$$\dot{x}_1=x_2,\quad x_1(0)=1$$

$$\dot{x}_2=u,\quad x_2(0)=0$$

尝试遗传算法求解线性二次型最优控制器,适应度函数请自行选定。

第 11 章　变分法应用

11.1　实例一:变分法在温度控制系统设计中的应用

在现代社会中,温度控制不仅应用于工业设计、工程建设等方面,也体现在日常生活中,如供暖、制冷等,以便改善人们的生活质量。本实例基于变分方法,解决室内温度控制系统耗能的最小化问题。

11.1.1　温度控制系统描述

室内温度定义为 $\theta(t)$,外部温度视为常值 θ_a,加热速率定义为 $u(t)$。现在通过温度控制系统将室内温度提高 10°。

温度控制系统可用如下动力学方程描述:

$$\dot{\theta}(t) = -a(\theta(t) - \theta_a) + bu(t) \tag{11-1}$$

式中,参数 a,b 取决于室内与外界环境隔绝程度等因素。

将状态定义为

$$x(t) = \theta(t) - \theta_a \tag{11-2}$$

状态方程可以写为

$$\dot{x} = -ax + bu \tag{11-3}$$

给定

$$x(0) = 0° \quad x(t_f) = 10° \tag{11-4}$$

性能指标定义为

$$J = t_f + \frac{1}{2}\int_0^{t_f} u^2(t)\,dt \tag{11-5}$$

本问题为终端时刻 t_f 自由,使用尽可能少的能量,从初始温度达到给定的控制温度。

11.1.2　变分法解温度控制问题

设定 $a = 0.035\ 35$,$b = 1$,环境温度为

$$\theta_a = 15^\circ \tag{11-6}$$

增广泛函可以写为

$$J_a = t_f + \int_0^{t_f}\left(\frac{1}{2}u^2(t) + \lambda(t)[-ax + bu - \dot{x}]\right)dt \tag{11-7}$$

构造哈密顿函数为

$$\begin{aligned}H(x,u,\lambda,t) &= F[x,u,t] + \lambda^T(t)f(x,u,t)\\ &= \frac{1}{2}u^2(t) + \lambda(t)[-ax + bu]\end{aligned} \tag{11-8}$$

协态方程为

$$\dot{\lambda} = -H_x = a\lambda \tag{11-9}$$

状态方程为

$$\dot{x} = H_\lambda = -ax + bu \tag{11-10}$$

控制方程为

$$H_u = u + b\lambda = 0 \tag{11-11}$$

由此得到

$$u(t) = -b\lambda(t) \tag{11-12}$$

因为边界条件全部给定,故不用横截条件。

确定最优终端时刻的条件为

$$H(t_f) = -\frac{\partial\theta}{\partial t_f} = -\frac{\partial\phi}{\partial t_f} = -\frac{\partial t_f}{\partial t_f} = -1 \tag{11-13}$$

由此解得 $\lambda_1(t_f) = 1.104, \lambda_2(t_f) = -1.811$。

将 $u(t) = -b\lambda(t)$ 代入协态方程以及状态方程,可推出

$$\dot{x} = -ax - b^2\lambda(t) \tag{11-14}$$

$$\dot{\lambda} = a\lambda \tag{11-15}$$

若已知终态 $\lambda(t_f)$,则 $\lambda(t)$ 可以表示为 $\lambda(t) = e^{-a(t_f - t)}\lambda(t_f)$,代入协态方程,可得

$$\dot{x} = -ax - b^2\lambda(t_f)e^{-a(t_f - t)} \tag{11-16}$$

使用拉普拉斯变换,可得

$$X(s) = \frac{x(0)}{s+a} - \frac{b^2\lambda(t_f)e^{-at_f}}{(s+a)(s-a)} = \frac{x(0)}{s+a} - \frac{b^2}{a}\lambda(t_f)e^{-at_f}\left(\frac{-\frac{1}{2}}{s+a} + \frac{\frac{1}{2}}{s-a}\right) \tag{11-17}$$

解出

$$x(t)=x(0)\mathrm{e}^{-at_\mathrm{f}}-\frac{b^2}{a}\lambda(t_\mathrm{f})\mathrm{e}^{-at_\mathrm{f}}\left(\frac{\mathrm{e}^{at}-\mathrm{e}^{-at}}{2}\right) \tag{11-18}$$

由式(11-18)可得

$$x(t_\mathrm{f})=x(0)\mathrm{e}^{-at_\mathrm{f}}-\frac{b^2}{2a}\lambda(t_\mathrm{f})(1-\mathrm{e}^{-2at_\mathrm{f}}) \tag{11-19}$$

将给定初态 $x(0)=0°$ 及终端状态 $x(t_\mathrm{f})=10°$ 代入式(11-19)中解得

$$\lambda(t_\mathrm{f})=-\frac{20a}{b^2(1-\mathrm{e}^{-2at_\mathrm{f}})} \tag{11-20}$$

由前面解出的 $\lambda(t_\mathrm{f})$ 的值及式(11-20)解出最优终端时刻为

$$t_{\mathrm{f}1}=-6.999\ 43\ s(舍)\qquad t_{\mathrm{f}2}=6.999\ 43\ s。$$

因为 $t_{\mathrm{f}1}$ 是根据前面 $\lambda_1(t_\mathrm{f})$ 计算而来，因此 $\lambda_1(t_\mathrm{f})$ 不是本实例的解，应舍去。

可得最优轨迹为

$$\lambda^*(t)=-\frac{10a\mathrm{e}^{at}}{b^2\sinh at_\mathrm{f}} \tag{11-21}$$

$$u^*(t)=\frac{10a\mathrm{e}^{at}}{b\sinh at_\mathrm{f}}\quad 0\leqslant t\leqslant t_\mathrm{f} \tag{11-22}$$

将式(11-21)代入式(11-18)解出最优轨迹为 $x^*(t)=10\dfrac{\sinh at}{\sinh at_\mathrm{f}}$。

在 $t=t_\mathrm{f}$ 时，$x^*(t_\mathrm{f})=10$ 与给定值相同。说明最优控制系统有效。

11.1.3 仿真验证

1. 用 MATLAB 求 $x(t)$

将已经解算出的输入 u 代入状态方程，借助 MATLAB 直接解状态方程，求取函数曲线。

相应的 MATLAB 程序如下：

```
***************** MATLAB 程序 ****************
function xfunc
[t,r] = ode45(@ myfun,[0 6.999 43],0)
plot(t,r);
xlabel('time t0 = 0,tt = 6.999 43');
ylabel('x yalues x(0) = 0');
function drdt = myfun(t,r)
a = 1.414/40;
```

```
b =1;
T =6.999 43;
u =(10 * a * exp(a * t))/(b * sinh(a * T));
drdt = -a * r +b * u;
*********************************************
```

求得结果如图 11 -1 所示。

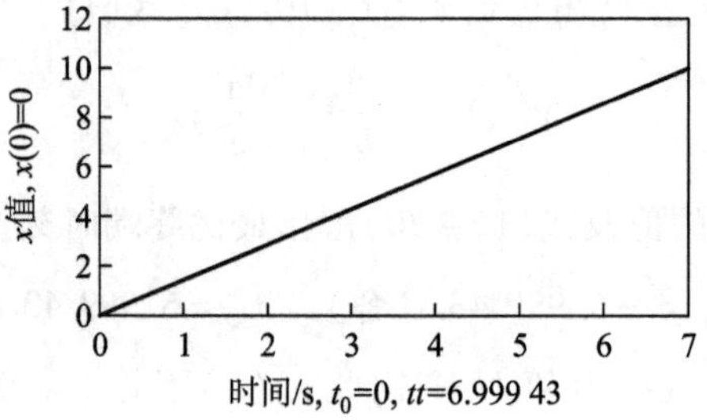

图 11 -1　$x(t)$曲线

2. 仿真分析

使用 Simulink 进行仿真,结构图如图 11 -2 所示。

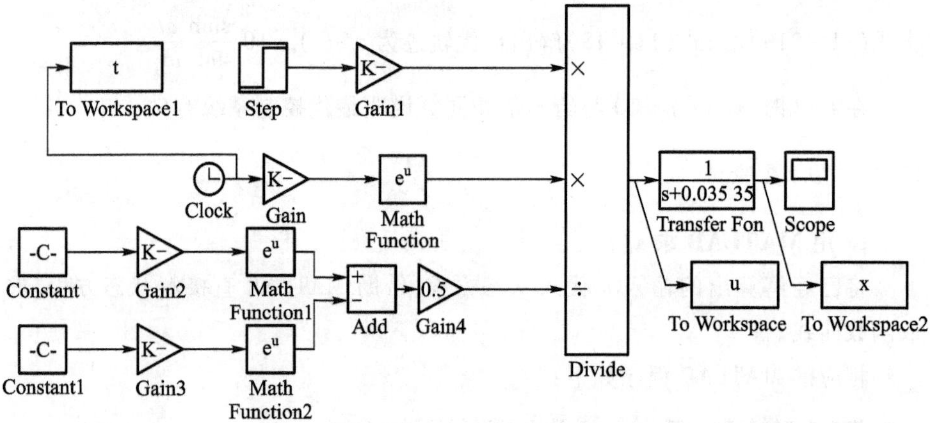

图 11 -2　仿真结构图

通过合理选择性能指标,建立了一个温度控制环节的最优控制系统,可以满足达到给定温度且使用最少能量的要求。从下面的仿真结果可以看出,利用变分法求解得到的最优控制系统可以很好地满足系统设定的要求,即终态达到初始设定值。仿真结果如图 11 -3 和图 11 -4 所示。

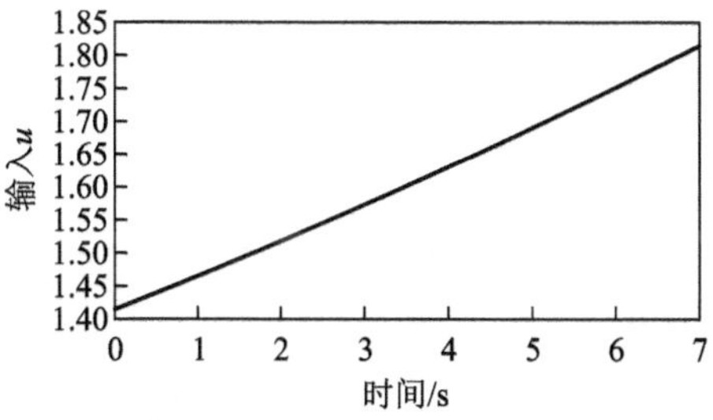

图 11-3 输入曲线

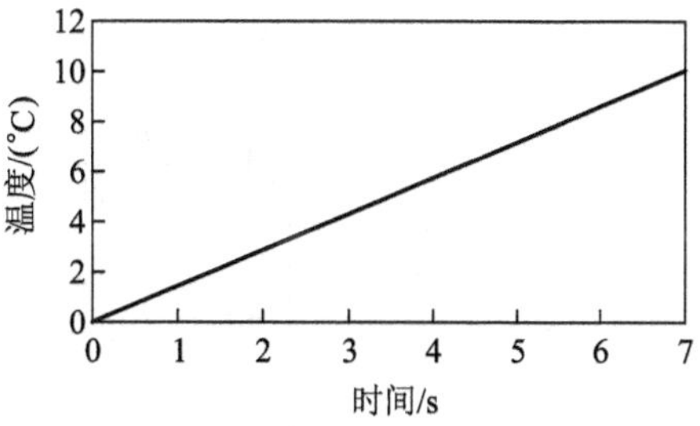

图 11-4 $x(t)$ 曲线

11.2 实例二:火星探测器最优小推力变轨

本节以火星探测器的最优小推力变轨问题作为例子,详细探讨变分法在最优控制求解中的应用。

按照轨道能量获取方式划分,火星探测轨道可分为:大推力变轨、小推力变轨、利用天体引力变轨的火星探测轨道等。其中,小推力变轨是指使用高比冲的推进系统,其产生的推力非常小,完成加速过程需要很长的时间。其优势在于能够有效地减少探测器的燃料消耗,这对于增大探测器的有效载荷、增加探测任务的科学回报具有重要意义。

本例着重探讨可供工程应用的火星探测最优小推力变轨问题。假设探测器从地球停泊轨道出发,使用小推力的电子推进发动机,推力加速度为 10^{-2} ~ $10^{-4}\ m/s^2$ 量级。电子推进发动机的比冲较常规化学推进发动机的比冲要高出数倍。采用高比冲的电推进发动机,可以大大节省燃料。

在地球引力影响范围内,探测器以小推力发动机加速,假设在探测器获得到达火星的能量边界条件后发动机停止工作,让探测器以惯性飞行飞出地球引力影响范围。在探测器进入到太阳引力影响范围后,由于探测器已经具备了到达火星的能量,因此探测器将在太阳引力影响范围内惯性飞行。当探测器到达火星引力影响范围内且被火星捕获后,探测器仍以惯性飞行,若此时不加以制动措施,探测器将飞出火星引力影响范围。为了使探测器进入火星环绕轨道,需要在一定的条件下再次开启小推力发动机。本应用实例探讨地球逃逸段的小推力变轨优化,火星捕获段变轨优化的分析与设计同地球逃逸段类似。

11.2.1 轨道优化的数学模型

探测器在地球逃逸段的三维转移轨道极坐标系动力学方程为

$$
\begin{cases}
\dot{r} = v_r \\
\dot{\theta} = \dfrac{v_\theta}{r\cos\phi} \\
\dot{\phi} = \dfrac{v_\phi}{r} \\
\dot{v}_r = \dfrac{v_\theta^2 + v_\phi^2}{r} - \dfrac{\mu}{r^2} + a\cos\beta\sin\alpha \\
\dot{v}_\theta = -\dfrac{v_r v_\theta}{r} + \dfrac{v_\theta v_\phi}{r}\tan\phi + a\cos\beta\cos\alpha \\
\dot{v}_\phi = -\dfrac{v_r v_\phi}{r} - \dfrac{v_\theta^2}{r^2}\tan\phi + a\sin\beta
\end{cases}
\tag{11-23}
$$

式中，μ 是地球引力常数，r 为探测器与地球间的距离，θ 和 ϕ 是两个方位角，v_r、v_θ和 v_ϕ分别是径向、切向以及轨道面法线方向的速度分量，α 和 β 是两个推力方向角，a 为推力加速度。设 T 为发动机推力，其幅值为常数，m_{LEO} 为探测器在初始时刻（地球停泊轨道）时的质量，$\dot{m}$ 为燃料消耗率，t 为时间，则推力加速度 a 的表达式为

$$
a = \frac{T}{m_{\mathrm{LEO}} - \dot{m}t} \tag{11-24}
$$

由于地球和火星都在太阳的黄道平面内运动，所以三维轨道模型可以简化为平面轨道模型。假设探测器沿平面轨道运动，不考虑摄动的影响，简化后的探测器在地球引力影响范围内和火星引力影响范围内受控飞行的动力学方程组为

$$
\begin{cases}
\dot{r} = v_r \\
\dot{\theta} = \dfrac{v_\theta}{r} \\
\dot{v}_r = \dfrac{v_\theta^2}{r} - \dfrac{\mu}{r^2} + a\sin u \\
\dot{v}_\theta = -\dfrac{v_r v_\theta}{r} + a\cos u
\end{cases}
\tag{11-25}
$$

式中，u 为推力方向角（操纵角），即推力方向与当地水平线的夹角。

从式（11－24）和式（11－25）可见，推力方向角 u 为控制变量，小推力轨道

的优化设计就是设计 u，使到达目标轨道（终端约束）后的探测器质量最大，即燃料消耗最少。

11.2.2　地球逃逸段小推力轨道优化与仿真

设系统状态方程形式为

$$\dot{x}_i = f_i(t, x_1, \cdots, x_n, u_1, \cdots, u_m) \quad i = 1, 2, \cdots, n \tag{11-26}$$

写成向量形式为

$$\dot{\boldsymbol{X}} = \boldsymbol{f}(t, \boldsymbol{X}, \boldsymbol{U}) \tag{11-27}$$

式中，$\boldsymbol{X} = (x_1, \cdots, x_n)^{\mathrm{T}}$，$\boldsymbol{U}(t) = (u_1, \cdots, u_m)^{\mathrm{T}}$。

系统的初始状态已知，记为 $\boldsymbol{X}(t_0) = \boldsymbol{X}_0 \in \Re^n$，而终值状态 $\boldsymbol{X}(t_{\mathrm{f}}) = \boldsymbol{X}_{t_{\mathrm{f}}} \in \Re^n$ 称为目标点，它可以给定（称为固定端点问题），也可以不给定（称为自由端点问题），或者受约束，即 $N(t_{\mathrm{f}}, \boldsymbol{X}(t_{\mathrm{f}})) = 0$，这些均称为目标集 M。

控制向量 $\boldsymbol{U}(t)$ 可以满足一定的限制条件（如 $\alpha_i \leqslant u_i \leqslant \beta_i, i = 1, 2, \cdots, m$ 等），也可以不受限制；$\boldsymbol{U}(t)$ 的值域 $U \subset \Re^m$，$\boldsymbol{U}(t)$ 的每个分量作为 t 的函数，可以是分段连续的。

本例的小推力轨道模型属于具有目标约束的最优控制问题，也就是说，末态 $\boldsymbol{X}(t_{\mathrm{f}})$ 落在约束条件所规定的目标集上。

设 $x_1 = r, x_2 = \theta, x_3 = v_r, x_4 = v_\theta$，则系统的状态方程为

$$\begin{cases} \dot{x}_1 = x_3 \\ \dot{x}_2 = \dfrac{x_4}{x_1} \\ \dot{x}_3 = -\dfrac{\mu}{x_1^2} + \dfrac{x_4^2}{x_1} + a\sin u \\ \dot{x}_4 = -\dfrac{x_3 x_4}{x_1} + a\cos u \end{cases} \tag{11-28}$$

该状态方程为非线性微分方程，在本例中应用数值积分的方法进行计算。式中，$a(t) = \dfrac{T}{m_{\mathrm{LEO}} - \dot{m}t}$，$0 \leqslant t < t_{escape}$。

设初始时刻 $t_0 = 0$，由于初始时刻探测器在圆形的环绕轨道运动，所以初始条件为

$$\begin{cases} x_1(t_0) = r_{\text{LEO}} \\ x_2(t_0) = 0 \\ x_3(t_0) = 0 \\ x_4(t_0) = \sqrt{\dfrac{\mu}{r_{\text{LEO}}}} \end{cases} \tag{11-29}$$

式中，r_{LEO}为初始低地球轨道地心半径(地球停泊轨道半径)。

设终端时间为 t_f，为了让探测器通过小推力发动机获得可以到达火星的能量，这里可以得到一个临界值，这个值就是可以让探测器能够在太阳影响球内的霍曼转移，设为 $\varepsilon_0 = 3.975\ \text{km}^2/\text{s}^2$。终端约束条件为

$$G[x(t_f),\ t_f] = \frac{x_3^2(t_f) + x_4^2(t_f)}{2} - \frac{\mu}{x_1} - \varepsilon_0 = 0 \tag{11-30}$$

对于推力幅值恒定的小推力探测器，燃料的消耗与发动机推力工作的时间成正比，所以对性能指标可以表达为推力作用时间最小，即

$$J = t_f \tag{11-31}$$

增广性能指标为

$$J = \phi[\boldsymbol{x}(t_f)] = v \times \boldsymbol{G}[\boldsymbol{x}(t_f), t_f] + t_f \tag{11-32}$$

哈密顿函数为

$$H = \lambda_1 x_3 + \lambda_2 \frac{x_4}{x_1} + \lambda_3 \left(-\frac{\mu}{x_1^2} + \frac{x_4^2}{x_1} + a\sin u \right) + \lambda_4 \left(-\frac{x_3 x_4}{x_1} + a\cos u \right) \tag{11-33}$$

因为在这里控制量 u 对所有的容许控制而言是无闭集约束，因此极值条件将和经典变分法的极值条件相同，即最优控制方程为

$$\frac{\partial H}{\partial u} = \lambda_3 a\cos u - \lambda_4 a\sin u = 0 \tag{11-34}$$

则最优推力控制角为

$$u = \arctan\left(\frac{\lambda_3}{\lambda_4}\right) \tag{11-35}$$

协态方程为

$$\begin{cases}\dot{\lambda}_1=\dfrac{1}{x_1^2}\left[\lambda_2x_4-\lambda_3\left(\dfrac{2\mu}{x_1}-x_4^2\right)-\lambda_4x_3x_4\right]\\ \dot{\lambda}_2=0\\ \dot{\lambda}_3=-\lambda_1+\dfrac{\lambda_4x_4}{x_1}\\ \dot{\lambda}_4=-\dfrac{1}{x_1}(\lambda_2+2\lambda_3x_4-\lambda_4x_3)\end{cases} \tag{11-36}$$

横截方程为

$$\begin{cases}\lambda_1(t_f)=\dfrac{\mu}{x_1^2(t_f)}v\\ \lambda_2(t_f)=0\\ \lambda_3(t_f)=x_3(t_f)v\\ \lambda_4(t_f)=x_4(t_f)v\end{cases} \tag{11-37}$$

由于增广性能指标方程(11-32)没有积分项,所以有

$$H(t_f)=-\frac{\partial\phi}{\partial t_f}=-1 \tag{11-38}$$

进而得到

$$v=\frac{-1}{x_3(t_f)a(t_f)\sin u(t_f)+x_4(t_f)a(t_f)\cos u(t_f)} \tag{11-39}$$

求解地球逃逸段优化模型的方法很多,只要通过初始控制变量 u,就很容易用迭代法来求解这个优化模型。本例采用迭代法来进行求解。

仿真的初始条件如下:探测器从地球停泊轨道 $r_{LEO}=6\ 841$ km 上起飞;环绕轨道的初始质量 $m_{LEO}=3\ 000$ kg;发动机推力 $T=0.09$ kN;发动机燃料质量损失率 0.000 005 kg/s;地球影响球半径 $r_{earth}=929\ 000$ km。

采用水平推力策略(控制角 $u=0$)时的地球逃逸段轨道图像如图 11-5 所示。图 11-6 和图 11-7 分别为优化后的控制角和地球逃逸轨道。

为更清楚地看到优化后的逃逸轨道,在图 11-8 中对未优化的逃逸轨道与经过优化后的逃逸轨道进行对比。

在水平推力策略下,水平推力发动机工作时间为 264 750 s;发动机推力终点地心距为 213 992 451 m;终点速度 3 416.9 km/s;环绕圈数为 11.615 269 圈;推力终点探测器质量为 2 998.676 kg,推力作用结束时探测器所获得的能量为

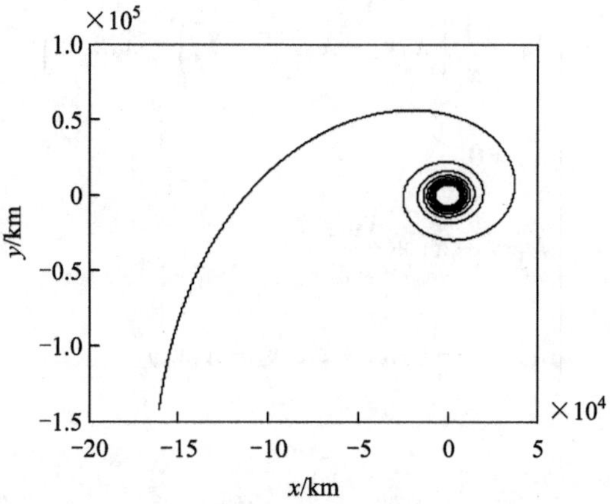

图 11－5 水平推力策略下控制段地球逃逸轨道图像

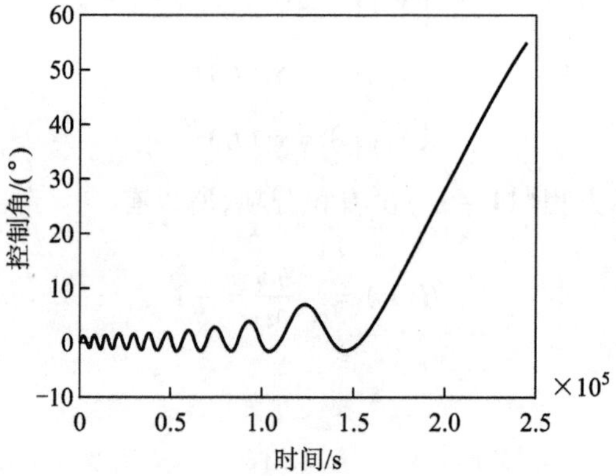

图 11－6 优化后的控制角与时间的关系

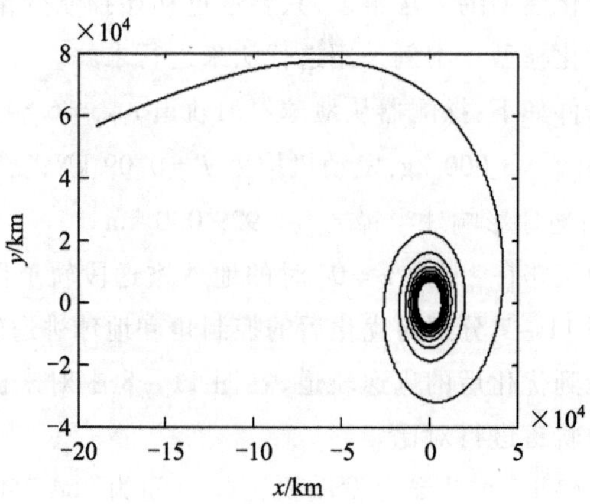

图 11－7 最优控制下的地球逃逸轨道

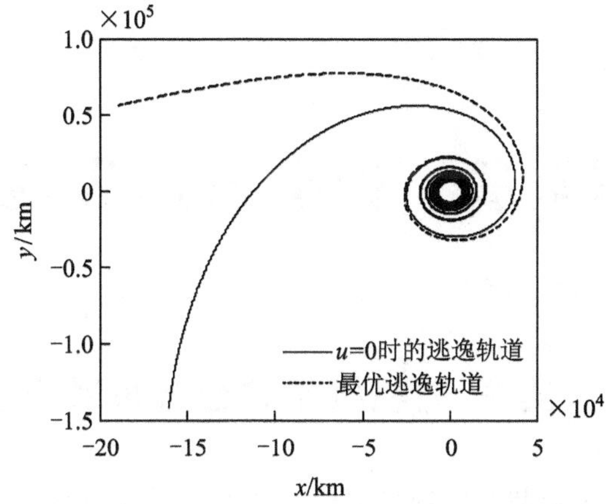

图 11-8 地球逃逸轨道

3 974 966 m^2/s^2。

在优化后的推力方向作用下,发动机工作时间为 244 281 s;发动机推力终点地心距为 197 535 940 m;终点速度为 3 462 m/s;环绕圈数为 11.453 74 圈;推力终点探测器质量为 2 998.778 kg,推力作用结束时探测器所获得的能量都是 3 974 913 m^2/s^2。

通过上述仿真图像和数据可知,在水平推力和优化推力作用结束时探测器所获得的能量都大约是 3.975 km^2/s^2,这是因为它们的终点约束都是一样的能量约束。

通过在水平推力和最优控制推力分别作用下探测器仿真结果的比较可以看出,最优控制与水平推力控制相比,在消耗能量和时间上有很大的下降。

第 12 章　极小值原理应用

12.1　实例一:机械手转台最短时间控制

机械手是现代工业装配现场应用最广泛的自动化机械之一,它综合运用了机械与精密仪器、微电子与计算机、自动控制、信息处理以及人工智能等学科的众多研究成果。机械手装配速度直接影响着整个生产过程的效率,其工作效率的提高对于生产效率的提高具有重要作用,设计合理的机械手控制方案将有效提高机械手的工作效率。本实例利用极小值原理设计最优控制律来实现机械手转台的最短时间控制。

12.1.1　机械手转台控制系统描述

三自由度机械手的结构如图 12 - 1 所示,可以看出机械手是通过伸出去的机械臂夹持重物,并通过底座回转产生竖直方向的上升和下降运动。

机械手夹持固定质量的重物后,其简化模型如图 12 - 2 所示。

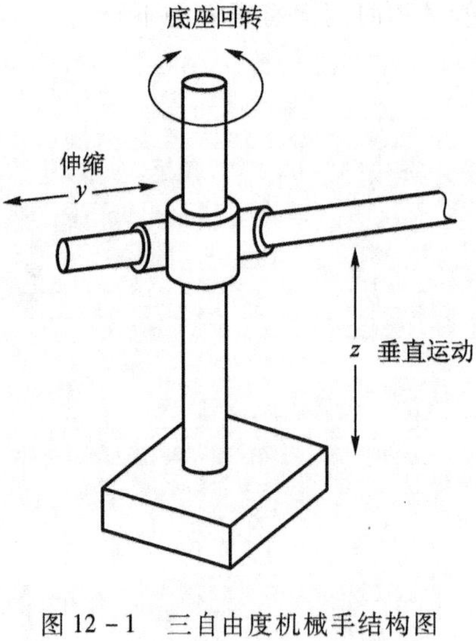

图 12 - 1　三自由度机械手结构图

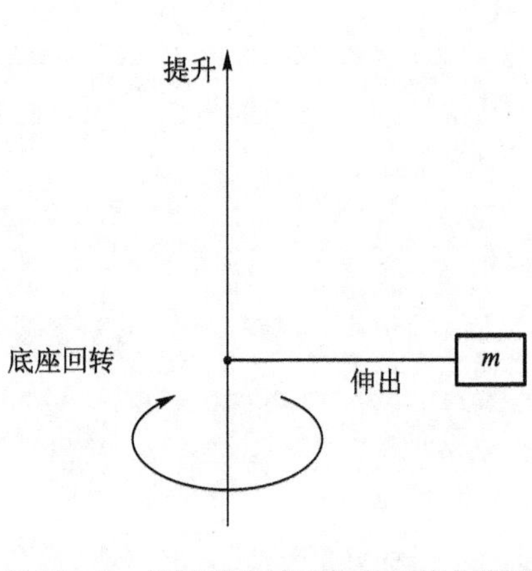

图 12 - 2　机械手夹持重物后的简化模型

设机械手转动惯量为 I，横杆夹持重物质量为 m，并假设夹持重物后横杆长度与纵杆高度不再变化，最大回转力矩为 $M_{\max}$，质心初始柱面坐标为 (θ_0, y_0, z_0)，目标坐标为 (θ_1, y_0, z_0)，初始速度与到达目标坐标的速度均为 0。

运动方程如下：

$$\ddot{\theta}(I + m y_0^2) = M \tag{12-1}$$

令 $\theta = x_1$，$\dot{\theta} = x_2$，则

$$\dot{x}_1 = x_2$$

$$\dot{x}_2 = \frac{M}{I + m y_0^2} \tag{12-2}$$

初始条件

$$x_1(t_0) = \theta_0, \quad x_2(t_0) = 0 \tag{12-3}$$

终端条件

$$x_1(t_f) = \theta_1, \quad x_2(t_f) = 0 \tag{12-4}$$

控制约束

$$\left| \frac{M}{I + m y_0^2} \right| \leqslant \left| \frac{M_{\max}}{I + m y_0^2} \right| \tag{12-5}$$

性能指标

$$J = \int_{t_0}^{t_f} \mathrm{d}t \tag{12-6}$$

12.1.2　极小值原理求解机械手最短时间控制问题

取哈密顿函数为

$$H = F + \boldsymbol{\lambda}^{\mathrm{T}} f = 1 + \lambda_1(t) x_2(t) + \lambda_2(t) \frac{M}{I + m y_0^2} \tag{12-7}$$

协态方程为

$$\dot{\lambda}_1 = 0$$

$$\dot{\lambda}_2 = -\lambda_1 \tag{12-8}$$

积分得

$$\lambda_1(t) = c_1$$

$$\lambda_2(t) = -c_1 t + c_2 \tag{12-9}$$

由哈密顿得最优控制为

$$M = -\operatorname{sgn}\left[\lambda_2(t)\right]M_{max} \tag{12-10}$$

当 $M = M_{max}$ 时，解得

$$x_2(t) = \frac{M_{max}}{I + my_0^2}t + x_{20}$$

$$x_1(t) = \frac{M_{max}}{2(I + my_0^2)}t^2 + x_{20}t + x_{10} \tag{12-11}$$

可得相轨迹方程为

$$x_1(t) = \frac{I + my_0^2}{2M_{max}}x_2^2(t) + c \tag{12-12}$$

当 $M = -M_{max}$ 时，解得

$$x_2(t) = -\frac{M_{max}}{I + my_0^2}t + x_{20}$$

$$x_1(t) = -\frac{M_{max}}{2(I + my_0^2)}t^2 + x_{20}t + x_{10} \tag{12-13}$$

可得相轨迹方程为

$$x_1(t) = -\frac{I + my_0^2}{2M_{max}}x_2^2(t) + c' \tag{12-14}$$

根据 c, c' 的不同得到相轨迹图，如图 12－3 所示。

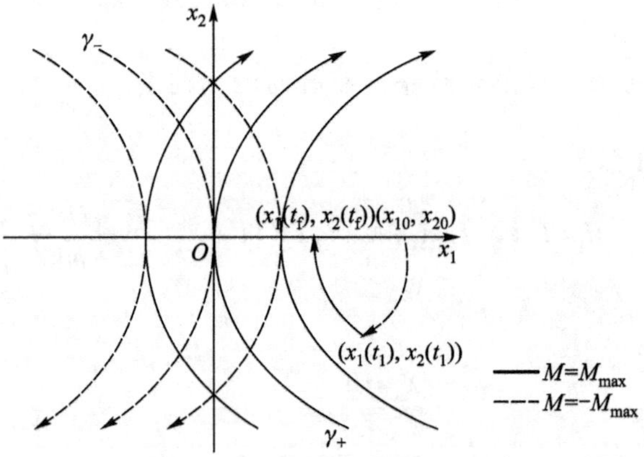

图 12－3 最短时间相轨迹

初始状态与终端状态分别为 (x_{10}, x_{20})，$(x_1(t_f), x_2(t_f))$，切换状态为 $(x_1(t_1), x_2(t_1))$，即

$$x_1(t_1) = -\frac{I+my_0^2}{2M_{\max}}x_2^2(t_1) + x_{10} + \frac{I+my_0^2}{2M_{\max}}x_{20}^2 = -\frac{I+my_0^2}{2M_{\max}}x_2^2(t_1) + \theta_0$$

$$x_1(t_1) = \frac{I+my_0^2}{2M_{\max}}x_2^2(t_1) + x_1(t_f) - \frac{I+my_0^2}{2M_{\max}}x_2^2(t_f) = \frac{I+my_0^2}{2M_{\max}}x_2^2(t_1) + \theta_1 \quad (12-15)$$

解方程，得

$$x_1(t_1) = \frac{\theta_0+\theta_1}{2}, \quad x_2(t_1) = -\sqrt{\frac{(\theta_0-\theta_1)M_{\max}}{I+my_0^2}} \quad (12-16)$$

又由 $x_1(t_1) = -\frac{M_{\max}}{2(I+my_0^2)}t_1^2 + x_{20}t_1 + x_{10}$及初始条件，得

$$x_1(t_1) = -\frac{M_{\max}}{2(I+my_0^2)}t_1^2 + x_{20}t_1 + x_{10} = -\frac{M_{\max}}{2(I+my_0^2)}t_1^2 + \theta_0 \quad (12-17)$$

进而有

$$t_1 = \sqrt{\frac{(\theta_0-\theta_1)(I+my_0^2)}{M_{\max}}} \quad (12-18)$$

由式(12－11)及式(12－16)得

$$\frac{M_{\max}}{2(I+my_0^2)}(t_f-t_1)^2 - \sqrt{\frac{(\theta_0-\theta_1)M_{\max}}{I+my_0^2}}(t_f-t_1) + \frac{\theta_0-\theta_1}{2} = 0 \quad (12-19)$$

解得

$$t_f = 2\sqrt{\frac{(\theta_0-\theta_1)(I+my_0^2)}{M_{\max}}} \quad (12-20)$$

控制输入为

$$M = \begin{cases} -M_{\max}, 0 \leqslant t \leqslant \sqrt{\dfrac{(\theta_0-\theta_1)(I+my_0^2)}{M_{\max}}} \\ M_{\max}, \sqrt{\dfrac{(\theta_0-\theta_1)(I+my_0^2)}{M_{\max}}} \leqslant t \leqslant 2\sqrt{\dfrac{(\theta_0-\theta_1)(I+my_0^2)}{M_{\max}}} \end{cases} \quad (12-21)$$

12.1.3 仿真分析

假设$(I+my_0^2)=1, M_{\max}=1, \theta_0=1, \theta_1=0$，则 $\ddot{\theta}=M$。仿真结构图如图 12－4 所示。

控制输入如图 12－5 所示。

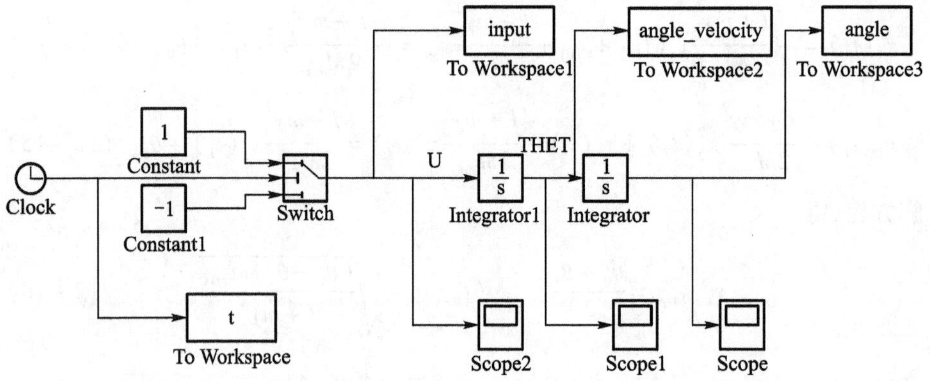

图 12-4 仿真结构图

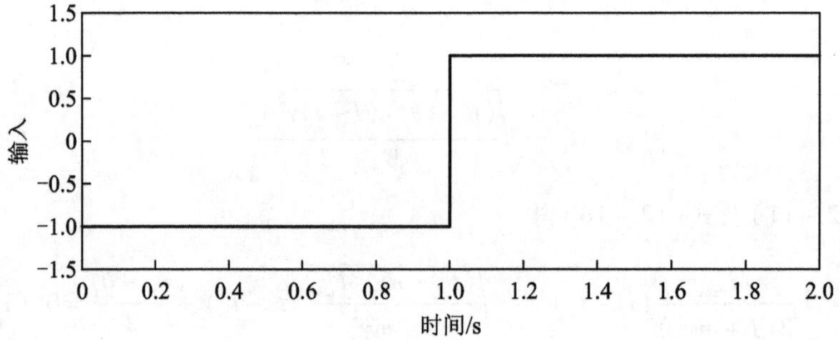

图 12-5 输入信号曲线

输出的角速度信号如图 12-6 所示。

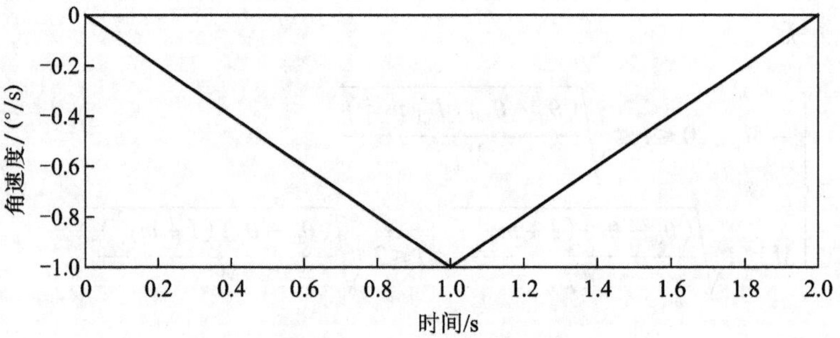

图 12-6 输出角速度曲线

输出的角度信号如图 12-7 所示。

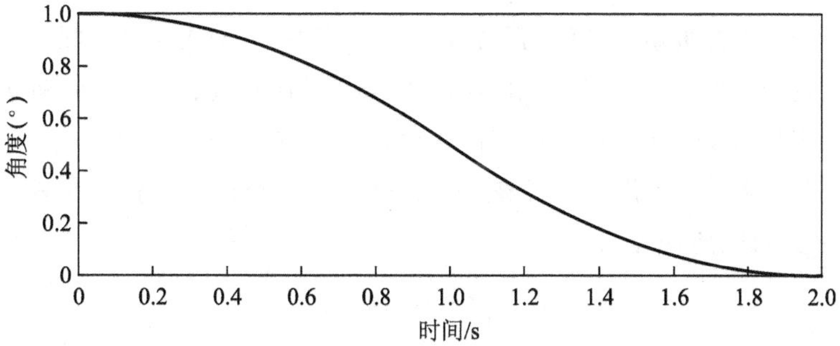

图 12-7 输出角速度曲线

12.2 实例二:最优导引律

在现有的自寻的导弹中,大都采用比例导引法。假设导弹和目标在同一平面内运动,按比例导引制导律,假设导弹速度向量的旋转角速度 $\dot{\theta}$ 垂直于瞬时的弹目视线,并且正比于导弹与目标之间的视线角速率 $\dot{q}$,假设目标的法向加速度为0,可得

$$\dot{\theta} = N\dot{q} \tag{12-22}$$

式中,θ 为导弹速度与基准方向的夹角,q 为导弹与目标连线与基准方向的夹角,称为视线角,$\dot{q}$ 是视线角速率,N 是比例常数,称为导航比,通常为 3~6。比例导引的实质是使导弹向着 $\dot{q}$ 减小的方向运动,抑制视线旋转,也就是使导弹的相对速度对准目标,保证导弹向着前置碰撞点飞行。

比例导引法是经典的导引方法。下面从最优控制理论的观点来研究自寻的导弹的最优导引规律问题。

12.2.1 导弹运动状态方程的建立

导弹与目标的运动关系是非线性的,如果把导弹与目标的运动方程相对于理想弹道线性化,可得导弹运动的线性状态方程。假设导弹和目标在同一平面内运动,如图 12-8 所示。选 oxy 为固定坐标。导弹速度向量 $\vec{V}_M$ 与 oy 轴成 θ 角,目标速度向

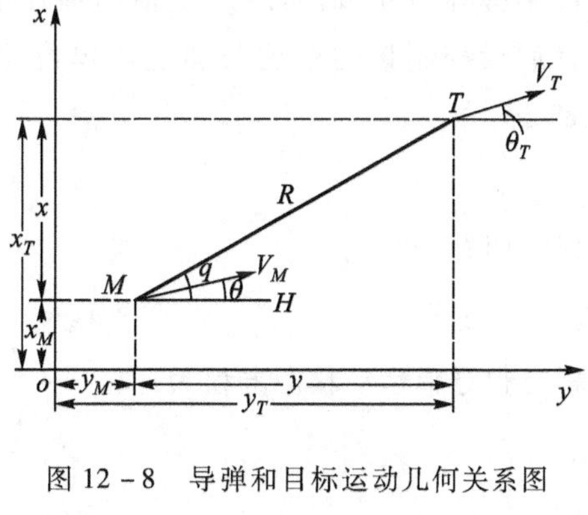

图 12-8 导弹和目标运动几何关系图

量为 $\vec{V}_T$ 与 oy 轴成 θ_T 角。导弹与目标的连线 MT 与 oy 轴成 q 角。假定导弹以尾追的方式攻击目标。坐标轴 ox 和 oy 的方向可以任意选择,使 θ,θ_T 和 q 都比较小。再假定导弹和目标均匀速飞行,也就是说 V_M 和 V_T 均为恒值。使用相对坐标状态变量,设 x 为导弹与目标在 ox 轴方向上的距离偏差,y 为导弹与目标在 oy 轴方向上的距离偏差,即

$$\begin{cases} x = x_T - x_M \\ y = y_T - y_M \end{cases} \tag{12-23}$$

将式(12-23)对 t 求导,并根据导弹和目标的关系可得

$$\begin{cases} \dot{x} = \dot{x}_T - \dot{x}_M = V_T \sin\theta_T - V_M \sin\theta \\ \dot{y} = \dot{y}_T - \dot{y}_M = V_T \cos\theta_T - V_M \cos\theta \end{cases} \tag{12-24}$$

假定 θ 和 θ_T 比较小,因此 $\sin\theta_T \approx \theta_T$,$\sin\theta \approx \theta$,$\cos\theta_T \approx 1$,$\cos\theta \approx 1$,则

$$\begin{cases} \dot{x} = \dot{x}_T - \dot{x}_M = V_T\theta_T - V_M\theta \\ \dot{y} = \dot{y}_T - \dot{y}_M = V_T - V_M \end{cases} \tag{12-25}$$

以 x_1 表示 x,x_2 表示 $\dot{x}$(即 $\dot{x}_1$),则

$$\dot{x}_1 = x_2 \tag{12-26}$$

$$\dot{x}_2 = \ddot{x} = V_T \dot{\theta}_T - V_M \dot{\theta} \tag{12-27}$$

式中,$V_T \dot{\theta}_T$ 表示目标的横向加速度,$V_M \dot{\theta}$ 表示导弹横向加速度,分别以 a_T 和 a_M 表示,有

$$\dot{x}_2 = a_T - a_M \tag{12-28}$$

导弹的横向加速度 a_M 为控制量。一般将控制信号加给舵机,舵面偏转后产生弹体攻角 α,而后产生横向加速度 a_M。如果忽略舵机和弹体的惯性,而且假设控制量的单位与加速度单位相同,则可用控制量 u 来表示 $-a_M$,也就是令

$$u = -a_M \tag{12-29}$$

所以式(12-28)为

$$\dot{x}_2 = a_T + u \tag{12-30}$$

这样可得导弹运动状态方程为

$$\dot{x}_1 = x_2 \tag{12-31}$$

$$\dot{x}_2 = u + a_T \tag{12-32}$$

写成矩阵形式为

$$\dot{\boldsymbol{X}} = \boldsymbol{AX} + \boldsymbol{B}u + \boldsymbol{D}a_T \tag{12-33}$$

式中,

$$\boldsymbol{X} = \begin{bmatrix} x_1 \\ x_2 \end{bmatrix}, \quad \boldsymbol{A} = \begin{bmatrix} 0 & 1 \\ 0 & 0 \end{bmatrix}, \quad \boldsymbol{B} = \begin{bmatrix} 0 \\ 1 \end{bmatrix}, \quad \boldsymbol{D} = \begin{bmatrix} 0 \\ 1 \end{bmatrix} \tag{12-34}$$

如果不考虑目标机动,即 $a_T = 0$,则在这种情况下,式(12-33)变为

$$\dot{\boldsymbol{X}} = \boldsymbol{AX} + \boldsymbol{B}u \tag{12-35}$$

下面来考虑式(12-25),该式可写成

$$\dot{y} = -(V_M - V_T) \tag{12-36}$$

式中,$V_M - V_T = V_C$表示导弹相对目标的接近速度。由于 q,θ 和 θ_T的值都比较小,y 可近似表示导弹与目标之间的距离。设 t_f为导弹与目标的遭遇时刻(即导弹与目标相碰撞或两者之间距离最短的时刻),则在某一瞬时 t,导弹与目标的距离 y 可近似表示为

$$y(t) = (V_M - V_T)(t_f - t) = V_C(t_f - t) \tag{12-37}$$

又考虑到对于导弹制导来说,最基本的要求是脱靶量越小越好,因此,应该选择最优控制量 u,使得如下面的指标函数为最小:

$$J = [x_T(t_f) - x_M(t_f)]^2 + [y_T(t_f) - y_M(t_f)]^2 \tag{12-38}$$

然而,当要求一个反馈形式的控制时,按式(12-38)列出的问题很难求解,所以以 $t = t_f$时刻,即 $y(t_f) = V_C(t_f - t_f) = 0$ 时的 $x_1(t_f)$值作为脱靶量,要求$x_1(t_f)$值越小越好。另外,由于舵偏角受到限制,导弹结构能够承受的最大载荷也受到限制,所以控制信号 u 也应该受到限制。鉴于上述分析,选择如下形式的性能指标函数:

$$J = \frac{1}{2}\boldsymbol{X}^{\mathrm{T}}(t_f)\boldsymbol{CX}(t_f) + \frac{1}{2}\int_{t_0}^{t_f}(\boldsymbol{X}^{\mathrm{T}}\boldsymbol{QX} + u^{\mathrm{T}}Ru)\,\mathrm{d}t \tag{12-39}$$

式中,

$$\boldsymbol{C} = \begin{bmatrix} c_1 & 0 \\ 0 & c_2 \end{bmatrix}, \quad \boldsymbol{Q} = \begin{bmatrix} 0 & 0 \\ 0 & 0 \end{bmatrix} \tag{12-40}$$

即

$$J = \frac{1}{2}\boldsymbol{X}^{\mathrm{T}}(t_f)\boldsymbol{CX}(t_f) + \frac{1}{2}\int_{t_0}^{t_f} Ru^2\,\mathrm{d}t \tag{12-41}$$

给定初始条件 $\boldsymbol{X}(t_0)$,应用最优控制理论求出使 J 为最小的 u。

12.2.2 最优导引律的设计与仿真验证

当不考虑弹体惯性时，而且假定目标不机动，即 $a_T=0$，则导弹运动状态方程为

$$\dot{X}=AX+Bu \tag{12-42}$$

性能指标函数为

$$J=\frac{1}{2}X^{\mathrm{T}}(t_f)CX(t_f)+\frac{1}{2}\int_{t_0}^{t_f}(X^TQX+u^{\mathrm{T}}Ru)\,\mathrm{d}t \tag{12-43}$$

式中，

$$A=\begin{bmatrix}0&1\\0&0\end{bmatrix},\quad B=\begin{bmatrix}0\\1\end{bmatrix},\quad C=\begin{bmatrix}c_1&0\\0&c_2\end{bmatrix},\quad Q=\begin{bmatrix}0&0\\0&0\end{bmatrix}$$

给出 $t=t_0$时刻，x_1和 x_2的初值分别为 $x_1(t_0)$和 $x_2(t_0)$，采用极小值原理可求得最优控制 $u^*(t)$为

$$u^*(t)=-\frac{\left(c_1(t_f-t)+\dfrac{c_1c_2(t_f-t)^2}{2R}\right)x_1+\left(c_2+c_1(t_f-t)^2+\dfrac{c_1c_2(t_f-t)^3}{3R}\right)x_2}{R\left(1+\dfrac{c_2(t_f-t)}{R}+\dfrac{c_1(t_f-t)^3}{3R}+\dfrac{c_1c_2(t_f-t)^4}{12R^2}\right)} \tag{12-44}$$

在指标函数中，如不考虑导弹的相对运动速度 x_2项，则可令 $c_2=0$。$u^*(t)$变成

$$u^*(t)=-\frac{c_1(t_f-t)x_1+c_1(t_f-t)^2x_2}{R\left(1+\dfrac{c_1(t_f-t)^3}{3R}\right)} \tag{12-45}$$

以 c_1除式(12-45)的分子和分母，得

$$u^*(t)=-\frac{3(t_f-t)x_1+3(t_f-t)^2x_2}{\dfrac{3R}{c_1}+(t_f-t)^3} \tag{12-46}$$

为了使脱靶量为最小，应选取 $c_1\to\infty$，则

$$u^*(t)=-3\left[\frac{x_1}{(t_f-t)^2}+\frac{x_2}{t_f-t}\right] \tag{12-47}$$

根据图 12-8 可得

$$\mathrm{tg}\ q=\frac{x_1}{y}=\frac{x_1}{V_c(t_f-t)}$$

当 q 比较小时,$\mathrm{tg}\ q = q$,则

$$q = \frac{x_1}{V_c(t_f - t)} \tag{12-48}$$

$$\dot{q} = \frac{x_1 + (t_f - t)\dot{x}_1}{V_c(t_f - t)^2} = \frac{1}{V_c}\left[\frac{x_1}{(t_f - t)^2} + \frac{x_2}{t_f - t}\right] \tag{12-49}$$

将式(12-49)代入式(12-47),可得

$$u^*(t) = -3V_c\dot{q} \tag{12-50}$$

式中,u 的单位是加速度的单位(米/秒^2)。把 u 与导弹速度向量 $\vec{V}_D$的旋转角速度 $\dot{\theta}$ 联系起来,则有

$$\left.\begin{aligned} u &= -V_M\dot{\theta} \\ \dot{\theta} &= \frac{3V_c}{V_M}\dot{q} \end{aligned}\right. \tag{12-51}$$

从式(12-50)和式(12-51)可以看出,当不考虑弹体惯性时,最优导引规律就是比例导引,其导航比为 $3V_c/V_M$,这证明了比例导引是一种很好的导引方法。最优导引规律的实现如图 12-9 所示。

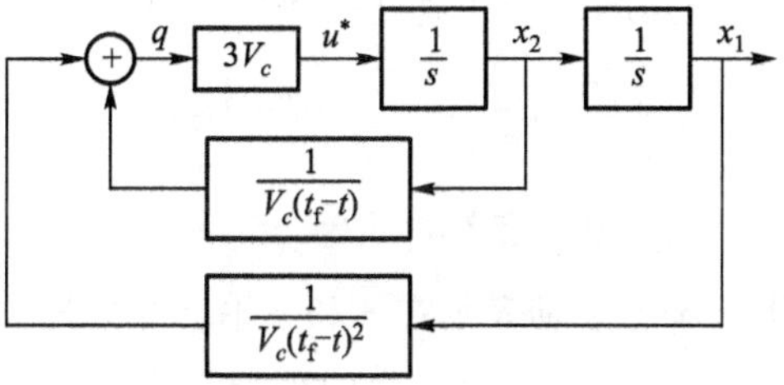

图 12-9 最优导引实现

下面将对最优导引律进行仿真,并给出 MATLAB 源代码和仿真结果。

最优导引攻击几何关系如图 12-10 所示,在这里讨论的目标和导弹均认为是二维拦截几何平面上的质点,分别以速度 V_T和 V_M运动。导弹的初始位置为相对坐标系的参考点,导弹初始速度矢量指向目标的初始位置,a_M为导弹的指令(垂直于视线)。

其中,

$$\dot{\theta}_T = \frac{a_T}{V_T} \tag{12-52}$$

$$V_{Ty} = V_T\cos\ \theta_T \tag{12-53}$$

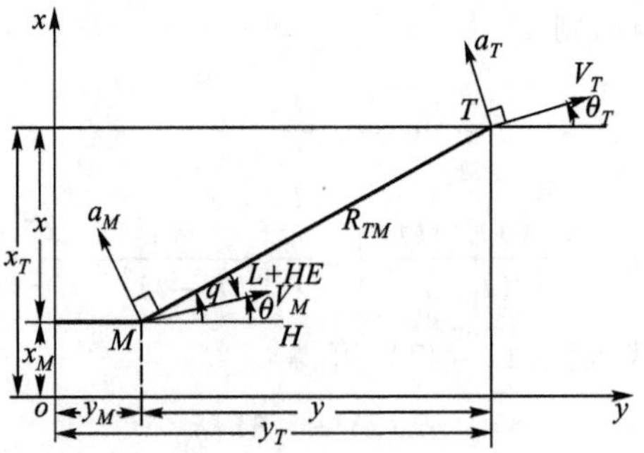

图 12-10 最优导引攻击几何平面

$$V_{Tx} = V_T \sin \theta_T \tag{12-54}$$

式中，V_{Tx}，V_{Ty}为目标速度在 x，y 轴上的分解，θ_T是目标的速度方向。导弹和目标之间的接近速度为

$$V_c = -\dot{R}_{TM} \tag{12-55}$$

目标的速度分量可由其位置变化得到

$$\dot{R}_{Ty} = V_{Ty}, \quad \dot{R}_{Tx} = V_{Tx} \tag{12-56}$$

同样的，可以得到导弹的位置和速度的微分方程

$$\dot{V}_{Mx} = a_{Mx}, \quad \dot{V}_{My} = a_{My} \tag{12-57}$$

$$\dot{R}_{Mx} = V_{Mx}, \quad \dot{R}_{My} = V_{My} \tag{12-58}$$

上面几式中的下标 x，y 分别表示在 x 和 y 轴上的分量。a_{Mx}，a_{My}是导弹在地球坐标系的加速度分量。为了得到导弹的加速度分量，必须得到弹目的相对位移

$$R_{TMx} = R_{Tx} - R_{Mx} \tag{12-59}$$

$$R_{TMy} = R_{Ty} - R_{My} \tag{12-60}$$

从图 12-10 中可知，根据三角关系可以得到视线角

$$q = \mathrm{arc\ tan} \frac{R_{TMx}}{R_{TMy}} \tag{12-61}$$

如果定义地球坐标系的速度分量为

$$V_{TMx} = V_{Tx} - V_{Mx} \tag{12-62}$$

$$V_{TMy} = V_{Ty} - V_{My} \tag{12-63}$$

可以根据视线角的公式求导后得到视线角速率

$$\dot{q}=\frac{R_{TMy}V_{TMx}-R_{TMx}V_{TMy}}{R_{TM}^2} \qquad (12-64)$$

$$R_{TM}=(R_{TMx}^2+R_{TMy}^2)^{\frac{1}{2}} \qquad (12-65)$$

所以不难得出弹目的接近速度为

$$V_c=-\dot{R}_{TM}=\frac{-(R_{TMx}V_{TMx}+R_{TMy}V_{TMy})}{R_{TM}} \qquad (12-66)$$

根据最优导引制导律

$$\dot{\theta}=3\frac{V_c}{V_M}\dot{q} \qquad (12-67)$$

可得到导弹的加速分量为

$$\theta=\arctan\left(\frac{V_{Mx}}{V_{My}}\right) \qquad (12-68)$$

$$a_{Mx}=V_M\dot{\theta}\cos q \qquad (12-69)$$

$$a_{My}=-V_M\dot{\theta}\sin q \qquad (12-70)$$

以上列出了两维的最优导引制导的必要方程,但是使用最优导引制导的导弹并不是直接向着目标发射的,而是向着一个能够导引导弹命中目标的方向发射,考虑了视线角之后可以得到导弹的指向角 L。从图 12-10 中可以看出,如果导弹进入了碰撞三角区(如果目标和导弹同时保持匀速直线运动,导弹必定会命中目标),可利用正弦公式得到指向角的表达式,即

$$L=\arcsin\frac{V_T\sin(q-\theta_T)}{V_M} \qquad (12-71)$$

但是,实际上导弹不可能确切地在碰撞三角区发射,所以不能精确地得到拦截点。因为不知道目标将会如何机动,所以拦截点位置只能大概地估计。初始时刻导弹偏离碰撞三角的角度称之为指向角误差(Head - Error)。考虑了导弹初始时刻的指向角和指向角误差之后,导弹的初始速度分量可以表示为

$$V_{My}(0)=V_M\cos(q-L+\text{HeadError}) \qquad (12-72)$$

$$V_{Mx}(0)=V_M\sin(q-L+\text{HeadError}) \qquad (12-73)$$

使用 MATLAB 编程,具体代码如下:

```
*************** MATLAB 程序 ***************
clear all;                                  % 清除所有内存变量
% -------- 初始化制导系统参数 -----------------
```

```
pi =3.141 592 653;
g =9.8;
Rmx = 0;Rmy = 0;                          % 导弹的位置
Rtx =10 000; Rty =5 000;                  % 目标的位置
Vm =1 000;                                % 导弹的速度
Vt =500;                                  % 目标的速度
ThetaT =1 * pi;                           % 目标的速度方向
HeadError = -5/180 * pi;                  % 指向角误差
AtMay =0 * g;                             % 目标不机动
AmMay =15 * g;                            % 导弹的最大机动能力为 20 g
% 弹目几何运动学解算
Rtmx = Rtx - Rmx;                         % 弹目 x 轴相对距离
Rtmy = Rty - Rmy;                         % 弹目 y 轴相对距离
Rtm = sqrt(Rtmx^2 + Rtmy^2);              % 弹目相对距离
SightAngle = atan(Rtmy/Rtmx);             % 视线角
LeadAngle = asin(Vt * sin(SightAngle - ThetaT)/Vm);
                                          % 指向角
Vmx = Vm * cos(SightAngle - LeadAngle + HeadError);
                                          % 导弹的 x 轴速度分量
Vmy = Vm * sin(SightAngle - LeadAngle + HeadError);
                                          % 导弹的 y 轴速度分量
Vtx = Vt * cos(ThetaT);                   % 目标的速度 x 轴分量
Vty = Vt * sin(ThetaT);                   % 目标的速度 y 轴分量
Vtmx = Vtx - Vmx;                         % 弹目相对运动的 x 轴速度分量
Vtmy = Vty - Vmy;                         % 弹目相对运动的 y 轴速度分量
Vc = -(Rtmx * Vtmx + Rtmy * Vtmy)/Rtm;    % 弹目相对运动速度
SignVc = sign(Vc);                        % 弹目相对运动速度的符号
Am =0;
% 仿真解算
Time =0;                                  % 仿真时间
TimeStep =0.01;                           % 仿真步长
q =0;
% file = fopen('output.tyt','w');         % 将数据写入文件
% 循环
while(1)
  % 若 Vc 改变符号则仿真结束
  if(sign(Vc) ~ =SignVc)
```

```
        break;
    else
        if(Rtm < 500)
            TimeStep = 0.000 5;
        end
SignVc = sign(Vc);                           % Vc的符号
dSightAngle = (Rtmx * Vtmy - Rtmy * Vtmx)/(Rtm^2);% 视线角速率
invb = Rtm;
kd = 3;
% -------------- 导弹加速度,导弹加速度矢量垂直于视线 --------------------
Am = invb * kd * dSightAngle;                          % 比例导引律
% ------------------------------------------------------------------
% 限制机动能力
if Am > AmMay
    Am = AmMay;
end
if Am < - AmMay
    Am = - AmMay;
end
% 导弹加速度分量,导弹加速度矢量垂直于视线
Amx = - Am * sin(SightAngle);
Amy = Am * cos(SightAngle);
% -------------------------- 状态更新 -----------------------------
Time = Time + TimeStep;
if Time < 2
    At = - 0 * AtMay;
elseif Time < 7
    At = AtMay;
else
    At = - AtMay;
end
At = - AtMay * sin(Time * 0.25 * pi);
Rty = Rty + TimeStep * Vty;
Rtx = Rtx + TimeStep * Vtx;
dThetaT = TimeStep * At/Vt;
ThetaT = ThetaT + dThetaT;
Vtx = Vt * cos(ThetaT);
```

```
    Vty = Vt * sin(ThetaT);
    % 导弹
    % 导弹加速度矢量垂直于视线
    Rmx = Rmx + TimeStep * Vmx;
    Rmy = Rmy + TimeStep * Vmy;
    Vmx = Vmx + TimeStep * Amx;
    Vmy = Vmy + TimeStep * Amy;
    Vm = sqrt(Vmy^2 + Vmx^2);
    % 弹目相对
    % 弹目相对位移
    Rtmx = Rtx - Rmx;
    Rtmy = Rty - Rmy;
    Rtm0 = Rtm;                              % 上一步的脱靶量
    Rtm = sqrt(Rtmx^2 + Rtmy^2);
    SightAngle = atan(Rtmy/Rtmx);            % 视线角
    % 弹目相对速度
    Vtmy = Vty - Vmy;
    Vtmx = Vtx - Vmx;
    Vc = -(Rtmy * Vtmy + Rtmx * Vtmx)/Rtm;
    % 数据写文件
    % fprintf(file,'% f % f % f % f % f % f % f \n',Time,Rmy,Rmx,Rty,Rtx,
sqrt(Amy^2 + Amx^2),Rtm);
    q = q + 1;
    rmx2(1,q) = Rmx;
    rmy2(1,q) = Rmy;
    rtx2(1,q) = Rtx;
    rty2(1,q) = Rty;
    a1(1,q) = At;
    a2(1,q) = Am;
    time2(1,q) = Time;
    dq1(1,q) = SightAngle;
    dq2(1,q) = dSightAngle;
    b_1(1,q) = invb;
    end
    end
    disp('脱靶量');
    Rtm
```

```
%--------------------------------------------------------------------
q=q-200;
% 点线——导弹运动轨迹
% 实线——目标运动轨迹
figure(1)% 拦截曲线
plot(rmx2,rmy2,'b:');
hold on;
plot(rtx2,rty2,'b');
plot(rtx2(end),rty2(end),'k+')
xlabel('水平距离(米)'); ylabel('垂直距离(米)');
legend('导弹','目标','拦截点');
hold off;
% title('导弹与目标拦截曲线');
figure(2)                                    % 导弹过载曲线
plot(time2,a2/g,'b');
xlabel('时间(秒)');
ylabel('过载(重力加速度)');
% title('导弹与目标法向加速度曲线');
figure(3)                                    % 弹目视线角速度
plot(time2(1:q),dq2(1:q)*57.3,'b');
xlabel('时间(秒)');
ylabel('视线角速度(度每秒)');
% title('导弹与目标视线角速度曲线');
*************************************************
```

仿真结果如图 12-11 ~ 图 12-13 所示。

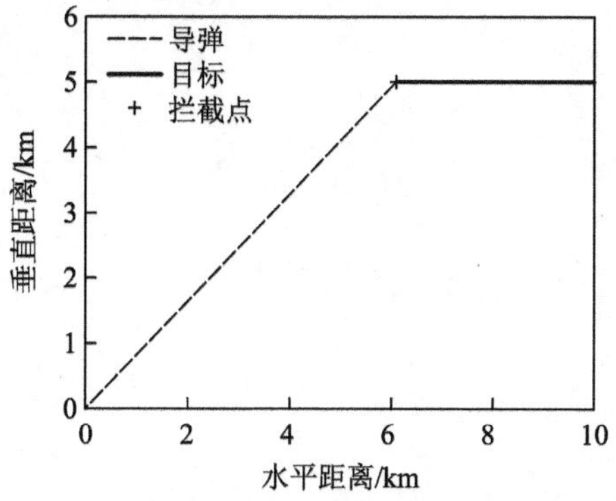

图 12-11 -5°指向误差,目标不机动的攻击情况

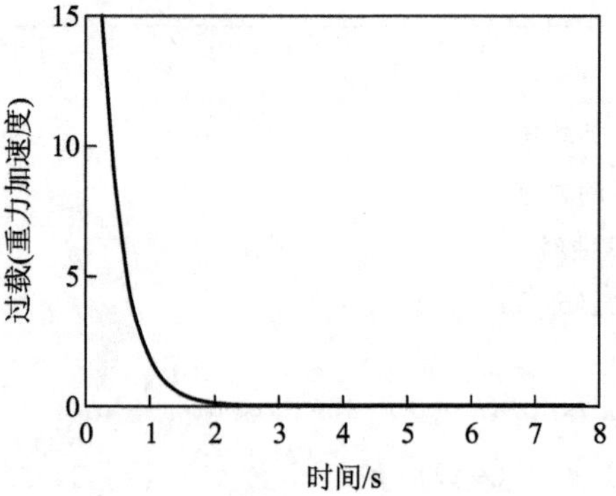

图 12 - 12 - 5°指向误差，目标不机动时导弹的加速度

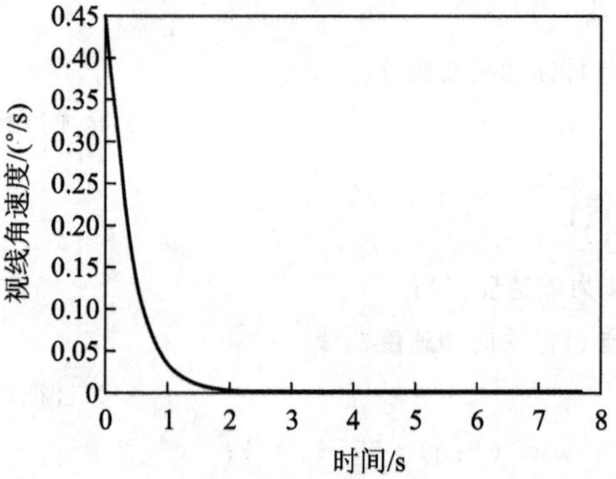

图 12 - 13 - 5°指向误差，目标不机动时的视线角速率

第 13 章 线性二次型最优控制方法应用

13.1 实例一:线性二次型最优控制在吊车控制中的应用

13.1.1 桥式吊车控制系统概述

吊车系统的整套机械部件安装在一块底板上,底板上固定着导轨、皮带轮、电动机、测速发电机、车位置反馈电位器,四轮吊车在导轨上运动。吊车下方连着小车板支架和角位置电位器支架,在角位置电位器支架上装有测量吊摆角度的单圈电位器。两支架之间安装吊摆,底板开槽,使吊摆垂下,如图 13－1 所示。

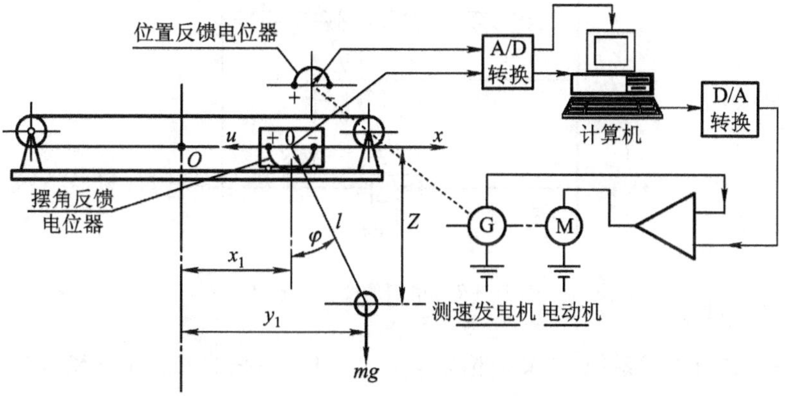

图 13－1 桥式吊车控制系统示意图

系统已知条件如下:吊车运动的最大距离 $x_{\max} = \pm 0.8$ m,最大速度 $\dot{x}_{\max} = \pm 0.5$ m/s;吊车由直流力矩电动机拖动,该电动机的最大控制电压 $V_a = 27$ V,死区电压 $\Delta V_a = \pm 2$ V,电枢电阻为 $R_a = 12\ \Omega$,电枢绕组的转动惯量 $J_\omega = 60\ \mathrm{g \cdot cm/s^2} = 6 \times 10^{-4}\ \mathrm{kg \cdot m/s^2}$,电动机力矩系数 $C_m = 0.086$,反电动势系数 $C_e = 0.83$;控制输出通过皮带与吊车相连,带轮半径为 $r = 0.025$ m。

吊车的位置和吊摆的摆角采用直流电位器测量,位置电位器为 10 圈电位器,摆角电位器为单圈电位器,位置指令信号由单圈直流电位器提供。电位器电源电压为 ±10 V,精度为0.1%,与电位器同轴的带轮半径为 $r_2=0.02$ m;吊车的速度采用同轴低速直流测速电机测量,测速发电机的信号梯度为 $K_v=1.1$ V/(rad/s)。

控制目标是当吊车在导轨上运动时,应保持吊摆的摆动角度最小;当吊摆有初始摆角时,系统使吊摆迅速返回平衡位置。

为实现上述控制目标,提出如下性能指标要求:

(1) 计算机 D/A 输出 100 mV 时吊车启动,D/A 输出最大 ±5 V 时,对应吊车的最大速度 0.5 m/s;

(2) 当吊摆初始摆角为50°时,摆角到达稳态时间小于5 s,摆动次数小于4次;

(3) 当吊车从偏离0位处回归0位时,摆角到达稳态的时间小于5 s,摆动次数小于4次。

13.1.2 系统状态方程的建立

设 F 为外力,m 为吊物质量,M 为车的质量,l 为摆长,x 为车的位置,ϕ 为摆角。给定 $M=1$ kg,$m=4$ kg,$l=1$ m。吊车系统的受力分析如图13-2所示。

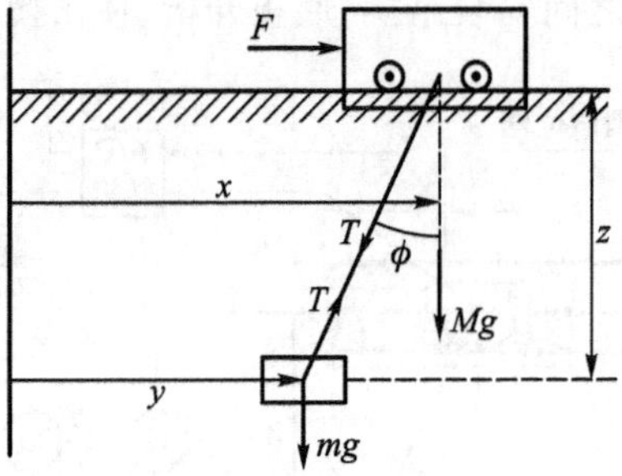

图13-2 单摆的受力分析图

这是一个二自由度系统,广义坐标 $q_1=x,q_2=\phi$。系统的 Lagrange 函数为

$$L=\frac{1}{2}M\dot{x}^2+\frac{1}{2}m[(\dot{x}+l\dot{\phi}\cos\phi)^2+(l\dot{\phi}\sin\phi)^2]+mgl\cos\phi \tag{13-1}$$

令 $\boldsymbol{X}=[x_1\quad x_2\quad x_3\quad x_4]^{\mathrm{T}}=[x\quad \dot{x}\quad \phi\quad \dot{\phi}]^{\mathrm{T}}$,则 Lagrange 方程组为

$$\begin{bmatrix}\dot{x}_1\\ \dot{x}_2\\ \dot{x}_3\\ \dot{x}_4\end{bmatrix}=\begin{bmatrix}0 & 1 & 0 & 0\\ 0 & 0 & \dfrac{mg}{M} & 0\\ 0 & 0 & 0 & 1\\ 0 & 0 & -\dfrac{(M+m)g}{Ml} & 0\end{bmatrix}\begin{bmatrix}x_1\\ x_2\\ x_3\\ x_4\end{bmatrix}+\begin{bmatrix}0\\ \dfrac{1}{M}\\ 0\\ -\dfrac{1}{Ml}\end{bmatrix}F \tag{13-2}$$

代入 $M=1\ \text{kg}, m=4\ \text{kg}, l=1\ \text{m}$ 得

$$\begin{bmatrix}\dot{x}_1\\ \dot{x}_2\\ \dot{x}_3\\ \dot{x}_4\end{bmatrix}=\begin{bmatrix}0 & 1 & 0 & 0\\ 0 & 0 & 39.2 & 0\\ 0 & 0 & 0 & 1\\ 0 & 0 & -49 & 0\end{bmatrix}\begin{bmatrix}x_1\\ x_2\\ x_3\\ x_4\end{bmatrix}+\begin{bmatrix}0\\ 1\\ 0\\ -1\end{bmatrix}F \tag{13-3}$$

直流伺服电动机在忽略了感抗的影响以及启动死区电压后,可近似为一个二阶线性系统。其模型如图 13-3 所示,其中,u_a为输入到电机的控制电压。

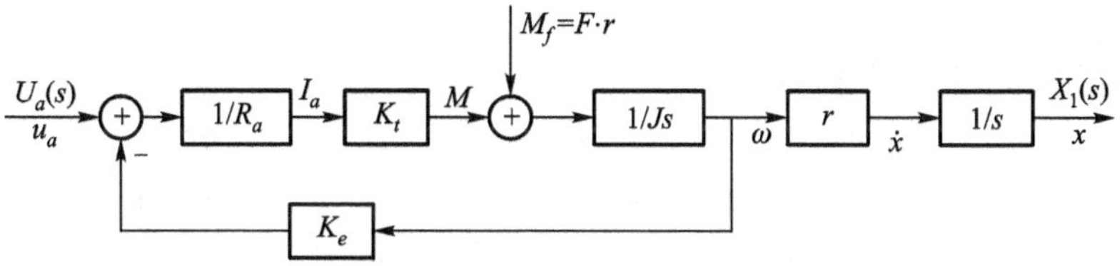

图 13-3 直流伺服电机模型

根据图 13-3 可得

$$\left[(U_a-C_e\omega)\frac{C_m}{R_a}-F\cdot r\right]\frac{r}{J_\omega s^2}=\boldsymbol{X} \tag{13-4}$$

整理得

$$F=(rC_m u_a-C_eC_m\dot{x}-R_aJ_\omega\cdot\ddot{x})/R_ar^2 \tag{13-5}$$

将式(13-5)代入式(13-3),即得到平衡位置附近,以电动机加吊车为被控对象,以电动机电枢电压 u 为控制量的系统数学模型,即

$$\begin{bmatrix}\dot{x}_1\\ \dot{x}_2\\ \dot{x}_3\\ \dot{x}_4\end{bmatrix}=\begin{bmatrix}0 & 1 & 0 & 0\\ 0 & -\dfrac{C_eC_m}{R_a(J_\omega+r^2)} & \dfrac{39.2r^2}{r^2+J_\omega} & 0\\ 0 & 0 & 0 & 1\\ 0 & \dfrac{C_eC_m}{R_a(J_\omega+r^2)} & -49+\dfrac{39.2J_\omega}{r^2+J_\omega} & 0\end{bmatrix}\begin{bmatrix}x_1\\ x_2\\ x_3\\ x_4\end{bmatrix}+\begin{bmatrix}0\\ \dfrac{C_mr}{R_a(r^2+J_\omega)}\\ 0\\ -\dfrac{C_mr}{R_a(r^2+J_\omega)}\end{bmatrix}u_a \tag{13-6}$$

代入系统的电动机参数,可得

$$\dot{\boldsymbol{x}}=\begin{bmatrix}0 & 1 & 0 & 0\\ 0 & -4.856 & 20 & 0\\ 0 & 0 & 0 & 1\\ 0 & 4.856 & -29.8 & 0\end{bmatrix}\boldsymbol{x}+\begin{bmatrix}0\\ 0.146\\ 0\\ -0.146\end{bmatrix}u_a \tag{13-7}$$

由于系统装有位置反馈电位器和摆角反馈电位器,所以 x_1 和 x_3 均可直接测得,故输出矩阵为

$$C=\begin{bmatrix}1 & 0 & 0 & 0\\0 & 0 & 1 & 0\end{bmatrix}$$

$$Q_c=[B\quad AB\quad A^2B\quad A^3B]=\begin{bmatrix}0 & 0.146 & -0.709 & 0.522\,8\\0.146 & -0.709 & 0.522\,8 & 11.640\,9\\0 & -0.146 & 0.709 & 0.908\\-0.146 & 0.709 & 0.908 & -18.589\end{bmatrix}$$

(13-8)

rank(Q_c) = 4,所以系统可控。

$$Q_o=\begin{bmatrix}C\\CA\\CA^2\\CA^3\end{bmatrix}=\begin{bmatrix}1 & 0 & 0 & 0\\0 & 0 & 1 & 0\\0 & 1 & 0 & 0\\0 & 0 & 0 & 1\\0 & -4.856 & 20 & 0\\0 & 4.856 & -29.8 & 0\\0 & 23.580\,7 & -97.12 & 20\\0 & -23.580\,7 & 97.12 & -29.8\end{bmatrix}\tag{13-9}$$

rank(Q_o) = 4,所以系统可观。

直流力矩电机的机电时间常数为

$$T_M=\frac{R_aJ_\omega}{C_mC_e}=\frac{12\times6\times10^{-4}}{0.086\times0.83}=0.1\ \text{s}$$

根据采样周期的选取原则,可以选择采样周期为 $T=0.025$ s。

应用 MATLAB 函数[F,G] = c2d(A,B,C,D),由式(13-7)可得系统离散状态方程为

$$X(k+1)=\begin{bmatrix}1 & 0.023\,5 & 0.006 & 0.000\,1\\0 & 0.885\,9 & 0.469\,4 & 0.006\\0 & 0.001\,5 & 0.990\,9 & 0.024\,9\\0 & 0.114\,0 & -0.713\,6 & 0.990\,9\end{bmatrix}X(k)+\begin{bmatrix}0\\0.003\,4\\0\\-0.003\,4\end{bmatrix}u(k)$$

(13-10)

$$W_R=\begin{bmatrix}0 & 0.000\,1 & 0.000\,1 & 0.000\,2\\0.003\,4 & 0.003\,0 & 0.002\,6 & 0.002\,2\\0 & -0.000\,1 & -0.000\,1 & -0.000\,2\\-0.003\,4 & -0.003\,0 & -0.002\,6 & -0.002\,1\end{bmatrix}$$

$\text{rank}(\boldsymbol{W}_R)=4$,故采样系统可控。

$$\boldsymbol{W}_o=\begin{bmatrix}1 & 0 & 0 & 0\\0 & 0 & 1 & 0\\0 & 0.0235 & 0.006 & 0.0001\\0 & 0.0015 & 0.9909 & 0.0249\\1 & 0.0443 & 0.0229 & 0.0005\\0 & 0.0057 & 0.9648 & 0.0494\\1 & 0.0629 & 0.0492 & 0.0014\\0 & 0.0121 & 0.9235 & 0.073\end{bmatrix}$$

$\text{rank}(\boldsymbol{W}_o)=4$,故采样系统可观。

13.1.3　线性二次型最优控制的设计与实现

控制系统的方块图如图 13-4 所示。

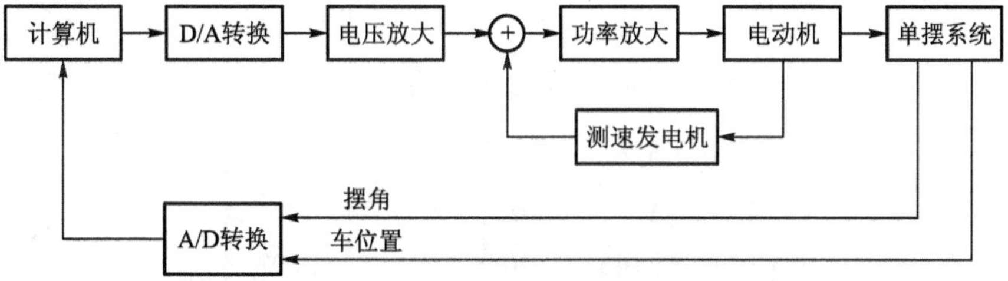

图 13-4　单摆控制系统方块图

为满足克服死区电压的指标要求,在 D/A 转换器之后引入模拟放大环节,使得 D/A 转换器输出 100 mV 时电机启动,则从计算机输出点到控制电机输入点之间的放大倍数 K_0 必须满足

$$K_0\geqslant\frac{U_{\text{dead}}}{0.1}\qquad(13-11)$$

这里取 $K_0=20$ V。

为满足 D/A 输出最大 ±5 V 时,对应吊车的最大运动速度 0.5 m/s,需要在控制系统中引入测速发电机输出进行速度反馈。放大器箱提供两级电压放大,可将 K_0 分成两级,并将测速发电机的反馈信号通过一定的增益变换加入到放大器两级之间,构成如图 13-5 所示的模拟内回路控制系统。

计算时采用稳态数值,即

$$\left(U_{\max}K_1-K_3K_w\frac{V_{\max}}{r}\right)K_2K_m=\frac{V_{\max}}{r}\qquad(13-12)$$

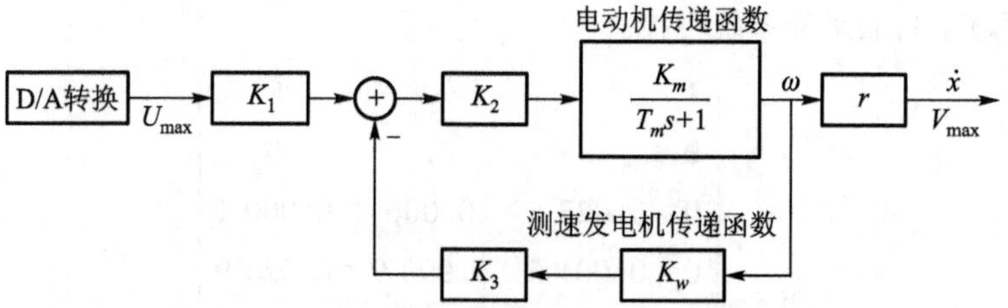

图 13-5 单摆控制系统的模拟内环

式中，K_m是电动机传递函数的静态放大倍数，取 $K_m = K_e^{-1}$，U_{max}是 D/A 板的满量程，K_3是测速发电机的反馈系数。

由于测速发电机的反馈系数 K_3是电动机的速度反馈，可以将其合并到反电动势项 K_e中，即

$$K'_e = K_e + K_2K_3K_w r = 0.83 + 4 \times 2 \times 1.1 \times 0.025 = 1.05 \tag{13-13}$$

D/A 的输出电压 u 满足

$$u = \frac{u_a}{K_1 \cdot K_2} = \frac{u_a}{20} \tag{13-14}$$

将式(13-13)、式(13-14)代入式(13-7)，得

$$\dot{\boldsymbol{X}} = \begin{bmatrix} 0 & 1 & 0 & 0 \\ 0 & -6.143 & 20 & 0 \\ 0 & 0 & 0 & 1 \\ 0 & 6.143 & -29.8 & 0 \end{bmatrix} \boldsymbol{X} + \begin{bmatrix} 0 \\ 2.92 \\ 0 \\ -2.92 \end{bmatrix} U_a \tag{13-15}$$

最优性能指标取为

$$J = \frac{1}{2}\sum_{k=0}^{\infty}[\boldsymbol{X}^{\mathrm{T}}(k)\boldsymbol{Q}\boldsymbol{X}(k) + u^{\mathrm{T}}(k)Ru(k)] \tag{13-16}$$

式中，$\boldsymbol{Q}$、R 的初值选取如下：

$$\boldsymbol{Q} = \begin{bmatrix} 10 & 0 & 0 & 0 \\ 0 & 0.5 & 0 & 0 \\ 0 & 0 & 100 & 0 \\ 0 & 0 & 0 & 1 \end{bmatrix}$$

$$R = 0.1$$

解黎卡提方程

$$-\boldsymbol{PA} - \boldsymbol{A}^{\mathrm{T}}\boldsymbol{P} + \boldsymbol{PBR}^{-1}\boldsymbol{B}^{\mathrm{T}}\boldsymbol{P} - \boldsymbol{Q} = 0$$

得

$$P=\begin{bmatrix}370.975\,3 & 148.772\,3 & 98.243\,3 & 134.933\,7\\ 148.772\,3 & 137.341\,3 & -44.306\,4 & 127.271\,6\\ 98.243\,3 & -44.306\,4 & 934.488\,3 & -8.469\,7\\ 134.933\,7 & 127.271\,6 & -8.469\,7 & 124.269\,6\end{bmatrix}$$

则

$$\boldsymbol{K}=\boldsymbol{R}^{-1}\boldsymbol{G}^{\mathrm{T}}\boldsymbol{P}=[8.477\,7\quad 5.756\,4\quad -21.388\,6\quad 1.832\,5]$$

所以最优控制为

$$u(k)=-\boldsymbol{K}\boldsymbol{X}(k)=[-8.477\,7\quad -5.756\,4\quad 21.388\,6\quad -1.832\,5]\boldsymbol{X}(k) \tag{13-17}$$

仿真时两个不能直接测量得到的状态量(车速度、摆角速度)采用位移量差分计算。设定摆角的初始角度为 60°,小车的位移为 -0.3 m,应用最优控制所得的仿真曲线如图 13-6 所示。

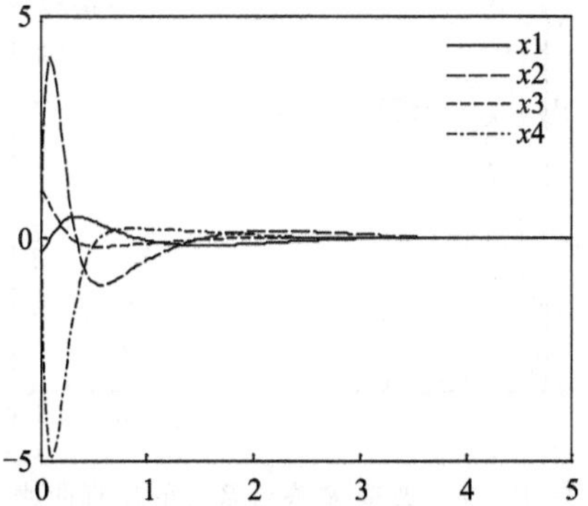

图 13-6 施加最优控制下系统的仿真曲线

改变 $\boldsymbol{Q}$、R 的值,观察控制效果的变化。令

$$\boldsymbol{Q}=\begin{bmatrix}1\,000 & 0 & 0 & 0\\ 0 & 500 & 0 & 0\\ 0 & 0 & 1\,000 & 0\\ 0 & 0 & 0 & 1\,000\end{bmatrix}$$

得

$$\boldsymbol{K}=[11.439\,2\quad 10.540\,9\quad -30.019\,2\quad -2.482\,1]$$

系统仿真曲线如图 13-7 所示。

可见增大 $\boldsymbol{Q}$ 阵中的值后,小车速度和摆角角速度的超调量减小,说明相应的控制作用增强。

令 $R=100$,得 $\boldsymbol{K}=[-3.158\,3\quad -1.923\,6\quad 0.255\,1\quad -1.194\,6]$,系统仿

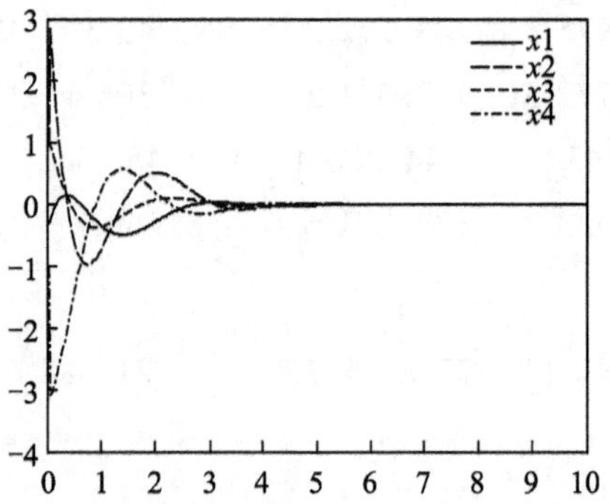

图 13－7 改变 $\boldsymbol{Q}$ 阵后系统的仿真曲线

真曲线如图 13－8 所示。

可见增大 R 阵的值后，系统的调节时间延长，控制作用减小。

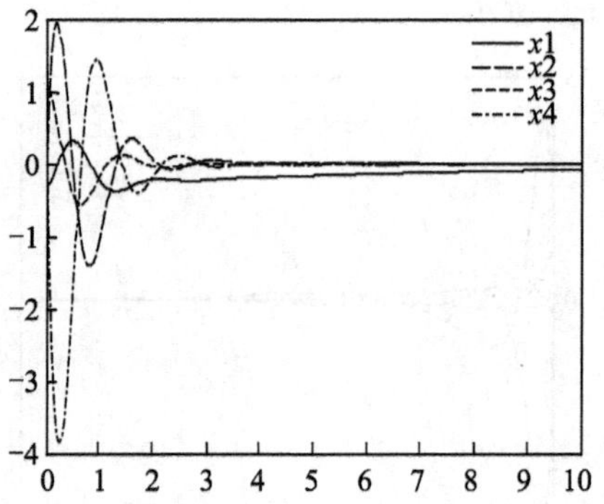

图 13－8 改变 R 阵后系统的仿真曲线

13.1.4 零极点配置的设计与实现

设连续域期望极点为 $P_{1,2}=-1, P_{3,4}=-2\pm j2$，则对应的离散域极点为 $\lambda_{1,2}=0.975, \lambda_{3,4}=0.95\pm0.0475\,j$。应用 MATLBA 的 acker(F,G,p) 函数求得反馈阵

$$\boldsymbol{K}=[0.287 \quad -1.385 \quad 4.772 \quad -1.295]$$

取观测器极点为 $\lambda_{1,2}=0.93$，求得状态观测器

$$\boldsymbol{z}(k+1)=\begin{bmatrix}0.93 & 0\\ 0 & 0.93\end{bmatrix}\boldsymbol{z}(k)+\begin{bmatrix}0.2189 & 0.4652\\ -0.4150 & -0.8893\end{bmatrix}\boldsymbol{y}(k)$$

$$+\begin{bmatrix}0.07054\\ -0.07065\end{bmatrix}\boldsymbol{u}(k)$$

$$\hat{\boldsymbol{x}}(k)=\begin{bmatrix}0&0\\1&0\\0&0\\0&1\end{bmatrix}\boldsymbol{z}(k)+\begin{bmatrix}1&0\\-3.1271&0.2495\\0&1\\5.9282&2.4260\end{bmatrix}\boldsymbol{y}(k)$$

该状态观测器可由直接测量得到的 $\boldsymbol{x}$、$\boldsymbol{\varphi}$,估计 $\dot{\boldsymbol{x}}$、$\dot{\boldsymbol{\varphi}}$。

令 $\boldsymbol{u}(k)=\boldsymbol{K}\hat{\boldsymbol{x}}(k)=[0.287\quad -1.385\quad 4.772\quad -1.295]\hat{\boldsymbol{x}}(k)$,即得所求调节器,在 $\varphi_0=60°$时的 0 输入响应曲线和 $x=-0.3$ m 时的系统仿真曲线如图 13-9 所示。

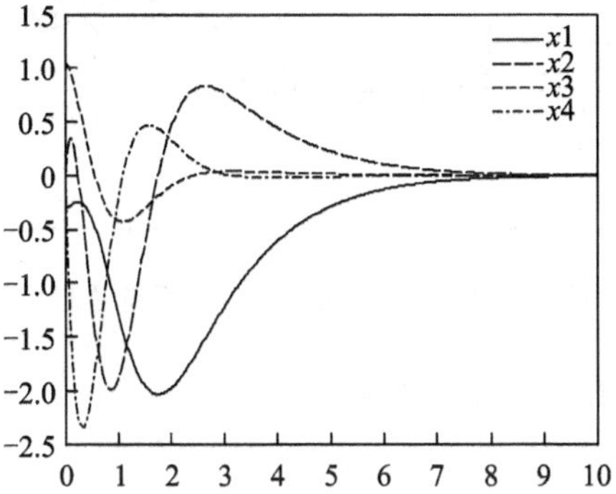

图 13-9 采用零极点配置法设计的系统仿真曲线

13.1.5 结论

最优控制在控制系统的设计中应用方便,求解简单,并且能得到比较满意的设计结果。

若 $\boldsymbol{Q}$、$\boldsymbol{R}$ 阵选择得合理,可以减少试凑次数,若选择得不合理,设计出来的系统性能较差,因为其所谓"最优"只是使指标 J 取最小值,并不一定能保证系统的特性在实用中最优。一般而言,增大 $\boldsymbol{Q}$ 阵中的加权系数,则对应的状态变量收敛更快,增大 $\boldsymbol{R}$ 阵中某个加权系数,则对应的控制量减小。

采用零极点配置设计系统时,若零极点选取不合适,则系统性能将很差,采用最优控制设计则可避免由零极点选取带来的设计问题。

13.2 实例二:线性二次型最优控制在液压伺服系统中的应用

13.2.1 液压伺服系统数学模型

液压技术主要是应武器装备对控制装置的高质量需求而发展起来的。现代控制理论出现以后，人们开始采用最优控制理论进行液压伺服系统的设计。这种设计方法可以克服经典方法的许多不足，有效地提高系统稳定裕度和控制实时性，保证控制精度，消除动态误差。

泵控液压伺服系统具有效率高、发热低的优点，适用于大功率场合，其一般由输入信号、控制器、伺服器、传感器及辅助机构等组成，原理如图 13 - 10 所示。

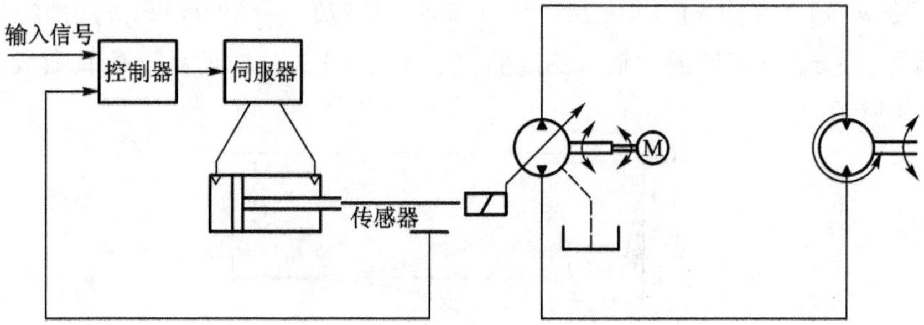

图 13 - 10 泵控液压电动机系统原理图

(1) 液压缸位移与斜盘角的关系

$$X = k_1 \alpha \tag{13-18}$$

式中，X 为液压缸位移，单位为 m；α 为变量柱塞泵的斜盘角，单位为 rad；k_1 为比例系数。

(2) 变量泵特性

忽略漏损，变量泵的流量一般形式为

$$Q_b = K_q \alpha \tag{13-19}$$

式中，Q_b 为变量泵的流量，单位为 m^3/s；K_q 为流量系数，单位为 $m^3/(s \cdot rad)$。

(3) 液压电动机特性

忽略漏损，液压电动机的流量为

$$Q_m = D_m \omega + \frac{V_1}{\beta} \cdot \frac{dp}{dt} = D_m \frac{d\theta_m}{dt} + \frac{V_1}{\beta} \cdot \frac{dp}{dt} \tag{13-20}$$

式中，D_m 为电动机弧排量，单位为 m^3/rad；θ_m 为电动机轴转过的角位移，单位为 rad；V_1 为电动机高压腔一侧的容积，单位为 m^3；β 为液体体积弹性模量，单位为 Pa；p 为高压腔内压力，单位为 Pa。

(4) 液压电动机力矩平衡方程

$$pD_m = J \frac{d^2\theta_m}{dt^2} + B \frac{d\theta_m}{dt} + C\theta_m + T_L \tag{13-21}$$

式中，J 为电动机与负载折算到电动机轴上的总转动惯量，单位为 $kg \cdot m^2$；B 为活塞和负载的粘性阻尼系数，单位为 N·m·s/rad；C 为负载的弹簧刚度，单位为 N·m/rad；T_L为作用于电动机轴上的负载力矩，单位为 N·m。

（5）伺服阀位移与输入信号的关系

$$X_s = k_2 u \tag{13-22}$$

式中，X_s为滑阀阀芯位移量，单位为 m；k_2为比例系数；u 为输入信号，单位为 V。

将式(13－19)、式(13－20)和式(13－21)进行拉普拉斯变换，在忽略漏损的情况下，不计弹性力，即 $C=0$，化简可以得到

$$k_q D_m \alpha = \left(\frac{V_1 J}{\beta}s^3 + \frac{V_1 B}{\beta}s^2 + D_m^2 s\right)\theta_m \tag{13-23}$$

即

$$\frac{\theta_m(s)}{\alpha(s)} = \frac{k_q D_m}{\frac{V_1 J}{\beta}s^3 + \frac{V_1 B}{\beta}s^2 + D_m^2 s} = \frac{k_q / D_m}{s\left(\frac{V_1 J}{\beta D_m^2}s^2 + \frac{V_1 B}{\beta D_m^2}s + 1\right)} \tag{13-24}$$

系统固有频率为

$$\omega_n = \sqrt{\frac{\beta D_m^2}{V_1 J}}$$

阻尼比为

$$\zeta_n = \sqrt{\frac{V_1 B^2}{4\beta J D_m^2}}$$

液压缸位移与伺服阀位移成比例关系为

$$X = k_3 X_s \tag{13-25}$$

综合式(13－24)、式(13－25)得系统传递函数为

$$G(s) = \frac{\theta_m}{u} = \frac{k_q k_2 k_3 / (D_m k_1)}{s\left(\frac{V_1 J}{\beta D_m^2}s^2 + \frac{V_1 B}{\beta D_m^2}s + 1\right)} = \frac{K_4}{s\left(\frac{s^2}{\omega_n^2} + \frac{2\zeta_n}{\omega_n}s + 1\right)} \tag{13-26}$$

式中，

$$K_4 = k_q k_2 k_3 / (D_m^2 k_1)$$

13.2.2　线性二次型最优控制器的设计与仿真

根据该液压伺服系统的传递函数式(13－26)建立可控标准型的状态方程如下：

$$\begin{bmatrix} \dot{x}_1 \\ \dot{x}_2 \\ \dot{x}_3 \end{bmatrix} = \begin{bmatrix} 0 & 1 & 0 \\ 0 & 0 & 1 \\ 0 & -\omega_n^2 & -2\zeta_n\omega_n \end{bmatrix} \begin{bmatrix} x_1 \\ x_2 \\ x_3 \end{bmatrix} + \begin{bmatrix} 0 \\ 0 \\ K_4\omega_n^2 \end{bmatrix} \boldsymbol{U} \tag{13-27}$$

$$Y = [1 \quad 0 \quad 0] \begin{bmatrix} x_1 \\ x_2 \\ x_3 \end{bmatrix} \tag{13-28}$$

系统有一个右半平面的极点,因此不稳定,必须引入闭环控制。利用线性二次型最优控制的目标是找到控制 $\boldsymbol{U} = -\boldsymbol{KX}$,使得二次型性能指标取得最小值。反馈矩阵为 $\boldsymbol{K} = \boldsymbol{R}^{-1}\boldsymbol{B}^{\mathrm{T}}\boldsymbol{P}$,通过在 MATLAB 中编程求解该反馈矩阵。一般加权矩阵 $\boldsymbol{Q}, R$ 设置为

$$\boldsymbol{Q} = \begin{bmatrix} q_1 & 0 & 0 \\ 0 & q_2 & 0 \\ 0 & 0 & q_3 \end{bmatrix}, \quad R = 1$$

加入状态反馈后,闭环系统的状态方程为

$$\begin{aligned} \dot{\boldsymbol{x}} &= (\boldsymbol{A} - \boldsymbol{BK})\boldsymbol{x} + \boldsymbol{Bu} \\ y &= \boldsymbol{Cx} \end{aligned} \tag{13-29}$$

取 $\omega_n = 200, K_4 = 120, \zeta_n = 0.4, R = 1, q_1 = 10, q_2 = 0, q_3 = 0$,得到状态反馈阵

$$K = [3.162\,3 \quad 0.018\,2 \quad 0.000\,1]$$

系统阶跃响应如图 13-11 所示。

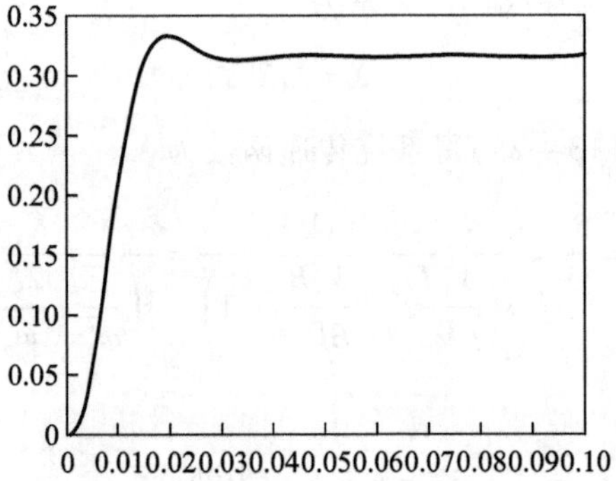

图 13-11 采用最优控制后系统阶跃响应($q_1 = 10, q_2 = 0, q_3 = 0$)

由图 13-11 可知,系统在 0.04 s 的时候已经趋于稳定,超调量很小,为 4.7%,峰值时间为 0.02 s。

系统加入控制器前后的波特图如图 13-12 所示。由图 13-12 可知,采用最优控制前,幅值裕量为 6.02 dB,相位裕量为 39.5°;采用最优控制后,幅值裕量为 19.7 dB,相位裕量为无穷大。由此可见,二次型最优控制取得了很好的效果。

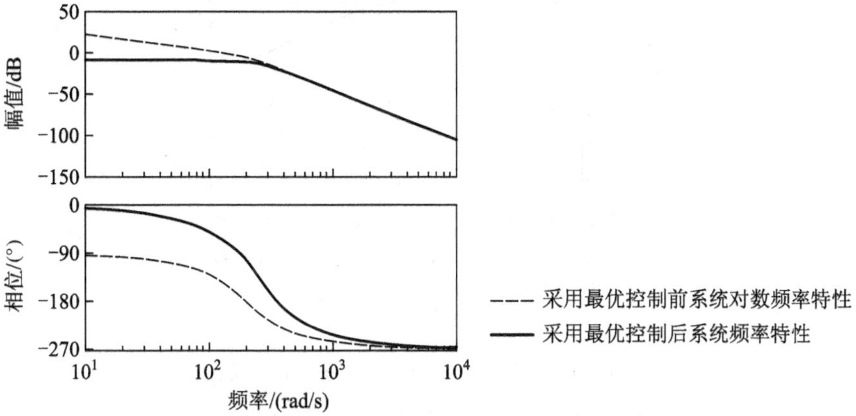

图 13-12 采用最优控制前后系统对数频率特性对比($q_1=10$,$q_2=0$,$q_3=0$)

13.2.3 加权阵对系统稳定性的影响

从图 13-13~图 13-15 可知,随着 R 的增大,幅值稳定裕度和相位稳定裕度都减小,幅值稳定裕度从 19.7 dB 下降到 6.22 dB,相位稳定裕度从无穷大下降到 41.3°。稳定裕度的下降使得系统的带宽下降。再分析系统的极点,$R=1$ 时,极点为 -2.172 2,-1.324 5+2.287 7i,-1.324 5-2.287 7i;$R=100$ 时,极点为 -0.375 6,-1.194 0+1.617 4i,-1.194 0-1.617 4i;$R=10\ 000$ 时,极点

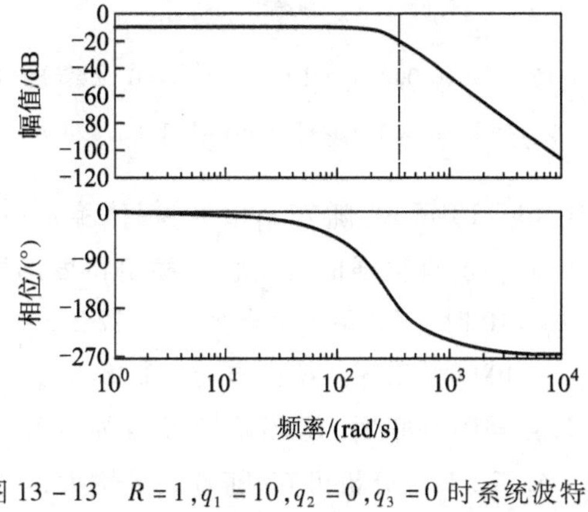

图 13-13 $R=1$,$q_1=10$,$q_2=0$,$q_3=0$ 时系统波特图

(Gm = 19.7 dB(at 357 rad/s),Pm = Inf)

为 -0.037 9 , -1.199 9 +1.600 2i, -1.199 9 -1.600 2i。分析可知闭环极点位置变化,在负实轴上的极点不断向虚轴移动,而共轭复极点也向原点移动,因此系统的特性变差。

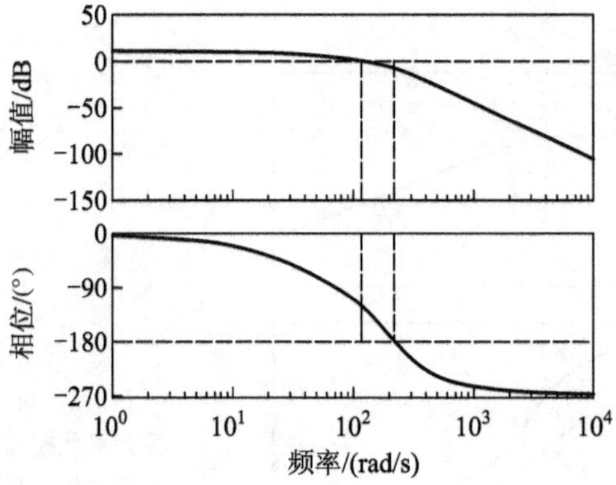

图 13-14　$R=100, q_1=10, q_2=0, q_3=0$ 时系统波特图

(Gm = 8.06 dB(at 222 rad/s), Pm = 60.7°(at 118 rad/s))

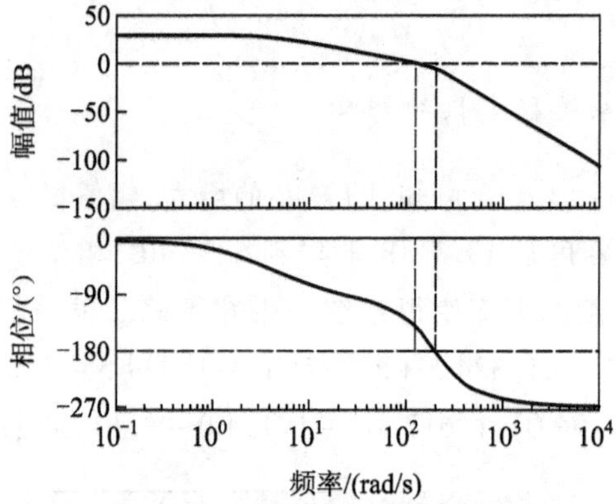

图 13-15　$R=10\ 000, q_1=10, q_2=0, q_3=0$ 时系统波特图

(Gm = 6.22 dB(at 202 rad/s), Pm = 41.3°(at 124 rad/s))

从图 13-16 ~ 图 13-18 可知,随着 q_1 增大,幅值稳定裕度增大,相位稳定裕度始终为无穷大,因此系统有很强的稳定性。稳定裕度的增大使得闭环系统的带宽也随之增大。$q_1=10$ 时,闭环系统极点为 -2.172 2 , -1.324 5 +2.287 7i, -1.324 5 -2.287 7i; $q_1=100$ 时,闭环系统极点为 -3.481 6 , -1.817 4 +3.237 9i, -1.817 4 -3.237 9i; $q_1=10\ 000$ 时,闭环系统极点为 -7.777 0, -3.896 2 + 6.822 1i, -3.896 2 -6.822 1i。分析可知,随着 q_1 的增大,负实轴上的极点越来越远离虚轴,共轭复极点越来越远离原点,系统特性变好。

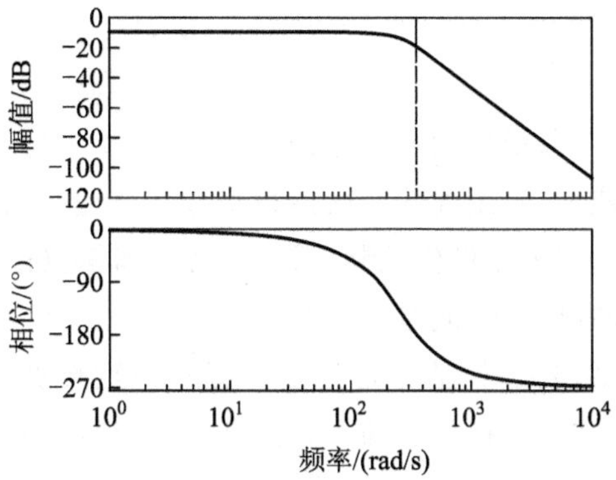

图 13-16　$R=1, q_1=10, q_2=0, q_3=0$ 时系统波特图

(Gm = 19.7 dB(at 357 rad/s), Pm = Inf)

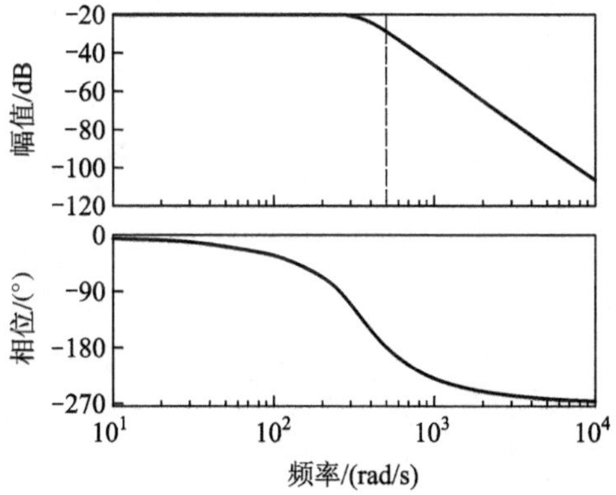

图 13-17　$R=1, q_1=100, q_2=0, q_3=0$ 时系统波特图

(Gm = 29.3 dB(at 514 rad/s), Pm = Inf)

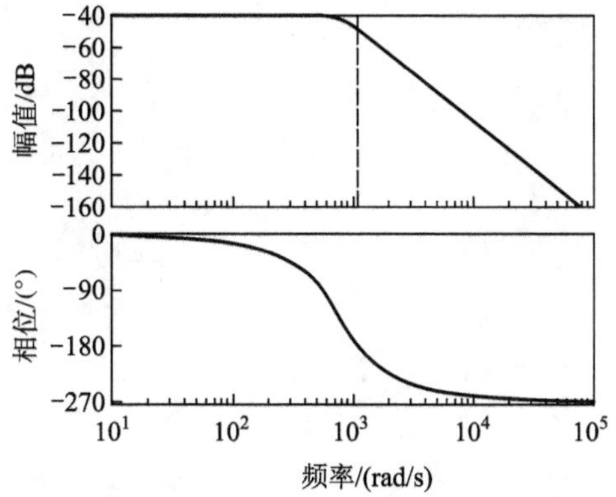

图 13-18　$R=1, q_1=10\ 000, q_2=0, q_3=0$ 时系统波特图

(Gm = 49.4 dB(at 1.11e+003 rad/s), Pm = Inf)

13.2.4 结论

通过以上分析,可以得出如下结论:

在液压伺服系统中,应用线性二次型最优控制理论设计的最优状态反馈控制器是非常有效的。在采用最优控制后,幅值裕度和相位裕度都增大了,稳定性得到很大改善,阶跃响应的性能指标得到优化。

随着加权阵 R 的增大,幅值稳定裕度和相位稳定裕度都减小,系统稳定性降低,闭环系统带宽减小。在负实轴上的极点不断向虚轴移动,而共轭复极点也向原点移动,系统特性变差。

随着 q_1 的增大,幅值稳定裕度增大,相位稳定裕度始终为无穷大,因此,闭环系统有很强的稳定性。稳定裕度的增大使得闭环系统的带宽也随之增大,负实轴上的极点越来越远离虚轴,共轭复极点越来越远离原点,系统特性变好。

第 14 章　动态规划方法应用

14.1　实例一：利用动态规划解决热交换器最优设计问题

在实际的化工生产、科学实验中常存在热量传递问题。为了调节和控制物料的温度，对于需要加热的物料，常用一种热流体来供给热量；需要冷却的物料，又常用一种冷流体来吸收它的热量。这种传热过程称为热交换。工业中换热方法主要有混合式换热、蓄热式换热和间壁式换热三种。前两种换热方式在实际操作过程中会发生流体混合，而间壁式换热中冷热流体不相混合，故该换热方法在生产中应用最为广泛。

本例要解决问题的对象——三级热交换器即采用间壁式换热。在每一级对流体进行不同温度阶段的逐级换热，以实现最终目标。

14.1.1　热交换器设计问题描述

从经济效益等各方面出发，三级热交换器在具体的加热过程中，需要考虑如何在原料最省的条件下实现换热目的，因此考虑采用最优控制策略使加热时的热交换面积最小。三级热交换器系统示意图如图 14－1 所示。

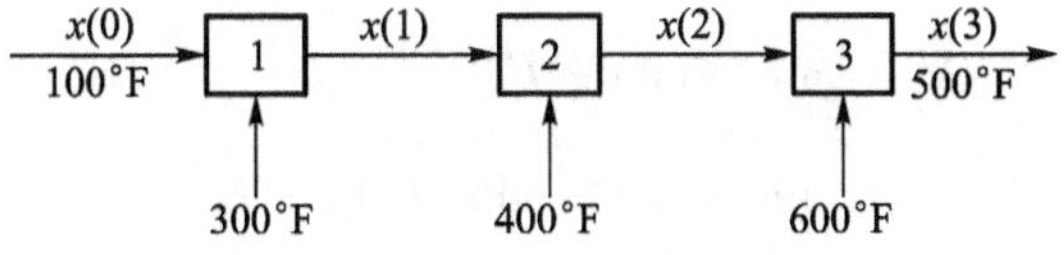

图 14－1　三级热交换器系统示意图

要求使用动态规划方法进行设计，使原有温度为 100°F 的油流经热交换器逐级加热后，在第三级热交换器的出口油温达到 500°F。用动态规划法求各级热交换器的热交换面积的最佳分配方案，使热交换器的总热交换面积为最小。

14.1.2　热交换器系统数学模型

根据热交换器的热平衡方程建立数学模型如下：

状态方程

$$x(k)=\frac{x(k-1)+R_kT_ku(k-1)}{1+R_ku(k-1)},R_k=\frac{K_k}{WC_p} \tag{14-1}$$

由式(14-1)可得

$$u(k-1)=\frac{x(k)-x(k-1)}{R_k(T_k-x(k))} \tag{14-2}$$

性能指标

$$J=\sum_{k=1}^{3}u(k-1) \tag{14-3}$$

式中,$x(k)$为流出第k个热交换器的油温(°F),$u(k-1)$为第k个热交换器的热交换面积(ft^2),K_k为第k个热交换器的传热系数(Btu/h·ft^2·°F),W为油的流速(lb/h),C_p为油的比热(Btu/lb·°F),T_k为进入第k个热交换器的热载体温度(°F)。

设计给定数据:$x(0)=100$°F,$x(3)=500$°F,$T_1=300$°F,$T_2=400$°F,$T_3=600$°F,$WC_p=10^5$ Btu/h·°F,$K_1=120$ Btu/h·ft^2·°F,$K_2=80$ Btu/h·ft^2·°F,$K_3=40$ Btu/h·ft^2·°F。

14.1.3 动态规划法求解交换面积分配策略

根据最优性原理,需要找到决策$u(0),u(1),u(2)$使$J=\sum_{k=1}^{3}u(k-1)$取得最小值。设J_j^*表示由j个热交换器组成的热交换系统的最小总热交换面积。根据最优性原理,有

$$\begin{aligned}J_3^*&=\min_{u(0)}\{u(0)+J_2^*\}\\&=\min_{u(0)}\{u(0)+\min_{u(1)}\{u(1)+J_1^*\}\}\\&=\min_{u(0)}\{u(0)+\min_{u(1)}\{u(1)+\min_{u(2)}\{u(2)\}\}\}\end{aligned} \tag{14-4}$$

先考虑最后一步,即从$x(2)\to x(3)$。此时有

$$J_1=u(2) \tag{14-5}$$

$$J_1^*=\min_{u(2)}\{u(2)\}=\min_{u(2)}\frac{x(3)-x(2)}{R_3(T_3-X(3))}=25(500-X(2)) \tag{14-6}$$

式中,$R_3=\dfrac{K_3}{W_{cp}}$。

再考虑倒数第二步,即从$x(1)\to x(2)$。此时有

$$
\begin{aligned}
J_2^* &= \min_{u(1)}\{u(1)+J_1^*\}\\
&= \min_{u(1)}\{u(1)+25(500-x(2))\}\\
&= \min_{u(1)}\{u(1)+25(500-\frac{x(1)+80\times^{-5}\times 400u(1)}{1+80\times 10^{-5}u(1)})\} \qquad (14-7)
\end{aligned}
$$

对 $u(1)$ 求导，并令其为0，则可求得 $u(1)$ 的最优解为

$$u^*(1)=125\sqrt{800-2x(1)}-1\ 250 \qquad (14-8)$$

将式(14－8)代入式(14－7)，有

$$J_2^*=1\ 250+250\sqrt{800-2x(1)} \qquad (14-9)$$

将式(14－9)代入式(14－4)，有

$$
\begin{aligned}
J_3^* &= \min_{u(0)}\{u(0)+J_2^*\}\\
&= \min_{u(0)}\{u(0)+1\ 250+250\sqrt{800-2x(1)}\}\\
&= \min_{u(0)}\left\{u(0)+1\ 250+250\sqrt{800-2\times\frac{100+120\times 10^{-5}\times 300u(0)}{1+120\times 10^{-5}u(0)}}\right\}
\end{aligned}
$$

$$(14-10)$$

对 $u(0)$ 求导，并令其等于0，则可求得 $u(0)$ 的最优解为

$$u^*(0)=579$$

将 $u^*(0)$ 值代入式(14－10)中，可以求得

$$J_3^*=7\ 049$$

根据式(14－1)，可得

$$x(1)=\frac{100+\frac{120}{10^5}\times 300u(0)}{1+\frac{120}{10^5}u(0)} \qquad (14-11)$$

$$x(2)=\frac{x(1)+\frac{80}{10^5}\times 400u(1)}{1+\frac{80}{10^5}u(1)} \qquad (14-12)$$

$$\frac{x(2)+\frac{40}{10^5}\times 600u(2)}{1+\frac{40}{10^5}u(2)}=500 \qquad (14-13)$$

将 $u^*(0)$ 值代入式(14－11)中，可以求得

$$x^*(1) = 182$$

则

$$u^*(1) = 125\sqrt{800 - 2 \times 182} - 1\ 250 = 1\ 360$$

同理可得

$$x^*(2) = 296, u^*(2) = 5\ 110$$

由此可见,三个热交换器的最佳热交换面积分别为

$$u^*(0) = 579\ \text{ft}^2$$

$$u^*(1) = 1\ 360\ \text{ft}^2$$

$$u^*(2) = 5\ 110\ \text{ft}^2$$

流出各个热交换器的油温分别为

$$x(0) = 100°\text{F}$$

$$x(1) = 182°\text{F}$$

$$x(2) = 296°\text{F}$$

$$x(3) = 500°\text{F}$$

动态规划是把多级决策问题化成多个单级决策问题来求解的,因为单级问题比多级问题容易处理。动态规划的基础是最优性原理,即在多级最优决策中,不管初始状态是什么,余下的决策对此状态必定构成最优决策。根据这个原理,动态规划解决多级决策问题,特别是离散系统的最优控制问题,是从最后一级开始倒向计算的。本例的三级热交换器系统的动态规划求解问题很好地说明了这一思想。

14.2 实例二:利用动态规划解决运行成本最小化问题

多设备的并联运行在生产中经常遇到。多设备并联运行时,总负载要求一定,为了确保使用成本最小化,需要采取一定的策略来分配各单个设备的负载。此外,各个设备的性能、成本一般是有区别的,生产部门在生产量一定的情况下,需要分配各设备的工作任务来达到资源最优配置,使生产运行成本最小化。

在求解此类问题时,可以采用最优控制中的动态规划方法。

14.2.1 运行成本最小化问题描述

为了应对停电等突发事故,工厂往往自行配备应急发电系统。假设某工厂共有老、中、新三台发电机。停电时,需要的发电总功率恒定为 9.9 MW,三台发

电机并联工作,如图 14－2 所示。

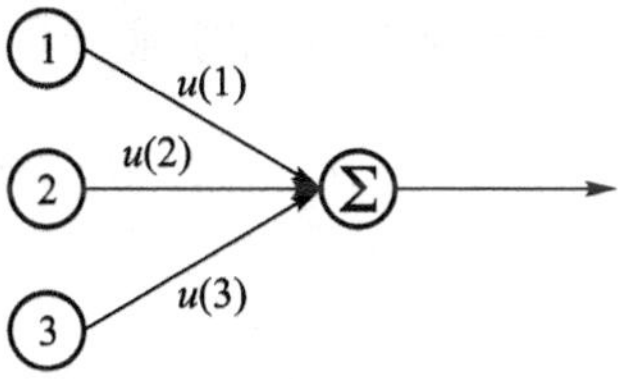

图 14－2 发电机并联工作图

由于发电机新旧不同,性能也不同,因此不同的发电机在输出功率相同的情况下运行费用也是不同的,假设三台发电机的运行费用如下:

1 号机　$C[u(1)]=u^2(1)/2$

2 号机　$C[u(2)]=u^2(2)$

3 号机　$C[u(3)]=3u^2(3)/2$

式中,$u(i)\ (i=1,2,3)$表示 i 号机的输出功率(MW)。

一般情况下,三台发电机同时运行,以减少运行费用。同时限定当一台发电机运行时,使用 1 号机;当两台发电机运行时,使用 1 号机与 2 号机。忽略发电机额定功率的限制。

本例采用动态规划法分别确定 1 号机和 2 号机同时运行、或者三台发电机同时运行时的最佳负荷分配方案,使运行费用最小。

14.2.2 动态规划求解运行成本最小化问题

当同时运行的发电机台数为 n 时,最小运行费用可表示为

$$J_n(D)=\min_{u(n)}\{C[u(n)]+J_{n-1}[D-u(n)]\} \tag{14-14}$$

式中,$u(n)$为 n 号发电机的输出功率(MW);$C[u(n)]$为 n 号发电机的运行费用;D 为总负荷(MW);$J_{n-1}[D-u(n)]$为除 n 号发电机外其他 $n-1$ 台发电机的最小运行费用。

1. 只有 1 号机运行

显然只有 1 号机运行时,有

$$J_1(D)=\frac{1}{2}u^2(1)=\frac{1}{2}D^2=49.005$$

2. 1 号机和 2 号机同时运行

当 1 号机和 2 号机同时运行时,有

$$J_2(D)=\min_{u(2)}\{u^2(2)+J_1[u(1)]\}=\min_{u(2)}\{u^2(2)+J_1[D-u(2)]\}$$

$$= \min_{u(2)} \{ u^2(2) + (1/2)[D - u(2)]^2 \}$$

由于不考虑各发电机额定容量的限制，故在求最佳负荷分配时，可取

$$\frac{\partial}{\partial u(2)} \{ u^2(2) + (1/2)[D - u(2)]^2 \} = 3u(2) - D = 0$$

因此，得

$$u^*(2) = \frac{1}{3}D = 3.3$$

$$u^*(1) = D - u^*(2) = \frac{2}{3}D = 6.6$$

由此可见，当 1 号机和 2 号机同时运行时，最佳负荷分配方案如下：1 号机承担总负荷的 2/3，2 号机承担总负荷的 1/3。此时总运行费用为

$$J_2(D) = \frac{1}{2}u^{*2}(1) + u^{*2}(2) = \frac{1}{3}D^2 = 32.67$$

3. 三台发电机都工作

当三台发电机同时运行时，则有

$$J_3(D) = \min_{u(3)} \{ (3/2)u^2(3) + J_2[D - u(3)] \}$$

$$= \min_{u(3)} \{ (3/2)u^2(3) + (1/3)[D - u(3)]^2 \}$$

同样，取

$$\frac{\partial}{\partial u(3)} \{ (3/2)u^2(3) + (1/3)[D - u(3)]^2 \} = (11/3)u(3) - (3/2)D = 0$$

因此，得

$$u^*(3) = \frac{2}{11}D = 1.8$$

$$u^*(2) = \frac{1}{3}[D - u^*(3)] = \frac{3}{11}D = 2.7$$

$$u^*(1) = \frac{2}{3}[D - u^*(3)] = \frac{6}{11}D = 5.4$$

由此可见，当三台发电机同时运行时，最佳负荷分配方案如下：1 号机承担总负荷的 6/11，2 号机承担总负荷的 3/11，3 号机承担总负荷的 2/11。此时，总运行费用为

$$J_3(D) = \frac{1}{2}u^{*2}(1) + u^{*2}(2) + \frac{3}{2}u^{*2}(3)$$

$$= \frac{1}{2}\left(\frac{6}{11}D\right)^2 + \left(\frac{3}{11}D\right)^2 + \frac{3}{2}\left(\frac{2}{11}D\right)^2$$

$$=\frac{3}{11}D^2=26.73$$

显然，在最佳负荷分配的前提下，对同一总负荷 D 而言，三台发电机同时运行的总费用（$3D^2/11$）比 1 号机和 2 号机同时运行的总费用（$D^2/3$）低，而 1 号机和 2 号机同时运行的总费用（$D^2/3$）又比仅 1 号机运行的总费用（$D^2/2$）低。

14.2.3 仿真验证

为了验证本例结果，采用 MATLAB 进行编程仿真。编程采用 MATLAB 的 fmincon( ) 函数。fmincon( ) 函数用于求解多变量有约束非线性函数最小化的问题，其调用格式为

$$[x, \mathrm{Jmin}] = \mathrm{fmincon}(\mathrm{fun}, x_0, A, B, \mathrm{Aeq}, \mathrm{Beq}, \mathrm{lb}, \mathrm{ub})$$

式中，x 为使目标函数 $J=f(x)$ 为最小值的值；Jmin 为目标函数 J 的最小值；fun 为定义 $f(x)$ 的函数名；x_0 为求解 x 所给定的初值；不等式约束条件为 $\boldsymbol{A}*x\leqslant\boldsymbol{B}$；等式约束条件为 $\mathrm{Aeq}*x=\mathrm{Beq}$；lb 为 x 的下界，ub 为上界。若无不等式约束条件，则在函数调用格式中取 $\boldsymbol{A}=[\ ]$，$\boldsymbol{B}=[\ ]$；若无等式约束条件，则在函数调用格式中取 Aeq = [ ]，Beq = [ ]。

下面用 MATLAB 编程分别求解 1 号和 2 号发电机同时工作，以及三台发电机同时工作的最低运行费用。

1. 两台工作

当只有 1 号机和 2 号机同时运行时，建立如下数学模型：

性能指标为

$$J=\frac{u^2(1)}{2}+u^2(2)$$

约束条件为

$$\begin{cases} u(1)+u(2)=D \\ 0\leqslant u(1)\leqslant D \\ 0\leqslant u(2)\leqslant D \end{cases}$$

首先编写如下 M 文件定义性能指标函数：

```
% 指标函数
function f = twowork(u)
f = (u(1)^2)/2 + u(2)^2;
```

而后调用 fmincon( ) 函数，求解满足性能指标的 $u^*(1)$ 和 $u^*(2)$，其程序如下：

```
****************** MATLAB 程序 *****************
% twodowork
```

```
D = 9.900 0;
Aeq = [1.0,1.0;0.0,0.0];Beq = [D,0.0]';
lb = [0.0,0.0]';ub = [D,D]';u0 = [0.0,0.0]';
[u,Jmin] = fmincon('twowork',u0,[],[],Aeq,Beq,lb,ub);
disp('最优负荷分配:u(1),u(2) ='),disp(u)
disp('最小运行费用:J ='),disp(Jmin)
*********************************************
```

运行结果如下:

最优负荷分配:u(1) = 6.6;u(2) = 3.3.

最小运行费用:J = 32.67.

可见,采用 MATLAB 计算的结果和动态规划方法的结果完全相同。

2. 三台工作

当三台发电机同时运行时,建立数学模型如下:

性能指标为

$$J = \frac{u^2(1)}{2} + u^2(2) + \frac{3u^2(3)}{2}$$

约束条件为

$$\begin{cases} u(1) + u(2) + u(3) = D \\ 0 \leqslant u(1) \leqslant D \\ 0 \leqslant u(2) \leqslant D \\ 0 \leqslant u(3) \leqslant D \end{cases}$$

首先编写如下 M 文件来定义性能指标函数:

```
% 指标函数
function f = extwo3works(u)
f = u(1)^2/2 + u(2)^2 + 3 * u(3)^2/2;
```

而后调用 fmincon() 函数,求解满足性能指标的 $u^*(1)$、$u^*(2)$ 和 $u^*(3)$,其程序如下:

```
***************** MATLAB 程序 ****************
% threedowork
D = 9.9;
Aeq = [1,1,1;0,0,0;0,0,0];Beq = [D,0,0]';
lb = [0,0,0]';ub = [D,D,D]';u0 = [0,0,0]';
[u,Jmin] = fmincon('threework',u0,[],[],Aeq,Beq,lb,ub);
disp('最优负荷分配:u(1),u(2),u(3) ='),disp(u)
```

```
disp('最小运行费用:J = '),disp(Jmin)
**********************************************
```

运行结果如下:

最优负荷分配:u(1) = 5.4;u(2) = 2.7;u(3) = 1.8.

最小运行费用:J = 26.73.

可见,采用 MATLAB 计算的结果和动态规划方法的结果完全相同。

第 15 章　随机最优控制方法应用

15.1　实例一:随机最优控制在汽车自控系统中的应用

15.1.1　汽车自动控制系统数学描述

汽车沿着道路上设置的制导电缆自动行驶,汽车偏移电缆的横向位移由传感器测出。图 15-1 所示是自动控制系统的原理方块图。图中 w 为作用在汽车上的干扰力(例如路面不平等引起),u 为方向舵控制力,v 为传感器测量噪声,x 为汽车侧向位移。

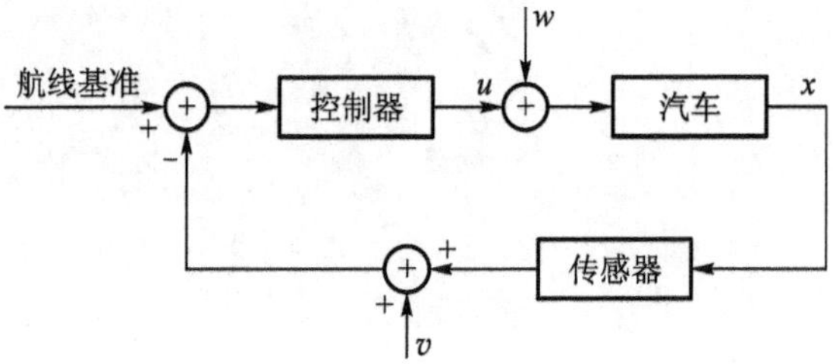

图 15-1　汽车制导方块图

1. 对象状态方程

汽车可看成纯惯性环节,其传递函数为

$$G_P(s)=\frac{X(s)}{U(s)}=\frac{K_V}{s^2} \tag{15-1}$$

令 $x_1=x, x_2=\dot{x}_1$,则汽车的状态方程为

$$\dot{\boldsymbol{X}}=\boldsymbol{AX}+\boldsymbol{BU}+\boldsymbol{W} \tag{15-2}$$

式中,

$$\boldsymbol{A}=\begin{bmatrix}0&1\\0&0\end{bmatrix},\quad \boldsymbol{B}=\begin{bmatrix}0\\K_V\end{bmatrix},\quad \boldsymbol{W}=\begin{bmatrix}0\\w\end{bmatrix}$$

根据实例,干扰力 $\boldsymbol{W}$ 为服从正态分布的白噪声

$$E[\boldsymbol{W}(t)]=0,\quad E[\boldsymbol{W}(t)\boldsymbol{W}^{\mathrm{T}}(\tau)]=\boldsymbol{Q}\delta(t-\tau)$$

$$\boldsymbol{Q}=\begin{bmatrix}0&0\\0&q\end{bmatrix}$$

式中,K_V和 q 为常数。

2. 量测方程

$$Z=\boldsymbol{HX}+V \tag{15-3}$$

式中,$\boldsymbol{H}=[1\quad 0]$,$V$ 为正态分布的噪声,$E[V(t)]=0$,$E[V(t)V^{\mathrm{T}}(\tau)]=r\delta(t-\tau)$且干扰 $\boldsymbol{W}$ 和测量噪声 V 不相关,即

$$E[V(t)\boldsymbol{W}^{\mathrm{T}}(\tau)]=0$$

15.1.2 随机最优控制系统设计

取性能指标如下:

$$J=E\left[\int_0^{\infty}(ax_1^2+bu^2)\,\mathrm{d}t\right] \tag{15-4}$$

式中,第一项表示对汽车侧向位移的约束,第二项则表示对控制量 U 的约束。

这是线性二次型高斯问题,可以应用分离定理。因为不是无限长时间定常系统调节器问题,所示可以用稳态控制增益,即

$$u=-L\hat{X} \tag{15-5}$$

$$L=\overline{R}^{-1}\boldsymbol{B}^{\mathrm{T}}\boldsymbol{K} \tag{15-6}$$

式中,$\boldsymbol{K}$ 满足矩阵黎卡提代数方程

$$-\boldsymbol{KA}-\boldsymbol{A}^{\mathrm{T}}\boldsymbol{K}+\boldsymbol{KB}\overline{R}^{-1}\boldsymbol{B}^{\mathrm{T}}\boldsymbol{K}-\overline{\boldsymbol{Q}}=0 \tag{15-7}$$

式中,

$$\boldsymbol{A}=\begin{bmatrix}0&1\\0&0\end{bmatrix}\quad \boldsymbol{K}=\begin{bmatrix}K_{11}&K_{12}\\K_{12}&K_{22}\end{bmatrix}\quad \overline{\boldsymbol{Q}}=\begin{bmatrix}a&0\\0&0\end{bmatrix}\quad \boldsymbol{B}=\begin{bmatrix}0\\K_V\end{bmatrix}\quad \overline{R}=b$$

将这些值代入黎卡提方程(15-7),得

$$-\begin{bmatrix}K_{11}&K_{12}\\K_{12}&K_{22}\end{bmatrix}\begin{bmatrix}0&1\\0&0\end{bmatrix}-\begin{bmatrix}0&0\\1&0\end{bmatrix}\begin{bmatrix}K_{11}&K_{12}\\K_{12}&K_{22}\end{bmatrix}+\begin{bmatrix}K_{11}&K_{12}\\K_{12}&K_{22}\end{bmatrix}\begin{bmatrix}0\\K_V\end{bmatrix}\frac{1}{b}\cdot$$

$$[0\quad K_V]\begin{bmatrix}K_{11}&K_{12}\\K_{12}&K_{22}\end{bmatrix}-\begin{bmatrix}a&0\\0&0\end{bmatrix}=0$$

由上式可得到如下三个方程式:

$$\begin{cases} a = \dfrac{1}{b}K_V^2K_{12}^2 \\ K_{11} = \dfrac{1}{b}K_V^2K_{12}K_{22} \\ K_{12} = \dfrac{1}{2b}K_V^2K_{22}^2 \end{cases}$$

可解得

$$K_{11} = K_V^{\frac{1}{2}}a^{\frac{3}{4}}b^{\frac{1}{4}},\quad K_{12} = a^{\frac{1}{2}}b^{-\frac{1}{2}}K_V^{-\frac{1}{2}},\quad K_{22} = 2^{\frac{1}{2}}a^{\frac{1}{4}}b^{\frac{3}{4}}K_V^{-\frac{3}{2}}$$

将上面求到的 K 代入式(15－6)，可求得稳态增益阵为

$$L = \left[\sqrt{\frac{a}{b}}, \sqrt{\frac{2}{K_V}}\left(\frac{a}{b}\right)^{-4}\right] = [L_1, L_2]$$

于是由式(15－5)得

$$u = -L_1\hat{x}_1 - L_2\hat{x}_2 = -\sqrt{\frac{a}{b}}\hat{x}_1 - \sqrt{\frac{2}{K_V}}\left(\frac{a}{b}\right)^{-4}\hat{x}_2 \tag{15-8}$$

式中，滤波值由如下的卡尔曼滤波方程决定：

$$\dot{\hat{\boldsymbol{X}}} = \boldsymbol{A}\hat{\boldsymbol{X}} + \boldsymbol{B}u + \boldsymbol{K}_c(\boldsymbol{Z} - \boldsymbol{H}\hat{\boldsymbol{X}}) \tag{15-9}$$

式中，稳态卡尔曼滤波增益 $\boldsymbol{K}_c$ 为

$$\boldsymbol{K}_c = \boldsymbol{P}\boldsymbol{H}^{\mathrm{T}}\boldsymbol{R}^{-1} \tag{15-10}$$

满足如下的矩阵黎卡提代数方程：

$$\boldsymbol{AP} + \boldsymbol{PA}^{\mathrm{T}} + \boldsymbol{Q} - \boldsymbol{PH}^{\mathrm{T}}R^{-1}\boldsymbol{HP} = 0 \tag{15-11}$$

式中，

$$\boldsymbol{A} = \begin{bmatrix} 0 & 1 \\ 0 & 0 \end{bmatrix} \quad \boldsymbol{P} = \begin{bmatrix} P_{11} & P_{12} \\ P_{12} & P_{22} \end{bmatrix} \quad \boldsymbol{B} = \begin{bmatrix} 0 \\ K_V \end{bmatrix} \quad \boldsymbol{Q} = \begin{bmatrix} 0 & 0 \\ 0 & q_1 \end{bmatrix}$$

$$\boldsymbol{H} = [1, 0] \quad R = r_1 \quad \boldsymbol{K}_c = \begin{bmatrix} K_{c_1} \\ K_{c_2} \end{bmatrix}$$

将上面的值代入式(15－11)求出 $\boldsymbol{P}$，将 $\boldsymbol{P}$ 代入式(15－10)求出 $\boldsymbol{K}_c$，再代入式(15－9)，可得

$$\dot{\hat{x}}_1 = -K_{c_1}\hat{x}_1 + \hat{x}_2 + K_{c_1}\boldsymbol{Z} \tag{15-12}$$

$$\dot{\hat{x}}_2 = -2K_{c_2}\hat{x}_1 + K_Vu + K_{c_2}\boldsymbol{Z} \tag{15-13}$$

式中，

$$K_{c_1}=\sqrt{2}\cdot\left(\frac{q_1}{r_1}\right)^{-4},\quad K_{c_2}=\sqrt{\frac{q_1}{r_1}}$$

由式(15－12)，式(15－13)解出 $\hat{x}_1$，$\hat{x}_2$，代入式(15－8)即可求出所需最优控制。

15.1.3 仿真验证

根据15.1.2小节计算结果，在MATLAB下进行仿真，仿真程序如下：

```
****************** MATLAB 程序 *****************
%--------------- 参数设置 ----------------
Kv =1;
q =0.01;
r =0.001;                              % 可选参数
A =[0 1;0 0];
B =[0;Kv];
C =[1 0];
D =0;                                  % 系统状态方程
a =1;
b =1;
q1 =1;
r1 =1;                                 % 加权矩阵
L1 =sqrt(a/b);
L2 =sqrt(2/Kv)*(a/b)^(-4);             % 反馈增益;
Kc1 =sqrt(2)*(q1/r1)^(-4);
Kc2 =sqrt(q1/r1);                      % 滤波器系数
%--------------- 仿真 ----------------
sim('car.mdl')
%--------------- 绘图 ----------------
figure(1)
plot(t,x(:,2),'b:',t,x1(:,2),'b');
hold
line([0 15],[0 0],'LineWidth',2)
legend('系统输出测量值','滤波器输出','航线基准')
xlabel('时间(秒)')
ylabel('状态')
figure(2)
plot(t,x(:,3),'b:',t,x1(:,3),'b');
legend('系统状态 x2','滤波器状态 x2')
```

```
xlabel('时间(秒)')
ylabel('状态')
```

****

仿真结果如图15-2和图15-3所示。

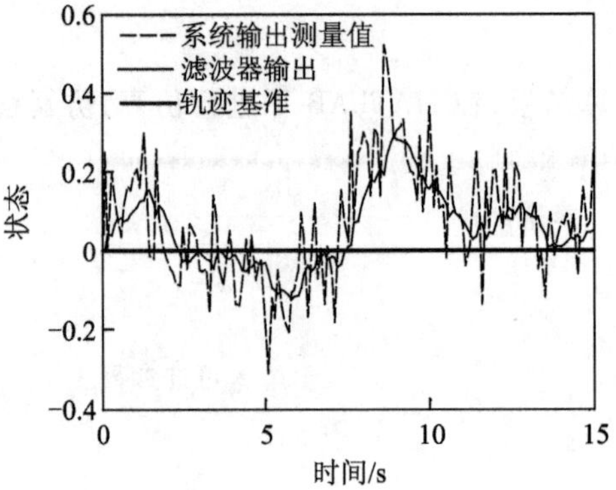

图15-2 系统的输出

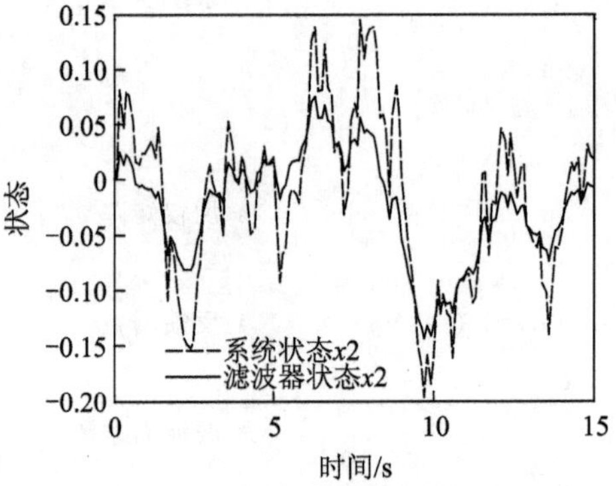

图15-3 系统状态

15.2 实例二:随机最优控制在倒立摆控制中的应用

15.2.1 二级倒立摆系统数学模型

倒立摆系统是一个典型的非线性、强耦合、多变量不稳定系统,是进行控制理论研究的典型实验平台。倒立摆作为控制系统的被控对象时,许多抽象的控制概念,如系统稳定性、可控性、可观性都可以通过它直观地表现出来。下面以二级倒立摆为例,采用MATLAB分析其可控、可观性,并设计其随机最优控制器。

一个典型的二级倒立摆系统主要由机电装置和控制装置两部分组成。机电装置主要由小车、下摆杆、上摆杆及连接轴等构成，如图 15－4 所示。假设系统中的每一根摆杆都是匀质刚体，驱动力与放大器的输入成正比且无延迟地直接作用于小车上，忽略实验中的库仑摩擦和动摩擦。设定摆杆竖直向上时，下摆杆角位移 θ_1、上摆杆角位移 θ_2 均为 0，摆杆顺时针旋转为正。

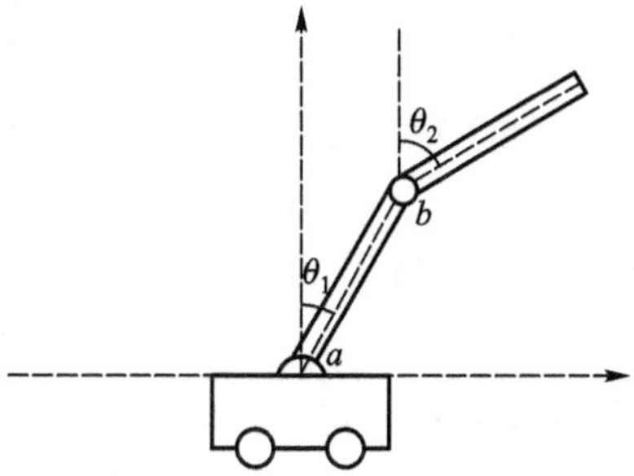

图 15－4　二级倒立摆模型

实际控制过程中，由于 θ_1 和 θ_2 取值均很小，通常认为 $\sin(\theta_2-\theta_1)\cong\theta_2-\theta_1$，$\sin\theta_1\cong\theta_1$，$\sin\theta_2\cong\theta_2$，$\cos(\theta_2-\theta_1)\cong 1$，$\cos\theta_2\cong\cos\theta_1\cong 1$。取平衡位置时各变量初值为 0，在平衡位置线性化，得

$$F=f\dot{x}+(m+M_1+M_2)\ddot{x}+(M_1l_1+M_2L)\ddot{\theta}_1+M_2l_2\ddot{\theta}_2$$

$$J_2\ddot{\theta}_2=M_2gl_2\theta_2-M_2l_2\ddot{x}-M_2Ll_2\ddot{\theta}_1-M_2l_2^2\ddot{\theta}_2$$

$$J_1\ddot{\theta}_1=(M_1gl_1+M_2gL)\theta_1-(M_1l_1+M_2L)\ddot{x}-(M_1l_1^2+M_2L^2)\ddot{\theta}_1-M_2Ll_2\ddot{\theta}_2 \tag{15-14}$$

式中，x 为小车位移，θ_1、θ_2 分别为下摆、上摆角位移，顺时针为正。其余参数的意义以及参数取值如表 15－1 所列。

表 15－1　参数取值

参数	意义	参数值
m	小车质量	1.328 kg
M_1	下摆杆质量	0.22 kg
M_2	上摆杆质量	0.187 kg
J_1	下摆杆转动惯量	0.004 9 kg/m^2
J_2	上摆杆转动惯量	0.004 8 kg/m^2
L	转轴 a 与 b 之间的长度	0.49 m
l_1	下摆重心到转轴 a 的长度	0.304 m
l_2	上摆重心到转轴 b 的长度	0.226 m
f	小车与地面的摩擦系数	22.915 $N/m\cdot s^{-1}$
g	重力加速度	9.8 m/s^2

选取状态变量 $\boldsymbol{x}=[x \quad \dot{x} \quad \theta_1 \quad \dot{\theta}_1 \quad \theta_2 \quad \dot{\theta}_2]^{\mathrm{T}}$，并代入参数具体数值，可得系统状态方程如下：

$$\dot{\boldsymbol{x}}=\begin{bmatrix}0 & 1 & 0 & 0 & 0 & 0\\ 0 & -16.6601 & -1.2973 & 0 & 0.0857 & 0\\ 0 & 0 & 0 & 1 & 0 & 0\\ 0 & 39.0555 & 18.0514 & 0 & -7.863 & 0\\ 0 & 0 & 0 & 0 & 0 & 1\\ 0 & -68.512 & -14.4458 & 0 & 25.9635 & 0\end{bmatrix}\boldsymbol{x}+\begin{bmatrix}0\\ 0.727\\ 0\\ -1.7044\\ 0\\ 0.2069\end{bmatrix}\boldsymbol{u} \tag{15-15}$$

对式(15－15)所示的线性定常系统而言，其稳定性可以通过计算系统矩阵 $\boldsymbol{A}$ 的特征值来判断，如果特征值均处于 S 复平面的左半平面则系统稳定。在 MATLAB 中，采取函数 eig($\boldsymbol{A}$)计算矩阵的特征值，经过计算，式(15－15)所示线性定常系统的特征值为

$$\left\{\begin{matrix}0\\ -16.8816\\ -4.5894\pm 1.2235i\\ 4.7001\pm 1.1647i\end{matrix}\right\}$$

系统显然不稳定，需设计控制器使之稳定。在 MATLAB 中采用 rank(ctrb($\boldsymbol{A}$, $\boldsymbol{B}$)), rank(obsv($\boldsymbol{A}$, $\boldsymbol{B}$))求系统可控性矩阵以及可观性矩阵的秩。经过计算可知，系统可控可观，故式(15－15)所示线性定常系统为不稳定的可控可观系统，可采用 LQR 最优调节器对其进行控制。

15.2.2 随机最优控制系统设计

控制的目的是使二级倒立摆在不稳定的平衡点保持稳定的平衡，并且能够经受一定的随机干扰和测量噪声。理想情况下，对式(15－15)所示系统，则是在某一初始条件 $\boldsymbol{x}(0)\neq 0, \dot{\boldsymbol{x}}(0)\neq 0$ 和所有状态可测的条件下，要求从状态变量 $\boldsymbol{x}$ 中产生控制量 $u=\boldsymbol{kx}$，使系统过渡到最终状态 $\boldsymbol{x}(\infty)=0$，并使二次性能指标

$$J=\frac{1}{2}\int_0^{\infty}[\boldsymbol{x}^{\mathrm{T}}(t)\boldsymbol{Q}(t)\boldsymbol{x}(t)+u^{\mathrm{T}}(t)R(t)u(t)]\mathrm{d}t \tag{15-16}$$

最小。式中，$\boldsymbol{Q}$ 为状态变量加权阵，$\boldsymbol{R}$ 为输入加权阵。$\boldsymbol{Q}$ 和 $\boldsymbol{R}$ 必须是常数对称正定矩阵，在此条件下该系统控制规律为 $u=\boldsymbol{Kx}$，$\boldsymbol{K}=-R^{-1}\boldsymbol{B}^{\mathrm{T}}\boldsymbol{P}$，$\boldsymbol{P}$ 为满足黎卡提方程 $\boldsymbol{PA}+\boldsymbol{A}^{\mathrm{T}}\boldsymbol{P}-\boldsymbol{PB}R^{-1}\boldsymbol{B}^{\mathrm{T}}\boldsymbol{P}+\boldsymbol{Q}=0$ 的唯一正定对称解。

考虑到系统不可避免地存在随机干扰和测量噪声，将系统状态方程表示为

$$\dot{X} = AX + Bu + \Gamma w$$
$$Y = CY + Hv \tag{15-17}$$

认为系统全状态可测,则 C 为单位阵。w 和 v 为白噪声信号,分别表示随机干扰和测量噪声。

假设这些信号均为零均值的高斯过程且相互独立,其协方差矩阵为

$$E[w(t)w^{\mathrm{T}}(t)] = \Xi \geqslant 0$$
$$E[v(t)v^{\mathrm{T}}(t)] = \Theta \geqslant 0 \tag{15-18}$$

性能指标函数为

$$J = E\left\{\frac{1}{2}\int_0^{\infty}[\boldsymbol{x}^{\mathrm{T}}(t)\overline{\boldsymbol{Q}}(t)\boldsymbol{x}(t) + u^{\mathrm{T}}(t)\overline{R}(t)u(t)]\mathrm{d}t\right\} \tag{15-19}$$

根据分离定理,可将线性二次型高斯问题分解为两个子问题:LQR 最优状态反馈问题和带扰动的状态估计问题,即求解如下两个黎卡提方程:

$$-KA - A^{\mathrm{T}}K + KB\overline{R}^{-1}B^{\mathrm{T}}K - \overline{Q} = 0 \tag{15-20}$$

$$AP - PA^{\mathrm{T}} + Q - PCR^{-1}CP = 0 \tag{15-21}$$

则反馈控制器为

$$u = -L\hat{x} \tag{15-22}$$

$$L = \overline{R}^{-1}B^{\mathrm{T}}K \tag{15-23}$$

卡尔曼滤波方程为

$$\dot{\hat{X}} = A\hat{X} + Bu + K_c(Y - C\hat{X}) \tag{15-24}$$

MATLAB 程序代码如下:

```
****************** MATLAB 程序 ******************
clear all;
clc
%-------------------- 系统参数 --------------------
A=[0      1          0         0      0        0;...
   0   -16.660 1  -1.297 3    0    0.085 7    0;...
   0      0          0         1      0        0;...
   0   39.055 5   18.051 4    0   -7.863      0;...
   0      0          0         0      0        1;...
   0  -68.512 0   14.445 8    0   25.963 5    0];
B=[0;  0.727 0;   0;   -1.704 4; 0;   0.206 9];
C=eye(6);
D=zeros(6,1);
```

```
Q=[1000  0   0   0   0    0;...
   0     0   0   0   0    0;...
   0     0   10  0   0    0;...
   0     0   0   0   0    0;...
   0     0   0   0   10   0;...
   0     0   0   0   0    0];
R=1;
Q1=100*eye(6);
R1=10*eye(6);
%------------------解黎卡提方程----------------------
K=care(A,B,Q,R);
P=care(A',C',Q1,R1);
%--------------------控制器参数---------------------
L=inv(R)*B'*K;
Kc=P*C'*inv(R);
%--------------------仿真与绘图---------------------
sim('sim_lqg.mdl')
figure(1)
plot(t,x(:,2),'b:',t,x2(:,2),'b');
legend('系统测量值','滤波器输出')
xlabel('时间(秒)')
ylabel('小车位置(米)')
figure(2)
plot(t,x(:,4)*57.3,'b:',t,x2(:,4)*57.3,'b');
hold
line([0 20],[0 0],'LineWidth',2)
legend('系统测量值','滤波器输出','系统平衡点')
xlabel('时间(秒)')
ylabel('下摆摆角(度)')
figure(3)
plot(t,x(:,6)*57.3,'b:',t,x2(:,6)*57.3,'b');
hold
line([0 20],[0 0],'LineWidth',2)
legend('系统测量值','滤波器输出','系统平衡点')
xlabel('时间(秒)')
ylabel('上摆摆角(度)')
figure(4)
```

```
plot(t,x1(:,2)*57.3,'b');
xlabel('时间(秒)')
ylabel('小车位置(米)')
figure(5)
plot(t,x1(:,4)*57.3,'b');
xlabel('时间(秒)')
ylabel('下摆摆角(度)')
figure(6)
plot(t,x1(:,4)*57.3,'b');
xlabel('时间(秒)')
ylabel('上摆摆角(度)')
*************************************************
```

除上述解法外，MATLAB 鲁棒控制工具箱中也给出了使用 MATLAB 求解 LQG 问题的函数。

1. 卡尔曼滤波器

卡尔曼滤波器具有如下结构：

$$\dot{\hat{\boldsymbol{X}}}=\boldsymbol{A}\hat{\boldsymbol{X}}+\boldsymbol{B}u+\boldsymbol{K}_c(\boldsymbol{Y}-\boldsymbol{C}\hat{\boldsymbol{X}}) \tag{15-25}$$

式中，卡尔曼滤波器的增益矩阵可由下式求得

$$\boldsymbol{K}_c=\boldsymbol{P}_c\boldsymbol{C}^{\mathrm{T}}\boldsymbol{\Theta}^{-1} \tag{15-26}$$

式中，$\boldsymbol{P}_c$满足如下的代数黎卡提方程：

$$\boldsymbol{P}_c\boldsymbol{A}^{\mathrm{T}}+\boldsymbol{A}\boldsymbol{P}_c-\boldsymbol{P}_c\boldsymbol{C}^{\mathrm{T}}\boldsymbol{\Theta}^{-1}\boldsymbol{C}\boldsymbol{P}_c+\boldsymbol{\Gamma}\boldsymbol{\Xi}\boldsymbol{\Gamma}^{\mathrm{T}}=0 \tag{15-27}$$

控制系统工具箱中的 Kalman( ) 函数可以用来求取卡尔曼滤波器的 $\boldsymbol{K}_c$矩阵，其调用格式为

$$[\mathrm{Gc},\mathrm{Kc},\mathrm{Pc}]=\mathrm{Kalman}(\mathrm{G},\Xi,\Theta)$$

式中，G 为受高斯扰动的被控对象状态方程。返回变量中，Gc 为设计出的卡尔曼状态估计器对象模型，Pc 为黎卡提方程(15-27)的解。

2. LQG 调节器设计

鲁棒控制工具箱中提供了函数 lqg( )来设计基于观测器的 LQG 调节器，该函数的调用格式为

$$[\mathrm{Ac},\mathrm{Bc},\mathrm{Cc},\mathrm{Dc}]=\mathrm{lqg}(\mathrm{A},\mathrm{B},\mathrm{C},\mathrm{D},\mathrm{W},\mathrm{V})$$

式中，返回的(Ac,Bc,Cc,Dc)为 LQG 控制器的状态方程模型，而矩阵 $\boldsymbol{W}$ 和 $\boldsymbol{V}$ 如下：

$$\boldsymbol{W}=\begin{bmatrix}\boldsymbol{Q} & \\ & \boldsymbol{R}\end{bmatrix} \qquad \boldsymbol{V}=\begin{bmatrix}\boldsymbol{\Xi} & \\ & \boldsymbol{\Theta}\end{bmatrix} \tag{15-28}$$

函数的具体使用方法可见 MATLAB 的帮助文件,此处不再赘述。

15.2.3 仿真验证

仿真中,初始条件设定为 $\boldsymbol{x}=\begin{bmatrix}0 & 0 & \frac{1}{57.3} & 0 & \frac{1}{57.3} & 0\end{bmatrix}^{\mathrm{T}}$,仿真结果如图 15-5~图 15-7 所示。由仿真结果可见,采用线性二次型高斯控制后,二级倒立摆摆角的测量值在 ±0.5°左右波动,系统稳定。

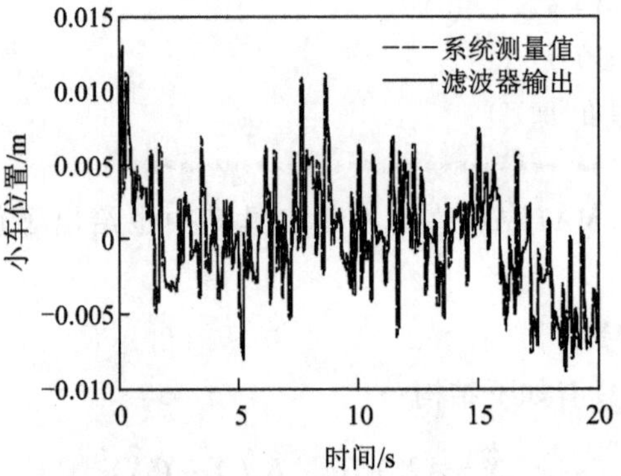

图 15-5 小车位移 x(LQG)

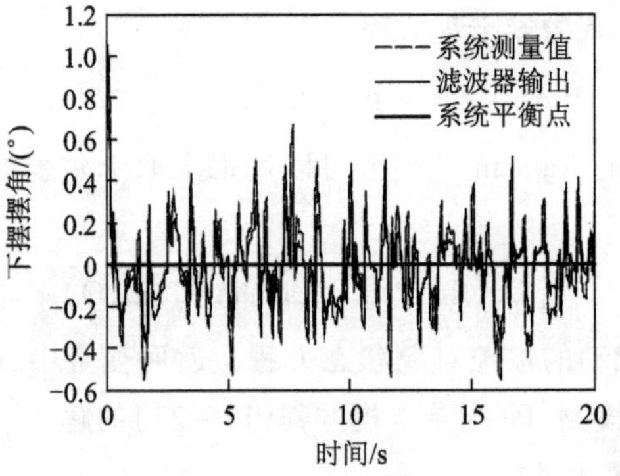

图 15-6 下摆摆角 θ_1(LQG)

作为对比,在相同情况下,采用线性二次型控制进行仿真,结果如图 15-8~图 15-10 所示。从仿真结果可见,线性二次型控制器(LQR)的控制性能不如线性二次型高斯控制(LQG)。从而可以验证,滤波器的引入减小了随机干扰和测量噪声对控制系统的影响。

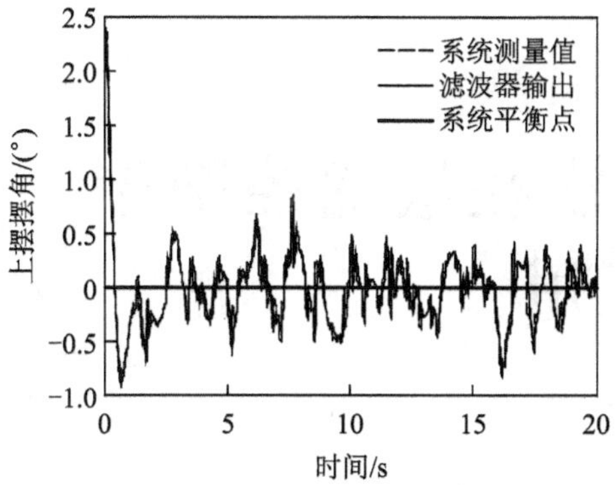

图 15-7 上摆摆角 θ_2(LQG)

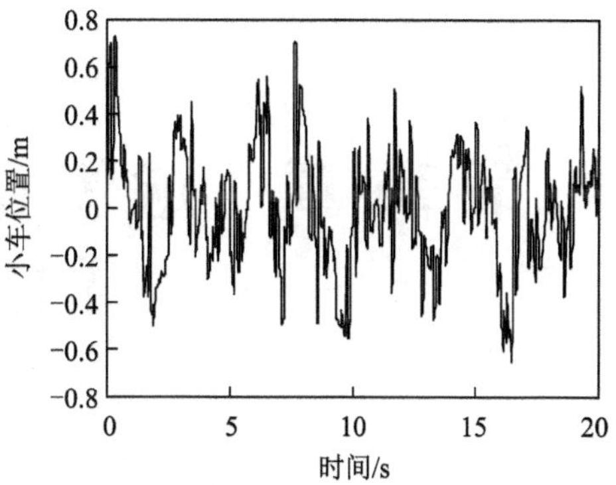

图 15-8 小车位移 x(LQR)

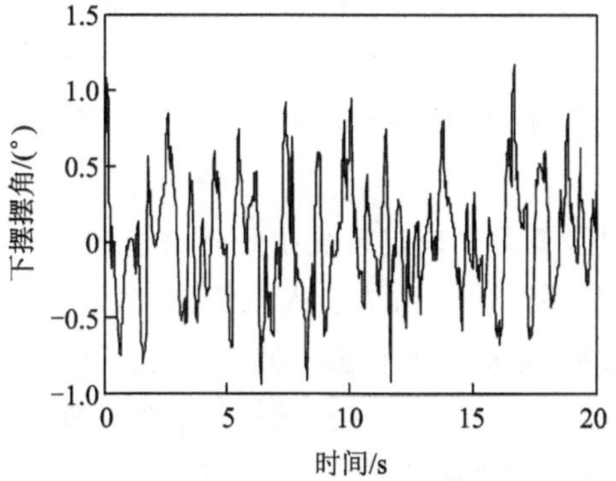

图 15-9 下摆摆角 θ_1(LQR)

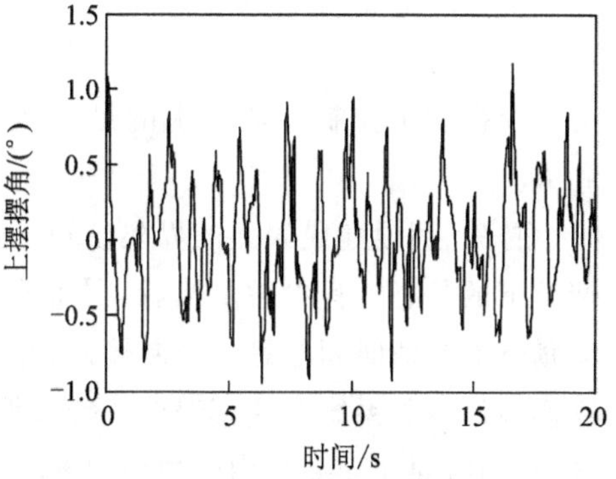

图 15-10 上摆摆角 θ_2(LQR)

第 16 章　遗传算法在最优控制中的应用

本章利用线性二次型最优控制方法设计倒立摆控制器，求解最优反馈控制律，使得二次型性能指标达到极值。线性二次型最优控制的控制性能与性能指标中加权阵 $\boldsymbol{Q}$、$\boldsymbol{R}$ 的选择密切相关，加权阵 $\boldsymbol{Q}$、$\boldsymbol{R}$ 的选择与控制性能之间尚未形成明确的对应关系，设计者为了获得理想的控制性能往往需要反复调整加权阵，为了获得满足控制性能要求的最优控制器，本章基于遗传算法寻求加权阵 $\boldsymbol{Q}$ 和 $\boldsymbol{R}$。

首先，假设建模误差的界限已知，通过计算分别确定系统在标准状态及偏差情况下的状态方程参数。然后，在遗传算法适应度函数中引入系统在初始阶跃激励下的峰值时间与最大控制输入，并且综合考虑标准状态及偏差情况，保证倒立摆最优控制系统对建模误差的鲁棒性。上述方法简化了最优控制器加权阵的选择，同时对于误差界内的建模误差具有一定的鲁棒性，设计过程不依赖于设计者的经验，可以有效提高设计工作的效率。

16.1　倒立摆的数学模型

将直线一级倒立摆系统抽象成小车和匀质杆组成的系统，如图 16－1 所示。

系统参数定义如下，M 为小车质量，m 为摆杆质量，b 为小车摩擦系数，l 为摆杆转动轴心到杆质心的长度，I 为摆杆惯量，F 为加在小车上的力，x 为小车位置，ϕ 为摆杆与垂直向上方向的夹角，θ 为摆杆与垂直向下方向的夹角（考虑到摆杆初始位置为竖直向下）。

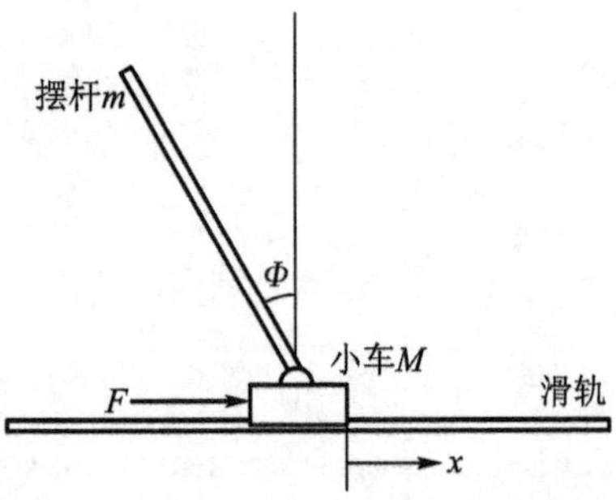

图 16－1　直线一级倒立摆系统示意图

采用牛顿—欧拉法对直线一级倒立摆系统进行建模，由小车和摆杆水平方向上所受合力可得如下方程：

$$(M+m)\ddot{x}+b\dot{x}+ml\ddot{\theta}\cos\theta-ml\dot{\theta}^2\sin\theta=F$$

由摆杆垂直方向上的合力和系统的力矩平衡方程，得

$$(I+ml^2)\ddot{\theta}+mgl\sin\theta=ml\ddot{x}\cos\theta$$

设 $\theta=\pi+\phi$（ϕ 是摆杆与垂直向上方向之间的夹角），假设 $\phi \ll 5°$，则可以进行近似认为 $\cos\theta=-1$，$\sin\theta=-\phi$，$(\mathrm{d}\theta/\mathrm{d}t)^2=0$，用 u 代表被控对象的输入力 F，经线性化后两个运动方程如下：

$$\begin{cases}(I+ml^2)\ddot{\phi}-mgl\phi=ml\ddot{x}\\(M+m)\ddot{x}+b\dot{x}-ml\ddot{\phi}=u\end{cases}$$

将其写成状态空间的形式，为

$$\dot{\boldsymbol{X}}=\boldsymbol{AX}+\boldsymbol{B}u$$

式中，

$$\boldsymbol{X}=[x\quad \dot{x}\quad \phi\quad \dot{\phi}]^{\mathrm{T}}$$

$$\boldsymbol{A}=\begin{bmatrix}0 & 1 & 0 & 0\\0 & \dfrac{-(I+ml^2)b}{I(M+m)+Mml^2} & \dfrac{m^2gl^2}{I(M+m)+Mml^2} & 0\\0 & 0 & 0 & 1\\0 & \dfrac{-mlb}{I(M+m)+Mml^2} & \dfrac{mgl(M+m)}{I(M+m)+Mml^2} & 0\end{bmatrix},\quad \boldsymbol{B}=\begin{bmatrix}0\\\dfrac{(I+ml^2)}{I(M+m)+Mml^2}\\0\\\dfrac{ml}{I(M+m)+Mml^2}\end{bmatrix}$$

16.2 采用遗传算法选择加权阵

设线性定常系统方程为

$$\dot{\boldsymbol{X}}(t)=\boldsymbol{AX}(t)+\boldsymbol{BU}(t)$$

式中，$\boldsymbol{X}(t)$ 为 n 维状态向量，$\boldsymbol{U}(t)$ 为 m 维控制向量。设 $\boldsymbol{U}(t)$ 不受约束，寻找最优控制，使如下的性能指标最小：

$$J=\frac{1}{2}\int_{t_0}^{t_f}[\boldsymbol{x}^{\mathrm{T}}(t)\boldsymbol{Q}(t)\boldsymbol{x}(t)+\boldsymbol{U}^{\mathrm{T}}(t)\boldsymbol{R}(t)\boldsymbol{U}(t)]\mathrm{d}t$$

式中，$\boldsymbol{Q}$ 是对称半正定阵，$\boldsymbol{R}$ 是对称正定阵。一般将 $\boldsymbol{Q}$ 和 $\boldsymbol{R}$ 取对角阵。

求解黎卡提代数方程

$$\boldsymbol{PA}+\boldsymbol{A}^{\mathrm{T}}\boldsymbol{P}-\boldsymbol{PBR}^{-1}\boldsymbol{B}^{\mathrm{T}}\boldsymbol{P}+\boldsymbol{Q}=0$$

就可以获得黎卡提方程的解 $\boldsymbol{P}$ 和最优反馈增益矩阵 $\boldsymbol{K}$ 的值，得到使性能指标最

小的控制律

$$\boldsymbol{U}^* = \boldsymbol{R}^{-1}\boldsymbol{B}^{\mathrm{T}}\boldsymbol{P}\boldsymbol{X} = -\boldsymbol{K}\boldsymbol{X}$$

为了利用遗传算法优化加权阵，首先将加权阵($\boldsymbol{Q},\boldsymbol{R}$)编码为

$$\boldsymbol{\Lambda} = \{q_1,\cdots,q_4,r_1\}$$

式中，$q_i \geqslant 0, i=1,\cdots,4$ 表示 $\boldsymbol{Q}$ 阵对角线元素，$r_1>0$ 表示 $\boldsymbol{R}$ 阵对角线元素。

种群大小、交叉概率和变异概率采用 MATLAB 工具箱默认设置。

定义遗传算法的适应度函数如下：

$$J_{fit} = (2t_s^0 + \max\{|u^0(t)|\}) + 0.5(2t_s^p + \max\{|u^p(t)|\})$$

式中，第一项表示不考虑建模误差情况下，系统响应 ϕ 的峰值时间与最大控制输入之和；第二项表示偏差情况下，系统响应 ϕ 的峰值时间与最大控制输入之和。

已知倒立摆系统模型参数为小车质量 $M=1.096$ kg，摆杆质量 $m=0.109$ kg，小车摩擦系数 $b=0.1$，摆杆转动轴心到匀质杆质心的长度 $l=0.25$ m，摆杆惯量 $I=0.0034$ kg · m^2，根据上述模型参数可以计算得到倒立摆系统在标称情况下的状态方程。参数偏差为 $\Delta M=2\%$，$\Delta m=2\%$，$\Delta b=5\%$，$\Delta l=2\%$，$\Delta I=4\%$，根据上述偏差参数可以计算得到倒立摆系统在偏差情况下的状态方程。

MATLAB 7.1 推出了遗传算法与直接搜索工具箱 2.0 版，其主函数 ga( )可以直接求解带有各种约束条件的最优化问题。采用遗传算法优化($\boldsymbol{Q},\boldsymbol{R}$)阵的关键语句为

```
options = gaoptimset;
options = gaoptimset(options,'InitialPopulation',[1 0 1 0 1]);
options = gaoptimset(options,'MutationFcn',@mutationadaptfeasi-
ble);
ga(@ga_fit,5,[],[],[],[],1e-6*ones(5,1),[],[],options)
```

经过遗传算法优化后，可得到使得适应度函数最小的($\boldsymbol{Q},\boldsymbol{R}$)阵，即采用遗传算法可使得特定的性能指标(在本例中为最大控制输入、峰值时间的综合指标)取得极小值。

经过遗传算法优化的($\boldsymbol{Q},R$)阵为

$\boldsymbol{Q}=\mathrm{diag}(0.8047 \quad 1.1109 \quad 0.0535 \quad 0.2091)$，$R=0.0028$

相应的反馈增益阵 $\boldsymbol{K}$ 为

$\boldsymbol{K}=[-16.8241 \quad -27.6673 \quad 92.9225 \quad 19.1473]$

16.3 仿真分析

假设初始时刻摆杆与垂直方向的夹角为 5°，小车、摆杆的初速度均为 0，即

系统初始状态为[0,0,5/57.3,0],仿真结果如图16-2~图16-5所示。

由仿真结果图16-2和图16-3可见,采用遗传算法优化后的最优控制器,具有更小的峰值时间,改善了控制系统的快速性,同时系统的调节时间也较短。在偏差情况下,这一现象表现得更为明显,如图16-4~图16-5所示。

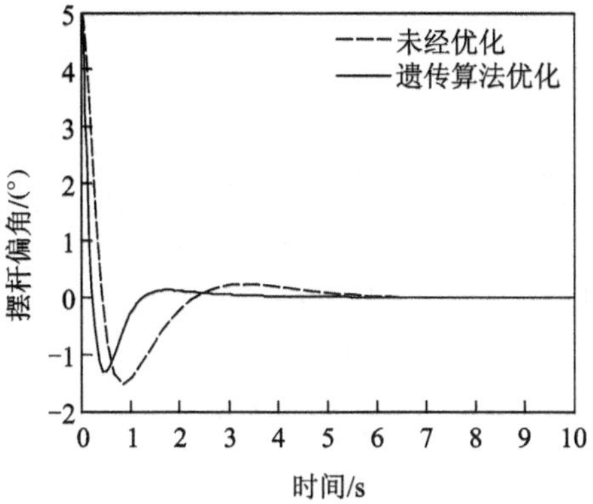

图16-2 不考虑建模误差时的响应曲线

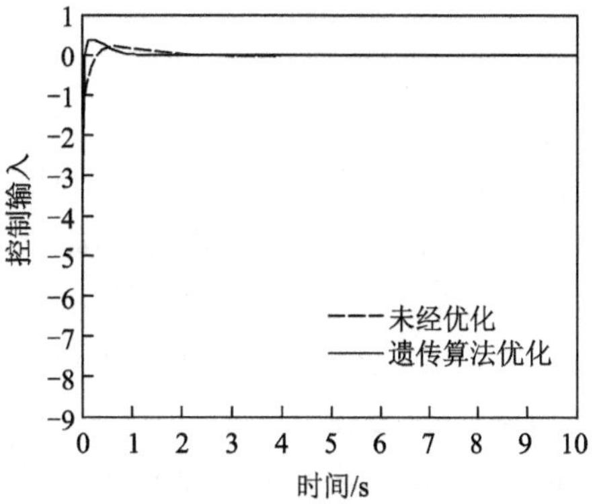

图16-3 不考虑建模误差时的控制输入

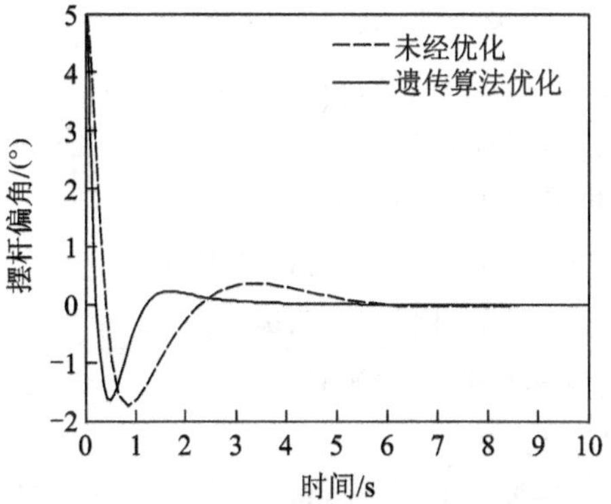

图16-4 考虑建模误差时的响应曲线

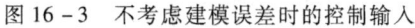

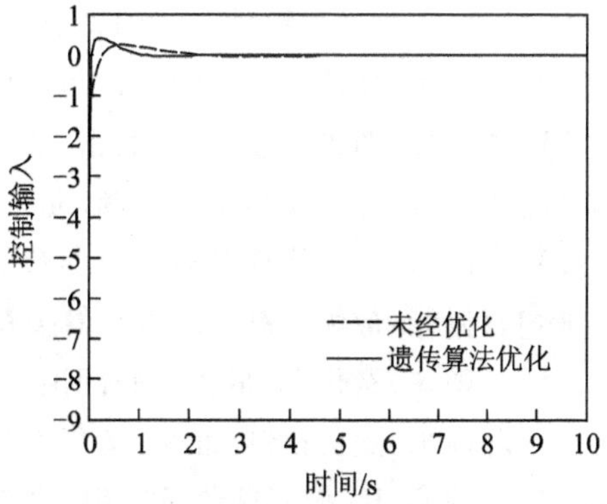

图16-5 考虑建模误差时的控制输入

本例采用遗传算法对加权阵进行优化选择。遗传算法的适应度函数综合考虑了系统参数为标称值与偏差值的情况,设计过程简洁清晰,提高了控制系统性能以及对建模误差的鲁棒性。特别地,本例采用的加权阵选择方法避免了设计人员经验不足对控制系统可能导致的负面作用,提高了设计工作效率。

参考文献

[1]张洪钺,王青.最优控制理论与应用.北京:高等教育出版社,2006

[2]吴沧浦.最优控制理论与方法.北京:国防工业出版社,2000

[3]吴受章.最优控制理论与应用.北京:机械工业出版社,2008

[4]刘培玉.应用最优控制.大连:大连理工大学出版社,1990

[5]雍炯敏,楼红卫.最优控制理论简明教程.北京:高等教育出版社,2006

[6]W M 旺纳姆.线性多变量控制.北京:科学出版社,1984

[7]钱学森,宋健.工程控制论(修订版).北京:科学出版社,1980

[8]叶庆凯,王肇明.优化与最优控制中的计算方法.北京:科学出版社,1986

[9]薛定宇.控制系统计算机辅助设计.北京:清华大学出版社,1996

[10]薛定宇.反馈控制系统设计与分析.北京:清华大学出版社,2000

[11]蔡尚峰.随机控制理论.北京:清华大学出版社,1987

[12]周克敏等.鲁棒与最优控制.北京:国防工业出版社,2002

[13]李国勇等.最优控制理论及参数优化.北京:国防工业出版社,2006

[14]宫锡芳.最优控制问题的计算方法.北京:科学出版社,1979

[15]王朝珠,秦化淑.最优控制理论.北京:科学出版社,2003

[16]郭尚来.随机控制.北京:清华大学出版社,1999

[17]申铁龙.H_∞控制理论及应用.北京:清华大学出版社,1996

[18]陈佳实.导弹制导和控制系统的分析和设计.北京:宇航出版社,1989

[19]中科院数学研究所.离散时间系统滤波的数学方法.北京:科学出版社,1975

[20]T P McGarty. Stochastic Systems and State Estimation. New York:John Wiley & Sons Inc,1974

[21]张盛开,张亚东.对策论与决策方法.大连:东北财经大学出版社,2000

[22]解学书.最优控制理论与应用.北京:清华大学出版社,1986

[23]王照林等.现代控制理论基础.北京:国防工业出版社,1981

[24]北京航空学院,西北工业大学,南京航空学院合编,张洪钺主编.现代控制理论第三篇(最优估计理论).北京:北京航空学院出版社,1985

[25]童季贤等.最优控制的数学方法及应用.成都:西南交通大学出版社,1994
[26]张仲俊等.控制理论在管理科学中的应用.长沙:湖南科学技术出版社,1984
[27]秦寿康,张正方.最优控制.北京:电子工业出版社,1990
[28]韩京清,何关钰,许可康.线性系统理论代数基础.沈阳:辽宁科学技术出版社,1985
[29]A C 庞特里亚金,著.最佳过程的数学原理.陈祖浩,等.译.上海:上海科学技术出版社,1965
[30]A E 布赖森,著.应用最优控制——最优化、估计、控制.何毓琦,钱浩文,张在良,等.译.北京:国防工业出版社,1982
[31]D J 克莱门茨,B D O 安德森著.奇异最优控制线性二次问题.北京:科学出版社,1985
[32] J Burl. Linear optimal control: H_2 and H_∞ methods. Addison Wesley Longman,1999
[33]Athans,M and Falb,P L. Optimal Control:an Introduction to the Theory and its Applications. Mc Graw-Hill New York,1966
[34]张旭辉,刘竹生.火星探测最优小推力变轨.导弹与航天运载技术.2009,299:1-6
[35]王青,崔海华.基于遗传算法的球杆系统最优控制器的设计.实验技术与管理.2009,26(4):42-46
[36]王青,张颖昕.基于遗传算法的倒立摆实验系统最优控制器.实验室技术与探索.2010,29(5):22-25

郑重声明